陈木法科普文集

Mu-Fa Chen Selected Papers On Popular Science

陈木法　著

北京师范大学出版集团
BEIJING NORMAL UNIVERSITY PUBLISHING GROUP
北京师范大学出版社

图书在版编目(CIP)数据

陈木法科普文集 / 陈木法著. -- 北京：北京师范大学出版社，
2024. 12. -- ISBN 978-7-303-30327-4

Ⅰ. O1-53

中国国家版本馆CIP数据核字第2024NQ0682号

陈木法科普文集

CHEN MUFA KEPU WENJI

出版发行：北京师范大学出版社　　www.bnupg.com
　　　　　北京市西城区新街口外大街12-3号
　　　　　邮政编码：100088
印　　刷：天津市宝文印务有限公司
经　　销：全国新华书店
开　　本：787 mm × 1092 mm　　1/16
印　　张：17.75
字　　数：345千字
版　　次：2024年12月第1版
印　　次：2024年12月第1次印刷
审 图 号：GS京（2024）1613号
定　　价：78.00元

策划编辑：范　林　　周海燕　　　责任编辑：周海燕　　曾慧楠
美术编辑：迟　鑫　　　　　　　　装帧设计：迟　鑫
责任校对：段立超　　　　　　　　责任印制：迟　鑫

目 录

第一部分 公众报告

第二部分 学习方法与研究方法

第三部分 非随机方面的专题科普演讲

第四部分　随机数学专题演讲

第五部分　纪念文章

第六部分　访谈与小传

序言

摘要: 为方便读者查阅本人主页上 "科普作品" 栏目中的一些文章, 这里作了大体分类, 并略作介绍. 这本文集选用了其中的 18 篇文章, 已在分类目录中作了标记(红色粗体编号).

§0.1　科普作品分类

一、公众报告

[1] 网络引领的教育新变革 (2014, 2016) [科普, 16: 表示笔者主页条目 "科普作品"中的文 [16], 以下同. 为方便读者查阅, 此处论文统一编号].

[2] 数学的进步 (2012, 再版 2013) [科普, 14].

二、学习方法与研究方法

[3] 谈谈数学素质的培养 (2004, 2014) [科普, 13].

[4] 迈好科学研究的第一步 (2002, 再版 2009, 2013, 英文版 2017) [科普, 2].

[5] 交叉研究的感悟 (2020) [科普, 24].

[6] 如何作学术演讲 (2015) [科普, 17].

附:
- 英文论著里华人名字的写法 [科普, 19].
- 数学论著里的标签码 [科普, 19-1].

三、非随机方面的专题科普演讲

[7] 关于一个优选问题的思考 (1991) [科普, 26].

[8] 关于 Fibonacci 数列的注记 (1997) [科普, 27].

[9] 第一特征值问题 (2002) [科普, 5].

[10] 最优搜索问题——从马航失联谈起 (繁体版) (2017) [科普, 20].

[11] 双边 Hardy 不等式及其几何应用 (简、繁体版 2013) [科普, 15].

[12] 量子力学的数学新视角 (2021) [科普, 31].

四、随机数学专题演讲

[13] 概率论的一些新进展——中国数学会成立 50 周年纪念大会综述报告 (1986) ["科普作品"上方 "文章" [23]].

[14] 随机系统的数学问题 (1997) [科普, 3].

[15] 相变的数学理论 (1998) [科普, 4].

[16] 谈谈概率论与其他学科的若干交叉 (2005, 再版 2013) [科普, 8].

[17] 概率论的进步 (2017) [科普, 22].

附: 随机数学成长的若干片段 (2021) [科普, 32].

五、纪念文章

[18] 关于Roland L. Dobrushin 生平和研究工作的注记 (1997) [科普, 1].

附:

- 俄文、英文译文 [科普, 1-1].
- 马氏过程与随机场的合作研究 (中、俄合作项目) [科普, 1-2].
- 访问 Dobrushin 团队照片 [科普, 1-3].

[19] 典型群·随机过程·数学教育　《严士健文集》——序言 (2004) [科普, 9].

[20] 回忆连家瑶老师的教导 (2006) [科普, 10].

[21] 周先银博士的主要业绩 (2002) (英文) [科普, 11].

[22] 《数学通报》七十周年华诞感言 (2016) [科普, 12].

[23] 在纪念张禾瑞先生诞辰一百周年座谈会上的发言 (2011) [科普, 25].

[24] 百年院庆感怀 (2015) [科普, 18].

六、访谈与小传

[25] A Conversation with Mu-Fa Chen, by Davar Khoshnevisan and Edward Waymire [主页英文版 Popularizing Science Articles: 4. 点击该条目的 "Notice of AMS"下载, 可获得更正后的版本; 否则, 如从该条目下方的 AMS 的 pdf 文件地址下载, 因原文有小误, 需使用下方的 Corrections 自己更正].

[26] 访谈录 (2017) [科普, 21. 首发于《数学文化》, 其后含多个转载版本].

[27] 陈木法教授访谈录, 数学传播 (繁体版) (2017) [科普, 21].

[28] 陈木法的自学之旅, 数学传播 (繁体版) (2017) [科普, 21].

[29] 20 世纪中国知名科学家学术成就概览——陈木法 (自述) (2012) [科普, 28].

[30] 小传 (2004, 2013, 2016) [科普, 7].

七、数学软件工作小组档案 (1996 — 2000) [科普, 29]

[31] 关于符号计算与计算机辅助教学研究的紧迫性 (与何青合作).

[32] 进一步开展计算机辅助教学工作的设想 (与何青合作).

[33] 数学软件工作总结 (1998 — 2000) (软件工作 5 人小组).

[34] 《TEX、AMS-TEX 和 LATEX 使用简介》(李勇编) 一书的序.

§0.2　科普作品概述

先以文 [1] 为例, 说明写作的经过和作品的意义. 起因是 2012 年元月出现的 MOOC 的网络教育模式, 对于 MOOC 的第一门课, 全球竟然有 16 万学员, 本人深为震惊. 之后笔者不断关注事件的发展. 大约一年之后, 开始在国内学校和研究部门宣传这一新生事物. 如同笔者的其他科普作品一样, 都要经过八次以上的演讲才正式投稿, 所以此文发表于 2014 年. 文中以计算机硬件和网络系统的发展为依据, 详细分析了这项变革即将带来教育、出版以及现代生活方方面面的革命性变化. 现在重读此文, 觉得当初胆子够大, 敢于作出那么大胆的预测. 更为震惊的是, 文中所述的大多数展望竟然在 2000 年的几个月内逐步实现, 极为神速, 因而感触良多. 只是遗憾我国在这方面的发展尚未走在国际前列. 就个人所知, 国内的大多数线上课程依然缺少讨论区. 这其实是网课的极重要组成部分, 可激发学员的积极性. 文 [2] 也是公众报告, 但要求有一点数学基础, 如大学二年级以上的数学专业学生或水平大体相当的读者.

文 [3] 是仅有的一篇对中学生的演讲, 发表过两次. 此文讲述了笔者在中学阶段为打数学 "翻身仗" 的经历, 由此走上自学数学的漫长人生之路. 时至今日, 依然十分怀念那段拼搏的岁月. 也许, 中学 6 年以及大学毕业后在贵阳工作的 6 年 (1972—1978), 乃是本人这辈子最艰辛、同时也是最成功的岁月. 自 1978 年以来, 笔者的主要工作是带研究生, 所以在指导研究生方面积累了一些经验. 1997 年元月, 在我女儿做博士论文之前, 我给她写了一封长信 (这就是网上广为流传的 "写给女儿的一封信", 即文 [4]), 介绍个人从事科学研究的点滴体会. 未曾想到, 此信后来在国内、国外流传很广. 中文版在大陆和台湾共发表 (包括转载) 三次, 2017 年在 *Bernoulli News* 上发表了英文版. 关于此信, 目前流行三个版本, 除本人的原版之外, 另两个版本都以笔者的名义(并使用同一标题) 在网上流传, 但增添了笔者完全不懂的如何做试验的指导内容. 大概有好心人觉得本人的文章只讲理论不够全面、不过瘾, 用心良苦地增补了这部分内容. 可惜我找不到增补者, 否则应当认真致谢并劝其独立成文以示诚信. 此文为初研者所写, 有些学校和海外教授曾以之作为研究生的入门读物. 更深入一些, 文 [5] 讲述了笔者几十年艰难摸索的 "交叉研究" 感悟. 文 [6] 讲了一点作为学者必备的演讲技术, 就本人所知, 许多人还缺这一课.

第三部分的 6 篇文章是关于非随机数学方面的专题通俗报告, 题材各异、深浅不一. 第四部分的随机数学是笔者的主要工作领域, 大约每 10 年写一篇此专题的综述, 这构成了这部分的 5 篇文章. 也许, 从中可以看到学科的不断进步, 体会到攻克难关之后柳暗花明的喜悦心情. 关于本人科研工作的综述报告, 大多以英文形式发表, 可从本人主页中的论文集卷 1—卷 5 中找到("英文专著" 下方的 Vol.1—Vol.5). 顺便提及, "随机数学"是笔者在一次研讨会 (1996 年) 上认真建议的学科名称. 当年在会上的报告稿及随后的发展, 请见本人主页上科普作品 [32] 及其附件.

文 [18] 的第一部分(校者补记)很特别, 是笔者作品中唯一以中、俄、英三种文字发表的文章. 也是笔者至今为止唯一一篇追忆国外数学家的作品. 文章很短, 但所讲述的故事恐也是独一无二的. 它不仅反映出笔者对于前辈的景仰和感激之情, 也多少可以让读者领悟到科学开创者的风范. 在笔者的经历中, 得到过许许多多老师、前辈、朋友们的关爱, 在此书的多篇文章都会讲到. 特别地, 笔者的 "感谢老师" 一文 (已收入文 [24]), 写了海内外诸多长辈和学者们的指教和帮助, 也讲到多位 "一句之师". 有的老师可能只给笔者留下一句话, 却影响了笔者一生的事业.

文 [25]~[27] 是应两位美国教授之邀, 于 2016 年接受他们的专访. 收到邀请后, 曾犹豫多日, 因本人一向不喜欢抛头露面. 只是考虑到这不单单是个人的事, 不宜拒绝享有很高声望的学者的盛情邀请, 才勉强应承下来. 文章的长篇摘要 [25] 发表于美国数学会 (简称为 AMS) 的杂志 Notice of AMS (2017). 访谈全文的简体中文版 [26] 发表于香港出版的《数学文化》; 繁体中文版 [27] 发表于台北出版的《数学传播》. 访谈的摘要出自访者之手, 本人并不知晓, 他们说了本人不敢当的好话, 乃他们对笔者的爱护, 请读者不必当真. 该杂志的前主编李宣北教授还特别用心花费近两个月时间整理了一文 [28], 作为访谈的补充. 我对这些朋友们的付出感激不尽.

笔者的科普作品和演讲的主要对象是大学生以上的读者和听众. 北京师范大学数学科学学院[1]自 2009 年至 2019 年, 举办过 11 届优秀大学生数学暑期夏令营, 本人一共做过 9 次、每次约 50 分钟报告. 有部分视频可在笔者的主页中找到. 现在, 北京师大数学学院正在将视频汇成一个专辑出版.

这些演讲的年份和标题如下:

2009 年, 学数学与做数学;

2012 年, 数学的进步;

2013 年, 同上;

2014 年, 网络引领的教育新变革;

2015 年, 最优搜索问题——从马航失联谈起;

2016 年, 概率论的进步;

2017 年, Trilogy on computing maximal eigenpair;

2018 年, 做计算的感悟;

2019 年, A mathematical view on quantum mechanics.

这些演讲中, 有 6 个发表了文章, 其他的因为讲的次数不够多, 感觉不成熟, 尚未整理

---

[1]为简洁起见, 以后将"师范大学"简写为"师大", 将"数学科学学院"简写为"数学学院".

成文章发表. 本文集的文章大多基于演讲整理而成, 容许非正式的讲话和简称, 有别于正式文章.

§0.1 中科普作品所列的最后一部分是 "数学软件工作小组档案 (1996 — 2000)", 未收入本书, 记录了在教育部数学与力学教学指导委员会 (主任为姜伯驹院士) 领导下, 为期 5 年的部分工作记录, 包括数学软件的引进、普及, 数学试验课的设置和编写教材等. 我们很高兴在 2000 年顺利完成了预定任务, 现已在高校和科研院所普及. 只是有些遗憾, TeX 序列的免费软件早已在国际上通行 (包括中、小学), 但在我国的中、小学, 依然未能普及.

在笔者主页上呈送这些科普作品, 源于《华罗庚科普著作选集》一书对本人一生的巨大影响. 确信这是一件有意义的工作, 但愿能够真正对读者有所帮助.

笔者的主页为 http://math0.bnu.edu.cn/~chenmf, 其中的网址中的"math0" 表示旧机器, 而 ~ 乃键盘左上角上的"~" (这还可用于书中的其他网址). 当然, 也可以从另一网页 http://math.bnu.edu.cn/jzg/zgkxyys/212966.htm 进入笔者的网址, 或者从 http://rims.jsnu.edu.cn/xrld_15450/list.htm→笔者名下找到. 留心此处的"_"容易被忽略.

致谢: 本栏目作品的时间跨度已有 35 年, 绝大多数已在各种杂志、书籍上发表过. 因为无力逐一联系有关单位和个人, 获得他们的许可权限 (恐有不知, 若有违反之处, 恳请读者告知为盼), 笔者请求他们容许本人在个人主页上汇集发布这些作品.

本项研究得到国家自然科学基金 (项目号: 12090010, 12090011, 11771046), 国家重点研发计划 (No. 2020YFA0712900), 教育部 "双一流"建设项目 (北京师大) 和江苏高校优势学科建设工程项目的资助.

感谢一批同志为本文集的编写付出辛勤的劳动: 本文集的编写由北京师大数学学院发起, 副院长许孝精教授负责组织安排各项事宜, 文集的排版和校对由北京师大数学学院研究生陈瑜、王汉柏和王思玉(她还参加了复校)完成, 在编排过程中毛永华教授提出了很多宝贵的建议. 江苏师大数学与统计学院李月玲、孙晓斌、杨婷、石昊坤、李石虎等老师、刘笑颖老师全家和刘瑶、张梦鸽同学参与了最后的校对工作. 北京师大出版集团董事长吕建生, 姜钰社长、范林、谭苗苗、曾慧楠、周海燕等编辑同志对书稿做了认真细致的编辑加工工作.

记号 本书的引用格式有两种, 一是 [1] 或 [1, 3] 等, 指该文中的编号为 1 或 1 和 3 的文献; 二是 [1; xyz], 指该文 [1] 中的内容 xyz. 书中的公式用小括号: (#) 表示该文中编号为 # 的公式.

写于 2022 年 2 月 6 日, 修改于 2024 年 4 月 6 日

§0.3 排版系统

本书使用 TeX 排版系统. TeX 是由著名计算机科学家 Donald E. Knuth (高德纳) 花费整整十年心血创建、并无偿奉献给社会的排版系统, 是 Knuth 创造的最响亮的、影响最大的成果. TeX 是一场出版界的革命, 已有几十年历史, 且汇集多种语系, 直到现在仍是全球学术排版的不二规范. 相较于传统的中文排版软件, TeX 的排版算法经过精心设计, 在处理复杂的数学公式、图表、引用等方面表现出色, 能够确保文字、段落、页面等元素之间的间距、对齐和整体美感达到最优, 从而满足各种复杂的排版要求. 特别地, 为避免浪费空间, 书中的每一命题(包括证明)及每一小节的第一段, 左方都不留空格. 它所排出的美感, 让人们由衷感叹: 啊, 一毫米都不能再挪动了. 如实地说, 与 TeX 系统相比, 在科学性、严谨性、灵活性、包容性诸方面, 目前国内的出版系统依然有相当的差距, 有待提高.

(参见百度百科的 Knuth 词条, 也见 TeX 之父, 或唐纳德·克努特——TEX 和 METAFONT 的发明者或 https://blog.csdn.net/china1000/article/details/5622145 2024 年 9 月 18 日核证)

作者自 1990 年开始使用这个排版系统, 35 年来从未间断过. 事实上, 此排版系统早已成为国际上数学出版物和线上教育等领域通用的软件系统.

第一部分

公众报告

网络引领的教育新变革

本文由如下三部分构成:

注: 本文原载于《数学文化》2014, 第 5 卷第 4 期, 第 27–34 页. 在本文发表 6 年之后, 由于特殊时期的特别需求, "线上教育"(MOOC) 迅速得以普及. 文中所述的"无人机""定点炸弹"现也已很流行. 这些展示了网络的力量.

由于网络的兴起, 近年来引发了教育的很大变革, 堪称日新月异, 迅猛异常. 教育的两大要素: 课程和教材都注入了网络的基因, 产生变异. 未来的教育面临着极大的挑战: 如何教、如何学、甚至于如何办学等等都是课题, 都有待于进一步探索. 这场变革给我们带来相当大的震撼, 忍不住做了一些调研, 奉献给大家以供参考. 下面, 我们分三方面介绍最新进展:

§1.1 网络的兴起. 这为教育新变革提供了必要的物质基础.

§1.2 教育的新变革 (新时代). 介绍课程和教材两方面出现的新变革.

(1) 课程 (国外): 这里有四个新名词: Udacity, Coursera, edX 和 MOOC.
课程 (国内): 介绍国内的在线课程建设和 MOOC 联盟.

(2) 教材与出版: 介绍难以想象的变革.

§1.3 迎接变革. 应当说, 我们还处于起步阶段. 如何面对挑战, 需要不断摸索, 不断积累经验. 这里讲三点建议: 培养能力, 团队精神, 批判意识.

二十多年来, 给我们这个世界带来最大变化的应当是网络.

§1.1 网络的兴起

网络的兴起导致了诸多领域的革命性变革:

(a) **通信的革命** 从 e-mail 到博客, 再到微博、微信, 已经经历了几代. 即使退后几年, 什么视频电话、网上电影都是难以想象的. 正是通信的飞速发展, 才使得今天的网上课堂变成现实. 通信的进步主要有两方面: 一是网速的提高, 十年来提高百倍以上; 十年来储存能力提高了万倍, 这是硬件; 二是图像压缩技术. 例如著名数学家 D. L. Burkholder[2] 的文集, 有 716 页, 用传统的压缩 (pdf 格式), 文件达到 416 兆 (M); 使用新技术 (djvu 格式), 只需 14 兆; 两者之比约为 30：1.

---

[2]书中没有将英文名字或专门术语译成中文, 因本书的读者对象基本上为大学生或中学高年级学生, 基础英文无问题. 再说同一英文名, 译法可能不同, 反而容易混淆.

(b) 商业　网购现在已经相当普及. 这两年在金融业出现了各种 "宝", 在股市上出现了 "高频交易" 等等新产品, 这足以展示网络给商业所带来的大变革.

(c) 科技　云计算和云基地出现仅有几年, 却大大推动了网络的飞快发展, 许多事情都已经放到云端去处理, 如 iPad 等, 虽然自身带不了什么软件, 但还是可做很多事情. 人们现在常用的网络地图、医院的网络会诊、3D 打印等等, 都成为现实.

(d) 国防安全　想想爱德华·斯诺登, 便可知网络对于国防的极端重要性; 更不用说无人机和定点炸弹的导航等等, 都依靠网络.

总之, 网络已经并且正在改变我们的生活, 给世界带来变革, 当然也给教育带来变革.

§1.2　教育的新变革(新时代)

这里讲的是近 4 年来的新变革.

1.　关于课程方面

从国外来的有四个新名词: Udacity, Coursera, edX 和 MOOC.

(a) Udacity (2012 年 1 月)　起因是在 2011 年年底, Stanford 大学的一位人工智能教授把他的一门课放到网上, 并告知朋友, 只要简单注册一下, 便可学这门课. 结果当天晚上就有五千多人注册. 这门课最后的注册人数达到 16 万人. 要知道当时北京大学在校本科生加研究生的总人数差不多是 3 万人, 北京市每学期学微积分的大学生总人数也不足 20 万人, 所以这 16 万人的数目是相当惊人的. 难以想象的是这门课学期结束后考试成绩的前 400 名无一是 Stanford 的. 讲完这门课之后, 这位教授就从 Stanford 大学辞职, 与该校的另一位教授合作, 于 2012 年元月创建了 Udacity 公司. 正是这件事引发了我对于网络教育的关注. 参考杨经晓: "互联网数学开放教育发展近况"(《数学文化》2013 年第 1 期).

(b) Coursera (2012 年 4 月)　这也是 Stanford 大学的另两位教授创办的. 如前所说, 这里的 4 个名词在我们的英汉词典里没有, 但早在 4 年前就作为词条被收入网上的 Wiki 百科. 那里介绍, 已有 196 个国家的人注册了 Coursera 的 MOOC. 就算注册总数的一半, 也有百个, 数量之大真是不可思议. 上面这两个都是营利公司, 下一个是非营利联盟.

(c) edX (2012 年 5 月)　记得刚开始的时候人们不知道该给这种新型大学起什么名字, 造出了 X-University 一词, 其中的 X 就是我们数学上常用的未知数. 然后, 由 edU 演变出 edX.

前两个营利公司的收费方式是: 如你要学分或者要证书, 那都得交费. 然而, 以上三家的课程都是开放的、免费的, 这就产生出如下的这个新名词:

(d) MOOC (2012 年 7 月)　它是下面 4 个单词的首字母的缩写: Massive (大规模的)、Open (开放的)、Online (在线的)、Course (课程). 中文的音译为 "慕课", 意译简称为 "在线课程".

有人把前三者称为 MOOC 的三大支柱. 如果用 Google Search 看看它们的关注度 (2014 年 3 月左右所查的数据), 那么最少的是 Udacity, 它所关注的网页有 216 万; 最多的是 edX, 有 1500 万; Coursera 有 730 万; MOOC 有 1250 万. 对比一下, "北京大学"这个中文校名的关注度是 113 万. 我们知道, 北大已有 115 年的历史, 但 edX 才 4 岁半. 可见其关注度已经很高.

现在, 让我们对 edX 作两点补充. 其一是, 这个联盟是 Boston 的 Harvard 和 MIT 各投资三千万美元, 于 2012 年 5 月 3 日共同创建的. 其二是, 截至 2014 年 3 月, 已有 12 个国家、32 所大学加入. 只经过 2 年, 参加单位就变成 48 所. 目前我国大陆地区仅有北大、清华两校加入这个联盟. 图 1 是当年从网上下载的信息, 当然我们关心的是加入 edX 的国家和大学的数量, 不会去关心此图是否画得完美之类问题.

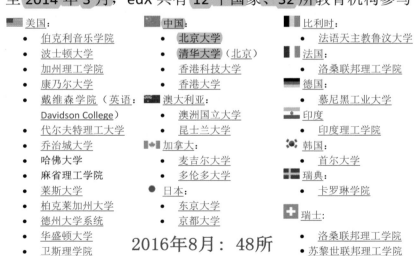

图 1　edX-schools 联盟名单

这个 edX 联盟参加者的数量不大的原因是它设置了较高的入门门槛.

2014 年 5 月 29 日, 内蒙古大学陈国庆校长给我们提供了如下重要信息: "我在 2013 年 6 月参加教育部组织的 '中西部大学校长海外研修计划' 赴美国东部研修, 期间专门访问了美国教育部. 那里的官员谈到, 奥巴马总统倡导美国大学向全球公开课程教育资源, 投资 20 亿美元开发网上课程 [笔者注: 美国国家科学基金会 2013 财年预算请求为 73.73 亿美元], 不仅为全美服务, 而且为全世界服务."

"罗格斯大学 (Rutgers University) 介绍, 过去曾认为网上课程不如面对面交流, 但事实证明网上教育对老师的要求更高, 老师学生一对一的网上交流反而比传统 1 对 25 好处更多. 他们说, 美国人认为网上教学效果与传统教学没什么差别, 且无需教辅人员, 没有场地和时间限制. 马里兰大学要求本科生 12 学分课程必须通过网上教育完成; 美国德州大学 (Dezhou University, USA) 10%、明尼苏达 25% 的课程在网上完成." 下面转入国内的课程变革. 国内目前的主要 MOOC 网站有:

(a) 网易 (https://www.163.com/)³

图 2　MOOC 网站: 网易

---

³所引用的网页都是在投稿之前选用的. 对于这个极速发展的领域, 时隔多年再查询, 大多内容 (特别是本文中的例证) 已不复存在. 但从该网站的主页上想必还可找到相关主题的信息. 例如打开此网站的主页, 在右上角立见"公开课" (网址为: https://open.163.com/). 此文只是让大家了解 MOOC 刚兴起时的热闹情况, 可以想象现已面目全非.

上一页图 2 中的每一图标表示一门在线课程. 例如第一行的 3 门课分别为: "民俗学", "电子线路"和"大学化学".

(b) 果壳网 (http://mooc.guokr.com/)[4]

图 3 MOOC 网站: 果壳网

图 3 中的讨论区是 MOOC 非常重要的组成部分, 它替换了我们通常的辅导课. 在讨论区上, 教员与学员都参加, 进行交流. 虽然失去了师生之间面对面的个别实时交流, 但赢得了时间和空间的自由, 赢得更大范围的思路和开阔得多的交流. 事实上, 网上交流已经用了多年, 例如我们的 CTEX (这是正式名称的写法, 也常简便地写成 CTeX) 的交流区, 我也从中得到帮助. 假如遇到例外情况, 也可在讨论区求助.

(c) MOOC中国 (http://www.mooc.cn/ 现更名为 https://www.cmooc.com/)

图 4 MOOC 网站: MOOC 中国

---

[4]这是果壳网原 MOOC 学院的网址, 当年是 MOOC 很活跃的网站之一, 现在似乎转行了. 因为近几年的大发展, 很容易找到 MOOC 的新资源, 例如"中国大学 MOOC".

关于大学 MOOC 联盟, 主要也有 3 个.

(a) 学堂在线

2013 年 10 月 10 日, 清华大学等成立"学堂在线"(见图 5). 先前北京大学、清华大学已于 2013 年 5 月 21 日加盟 edX. 2013 年 5 月 24 日, 清华大学的计算机科学与技术系、交叉信息研究院、心理学系、教育研究院 (4 学院) 联合成立了大规模在线教育研究中心. 这个中心于 2014 年 4 月 29 日升格为教育部在线教育研究中心.

学堂在线
维基百科, 自由的百科全书

学堂在线（xuetangX）是由清华大学推出的全球首个中文大规模开放在线课堂（MOOC）平台[2]。针对中国大陆用户在其他MOOC平台上观看Youtube视频困难以及不适应全英文界面等问题[2]，以清华大学计算机科学与技术系为主体的开发团队基于OpenEdX平台 (http://code.edx.org/)开发了学堂在线[3]。学堂在线于2013年10月10日正式上线，可向全球用户提供MOOC课程。

图 5 大学 MOOC 联盟: 学堂在线

"学堂在线"的合作伙伴有 11 所大学: 北京大学、中国人民大学、北京师大、中国农业大学、上海交通大学、南京大学、浙江大学、西安交通大学、中国科技大学、台湾清华大学、香港理工大学.

(b) 好大学在线

2014 年 4 月 8 日, 上海交通大学等成立了"好大学在线"(见图 6). 参与的大学有 4 所: 上海交通大学、北京大学、香港科技大学、新竹交通大学. 上海西南片高校联合体: 有 19 所高校组成, 课程共享、学分互认.

上海交大推出中文慕课平台"好大学在线"

发布日期:2014-04-10

在上海交通大学迎来 118 周年校庆之际, 上海交大成功自主研发的中文慕课平台"好大学在线"（www.cnmooc.org）近日正式上线发布, 两岸三地四校的 **10** 门课程首批上线。"好大学在线"上线仪式暨上海西南片高校慕课共建共享合作签约仪式、上海交通大学-百度慕课战略合作签约仪式同时举行。

图 6 大学 MOOC 联盟: 好大学在线

关于中等教育, 可在网上找到大量的视频课程. 例如在福州第一中学的主页上, 可以看到由 20 多所学校共建的"开放式课程". 又如地处边远地区的四川雷波民族中学与成都七中共建网络班, 同步共享网络课件.

(c) UOOC

下面是 56 所地方高校的联盟, 他们把 MOOC 改成UOOC.

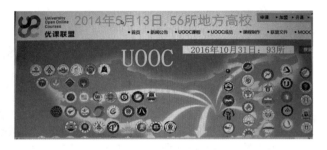

图 7　大学 MOOC 联盟: UOOC

北大的人工智能很有名, 该校的慕课由机器人挂帅.

图 8　大学 MOOC 联盟: 北大慕课

有这么多 MOOC 怎么办? 那就来个 MOOC on MOOCs.

图 9　MOOC on MOOCs

图 10 "互联网+"行动计划

2015 年 3 月 5 日, 第十二届全国人民代表大会第三次会议召开, 李克强总理在政府工作报告中提出"互联网+"行动计划. 2015 年 7 月 4 日, 国务院印发《推进"互联网+"行动的指导意见》. 独立教师群体: 轻轻家教、跟谁学、疯狂老师、理科王工作室……

图 11 2016 年 10 月 9 日, 中共中央政治局
实施网络强国战略进行第三十六次集体学习

2014 年开始, 北京师大研究生院规定每位研究生必须修一门 MOOC 课程. 我女儿在盐湖城大学教书, 她有一门课暑假要录像. 于是乎, MOOC 在线教育的洪流呼啸而来不可阻挡. MOOC 已经给传统教育模式带来相当大的冲击. 想想许多商店已经被网购 (无需店铺) 所替代, 不难想象将来也许也会有许多学校被"网学" (用不着那么多教室的网络学习) 所替代. 未来的大学没有围墙, 任何人都可在线上学习高水平网上课程, 学员的国界、种族、性别、年龄等等, 都是平等的. 大学的等级似乎不再是个问题了.

这里, 我想特别强调一下: 一堂好的课, 一次好的演讲, 可能影响一个人的一生. 对于我个人而言, 影响我这一辈子的有两次报告. 第一次是读初中二年级 (1961 年, 15 岁) 时, 有幸听到福建省惠安第一中学数学教研组组长张耀辉老师的报告, 主题是要学会自学. 当时我因小学算术没学好, 正处于想发奋而又不知道如何做的时候听到这样的报告. 张老师以华罗庚先生和他本人的经历, 教育我们自学的重要性. 这促使我走上了自学数学的道路. 第二次是 11 年之后, 在我大学毕业离开学校前夕, 在北京棉纺厂听到华罗庚先生推广优选法的报告. 因为苦学了那么多年的数学, 第一次听说数学在实际中那么有用, 所以受到了很大的震动. 那是 1972 年 (26 岁), 我到贵阳之后, 急不可待地寻找工厂推广优选法. 在随后的 6 年时间里, 我差不多跑了 50 多个工厂. 正是在社会实践中, 让我深深地懂得了科学对于百姓和国家的价值, 促使我远离当年社会的喧嚣, 坚持走自己的路.

讲到 MOOC, 我相信良莠不齐是正常现象, 毕竟数量众多. 事实上, 对于同一门课, 需要不同层次的 MOOC. 在现阶段, 宜鼓励百花齐放以催生优秀作品. 对于 MOOC 的怀疑, 还在于使用了百年的粉笔加黑板的成功经验. 在当今的演讲中, 大多数人都已采用高科技的投影, 但也有些演讲高手宁愿使用粉笔加黑板, 其实又有何不可呢?

2. 教材与出版

有人问, 有了 MOOC 之后, 还要教师吗? 当然要, 只是教师的责任会有很大变化. 作为参考, 让我们回想一下教材与出版业的 5 种"版"的变迁.

- **(a)** 在 1990 年之前, 中学考卷都是刻钢板印的.
- **(b)** 那时, 每一所大学都有一个很大的印刷厂和一批铅字排版工人. 现在看不到了.
- **(c)** 大约 2000 年开始, 时兴电子版. 以前出国访问, 行李有一半是书籍. 还记得常常为带不带《新英汉词典》伤脑筋, 要带又太重, 不带又怕到时没得用. 现在出国只需带一个移动硬盘, 什么资料都有了.
- **(d)** 更近些, 讲义、习题都放到网上 (网络版). 最能说明问题的是百科全书/大词典, 如 Wikipedia, 它大约有 15 G, 纸质版需 7500 本. 我们相信在这个世界上永远不可能存在这么巨大的纸质版百科全书.
- **(e)** 更新的有云时代的"自出版".

想想看一本书的售价可能不到 1 美元, 即使只是买来翻翻也没什么关系, 所以销售量会很大. 版税高达 75%, 自然收入很高. 由这 5 种"版"变迁的简短历史不难想象, 不仅出版业, 教育的大变革也势不可挡!

书苑"新生"：云时代的英美"自出版"革命

2013-12-07 02:30:18 新京报

阿曼达·霍克自小热爱写作，26 岁时，花了 9 年时间，创作出 17 部小说，但没有一本被传统出版社接受。2010 年，她在亚马逊上自出版，一年半内，作品狂销 150 万本。获得总计 250 万美元的纯收入，年纪轻轻就跻身美国超级畅销作家的行列。

图 12　云时代的英美"自出版"革命

　　这里，我们再补充一点．"自出版"是亚马逊开始的 (2007 年)．2014 年当当网以 2 亿美元杀入"自出版"．其实，我们数学家早就在做"自出版"了，用 TEX 在 arXiv.org (创建于 1991 年)"自出版"，只不过我们的"自出版"是无报酬的．想当年，北京大学的王选院士的重大贡献是把汉字计算机化，进一步造出了方正排版系统．TEX 的最新发展完全解决了文字问题．从 Wiki 百科，可查到世界上的 10 大文字系统 (如图 13、14 所示)．

图 13　世界上的 10 大文字系统

我们把亚洲地区的放大后如图 14 所示.

图 14   世界上的 10 大文字系统(亚洲地区)

最近的 XeTeX (如前所述, 也写成 XeTeX), 从底层实现了大部分的文字处理, 是一个挺大的进步. 自然会想到: 方正排版系统应当可以 TeX 化.

关于论著的新的出版趋势是电子+网络版.

图 15 是 AudioSlides ELSEVIER 论文的一个样本: 左边是论文的 pdf 文件的首页, 右方是作者演讲的视频.

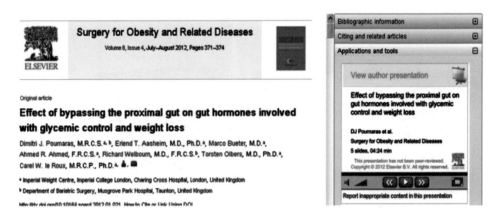

图 15   AudioSlides ELSEVIER 论文的一个样本

这把我们通常所做的两件事: 发表论文与会议演讲合并在一起了, 大大加快了科研成果的传播速度.

下面是 edX 关于线性代数的一本教材 (电子版) 中的一道习题.

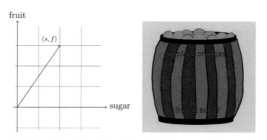

Find a linear transformation relating Pablo's representation to the one in the lecture. Write your answer as a matrix.

Hint: Let λ represent the amount of sugar in each apple.

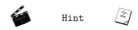

图 16　edX 中的一道习题

图 16 下方有个盒子 (Hint). 点击它之后, 会链接到作者的主页上, 展示这道习题的辅导视频. 这本书虽仅有 300 页, 视频竟有 79 个. 这个例子充分显示了教材的换代是什么意思. 我们知道, 电子书本身不带也不可能带软件, 云技术使得这种设计可行. 又如千页以上的微积分教材, 现在的电子网络版仅有两三百页. 但每几页就有一个"欲知详情"请点击"且看下回分解". 有些理、化教材链接的是实验的动画片. 现在大量的阅读器 (ipad, notebook 等) 代替了纸质书, 不能指望这些东西自带软件. 已经可以用电子阅读器携带千本电子书的人, 怎能想象手捧千页大部头来阅读? 所以, 这种变革趋势不可逆转.

§1.3　迎接变革

面对教育的大变革, 如何应对? 这将是一个长期的挑战, 也是一个非常紧迫的、亟待摸索研究的新课题. 这里, 我们有三点建议:

　　1. 培养能力;　　　2. 团队精神;　　　3. 批判意识.

1.　培养能力

我常跟学生讲, 数学不是"看"出来的、不是"听"出来的, 而是"做"出来的, 所以要多想、多做. 因为我是自学出身的人, 自认为自学能力是一个人最根本的能力, 于是在我走上工作岗位 (贵州师大附中) 后, 在教第一个班 (高中: 1972—1974) 时, 就开始培养学生的自学能力. 那时每次两节课, 我第一节让学生看书, 第二节才作难点的讲解. 开始时学生很不适应, 但两年后, 当他们毕业的时候, 他们班所学的数学在整个贵阳市是学得最多的. 现在有个名词叫"翻转课堂", 意指学生通过网络先在家里网上学习, 学习老师上传到网上的视频讲解; 到校后再在课堂上交流学习中遇到的困难疑惑, 教师点拨、解惑. 那么, 这与我们 40 年前所做的实质是一样的, 也与过去的函授教育、电视教育差不多, 只是那时学生之间的交流要少得多.

2. 团队精神

人们常说: 在社会中生活, 不仅需要智商, 也需要情商. 情商就是团队精神. 记得当代一流的 4 名印度数学家: S.R.S. Varadhan (概率, 获 Abel 奖), K.R. Pathasarathy (量子概率), V.S. Varadarajan (数学物理), 还有 R. Ranga Rao (分析学家). 他们竟然是研究生同学, 自发地一起搞了 3 年的讨论班. 这是 Varadhan 告诉我的, 也让我惊讶不已, 由此不难想象他们在学生时代就有很高的情商. 我们北京师大概率研究团队共 12 人, 在很长时期里我们每周有 5 个讨论班. 在讨论班上, 我们或者介绍自己的研究成果, 请大家提意见; 或者报告国际上的最新研究进展, 大家一起学习新东西. 可以说, 讨论班练就了我们的创新团队精神. 现代数学的发源地之一是莫斯科大学, 在 20 世纪 70 年代[5]的鼎盛时期, 数学系每个周末都有 50 多个讨论班. 总之, 讨论班是数学家工作的主要舞台, 也是团队精神的集中体现.

前面所说的 MOOC 协作论坛 (又称为讨论区) 乃是我们的讨论班或过去各种形式的(课外)学习小组的网络化. 代替讨论班上面对面的"吵吵闹闹", MOOC 赢得了时间和空间的自由, 随时随地可在讨论区上发表自己的见解. 应当指出, 在我国的过去 20 多年里, 由于各种评比和花样百出的名利宣传、诱导, 曾经引以自豪的团队精神已近乎丧失, 亟须抢救和康复. 目前, 简单易行的办法是鼓励学生依照兴趣成立各种专题研讨小组, 精心选题, 充分利用网络和 MOOC, 分工协作, 互教互学, 日积月累, 一定会取得快速进步. 至少在目前阶段, 这种活动是现有的课堂教育的极大扩展, 大概不会有人怀疑其价值和效果, 问题只是在于如何做得更好. 在选题方面, 也许可多听听老师的建议.

3. 批判意识

网络 (诞生于 1969 年) 是求学者的天堂, 我们想学的东西几乎都可以从网络上找到. 网络能让有志者、有能力者突飞猛进. 然而, 网络可能成为某些人的"鸦片", 使人迷惑、让人走上歧途. 这里需要很强的自制力. 当然, 自制力的培养也需要长时间的磨

---

[5]以后简称为"1970 年代". 之所以这么做是因为这符合数学论著的既精确又最简练要求; 也因为全书所涉及大多是 20 世纪的故事, 希望避免"20 世纪"的太多重复.

练. 网络里精品与垃圾并存, 需要强烈的批判意识. 如何用好网络, 是一门新学问、大学问. 算一算我们投入网络的时间和精力, 效益如何? 要从网络里获得最大效益, 不仅需要精心选题, 还需要制订严密的计划. 好比球队, 光喊口号是没用的, 需要依照严密计划一步一步地刻苦训练.

讲到对于网络, 需要强烈的批判精神, 大概不会有多少异议, 因为网上有太多假的东西, 太多垃圾. 由网络引发的批判意识, 让我们联想到面对社会, 同样需要批判精神. 比如流行了多年的科研评价体系: Sci + 引用数, 以及我国更新一些的创新: 分区, 这些东西都是有疑问的. 下面是两个典型例子.

第一个例子是关于俄国数学家 G. Ya. Perel'man. 他破解了 Poincaré 猜想, 是继解决 Fermat 大定理之后 20 年来数学上的最大成就. 他的 3 篇论文都是他自己放到网 (arXiv.org) 上的, 好像不能算正式发表, 所以在标准的引用统计杂志 (*MathSciNet*) 上不出现, 引用次数为 0. 然而, 这项工作获得数学的最高奖: Fields 奖和世纪难题百万美元奖.

第二个例子是张益唐 (Zhang, Yi Tang), 他在 2013 年证明了 (弱) 孪生素数猜想. 他在 *MathSciNet* 上, 共有 2 篇论文, 引用 8 次. 然而, 在 2014 年, 他获得了科尔数论奖和罗夫·肖克奖中的数学奖.

我相信这两项成果都是不朽的, 但依我国现行的评价标准应该都会得零分. 你说这样的评价系统合理吗?

讲到我国教育的变革, 最近 30 年来, 主要有两个: 一是升级并校运动, 二是新校区运动. 现在大家明白前者有弊端, 我们正在走回头路. 从今天讲的材料看, 对于后一场运动, 也是有疑问的. 以后我们真的还需要那么多教室吗? 也许可以说, 网络带来的这一场教育变革, 才是百年来最为迷人的大变革. 在教育的发展史上, 可能只有从私塾到公立学校的变革能够跟当前的这场变革相比拟. 这无疑是一个亟待开垦, 也关乎我们未来命运的浩大领域.

致谢: 本文曾先后在江苏师大, 福州第一中学 (福建省教育学会数学教学委员会第八次代表大会暨 2014 年福建省青年数学教师优秀课观摩交流活动), 湘潭大学 (教育部科学技术委员会第六届六次数理学部全体委员会议暨创新引领重大交叉项目建议研讨会), 天津师大 (天津市数学会第十二次会员代表大会), 哈尔滨工业大学 ("科学家讲坛"第五期), 北京师大 (第六届 (2014 年) 数学夏令营), 西安电子科技大学, 曲阜师大, 安徽省数学会, 盐城师范学院和北京大学报告过. 作者衷心地感谢这些单位的老师和会议的组织者的盛情邀请和热情款待. 也感谢本文所用到的诸多网站, 特别是陈国庆校长所提供的宝贵信息, 希望这里的引用能够得到他们的许可. 同时, 作者感谢国家自然科学基金重点项目 (No. 11131003) 和教育部 973 项目的资助.

本文由如下三部分构成:

注:本文原载于《数学通报》2012，第 51 卷第 9 期，第 1–6 页.

转载于《数学传播》2013, 第 37 卷第 1 期, 第 15–25 页.

我们从三个侧面来考察现代数学的进步: §2.1. 百年难题的破解; §2.2. 研究领域的拓展; §2.3. 政府民间的关注. 前两个方面来自数学内部, 第三个方面是外部环境. 我们不仅可以从数学发展的历史中吸取力量, 还可以从中得到许多启迪.

§2.1 百年难题的破解

关于难题的破解, 让我们限于最近 30 年. 第 1 个难题是 1984 年破解的 Bieberbach 猜想. 此猜想是 Ludwig Bieberbach 于 1916 年提出的 (因而少于百年). 考虑这样的一个全纯函数 f, 它将开单位圆 1-1 映到复平面. 先将 f 写成幂级数: $f(z) = \sum_{n \geqslant 0} a_n z^n$. 如必要, 作一下平移, 可设 $a_0 = 0$. 由假设, 还可设 $a_1 = 1$. 于是可假定 $f(z) = z + \sum_{n \geqslant 2} a_n z^n$. 这里有一个简单的例子[增补, 2013 年 8 月]:

$$f(z) = \frac{z}{(1-z)^2} = \sum_{n=1}^{\infty} n z^n.$$

问题是关于系数 a_n, 我们能说些什么? 例如易知 $\sum_{n \geqslant 2} |a_n| = \infty$. 否则 f 在单位圆上有界. 下面是深刻得多的难题.

百年难题 1. [6][Bieberbach 猜想或 de Branges 定理] 第 n 项系数的模不超过 n: $|a_n| \leqslant n$. 应当说, 这是 Bieberbach 非常大胆的猜想, 因为他本人只证明了 $n = 2$ 情形. 在随后的半个多世纪里, 也只证出 $n \leqslant 6$ 时成立. 美国 Purdue 大学的 de Branges 45 岁才开始进攻这一难题. 做了 7 年, 完成了 355 页的预印本. 也许因为文章太长, 最初在美国同行中交流并未得到足够重视. 幸运的是他得到美国与苏联双边合作交流的机会, 在那里作了系列演讲. 经过细心的研讨, 找到了大为简化的证明. 最后发表的文章只有十几页, 宣告了这一难题的破解.

很有意思的是, 在 de Branges 72 岁 (2004) 时, 他宣称证明了黎曼猜想. 可惜在他 78 岁 (2010) 时, 在他的主页上刊出文章:"Apology for the proof of the Riemann

---

[6]文中的命题类(引理、定理、命题、例、注等), 使用统一标签. 除脚注而外, 不同文章的编码独立.

hypothesis".

无论如何, de Branges 研究数学的锲而不舍的精神, 是值得我们引以为敬的. 攻克数学难题, 有无数人牺牲了毕生的精力却空手而归. 这里, 失败是普遍的, 成功则是偶然的. 那些醉心于科学难题的严肃的学者, 本已与世无争, 让他们再承受不断地考核、评比, 实在是一种罪过.

图 1   Louis de Banges

下一个难题是大家所熟悉的.

百年难题 2 (费马大定理). 当 $n \geqslant 3$ 时, 方程 $x^n + y^n = z^n$ 无正整数解.

这是 1637 年提出来的, 直到 1995 年才由 Andrew Wiles 和 Richard Taylor 解决. 这么 "简单" 的问题, 却经历了 358 年才解决. 请看看这期间的世界发生了什么:

- 1666 年, 牛顿发明了微积分.
- 1684 年和 1686 年, 莱布尼茨发明了微分和积分.
- 1769 年, 瓦特研制出了蒸汽机样机.
- 1776 年, 美国建国.
- 1831 年, 法拉第试制出发电机.
- ......

应当说, 世界已经发生了翻天覆地的变化. 难怪 Fermat 大定理的获解会登上许多报刊的头版. 三百多年间, 有多少代数学家付出了他们毕生的心血, 作出无偿的奉献. 我们怎么能如此幸运地生长在这一年代, 见证这一难题的破解!

Princeton 大学的 Andrew Wiles 在自家阁楼上秘密地攻关 7 年后, 1994 年, 他在剑桥的牛顿数学研究所宣布证明了 Fermat 大定理. 之后不久, 审稿人发现他的证明有漏洞, 由此开始了他地狱般的最后一年: 在世界数学家的瞩目之下, 艰难地修补他证明中的漏洞. 那种在黑暗中苦苦摸索、见不到光线的折磨, 只有亲身经历过的人才能有所体会. 幸运的是, 在他早期学生 Richard Taylor (Cambridge 大学)的协助下, 最终走出黑暗, 取得成功. 两篇论文发表在 *Annals of Mathematics* 141 (3), 1995.

图 2 The Shaw Prize to Andrew Wiles

自 2011 年起, Andrew Wiles 成为任职于牛津大学的英国皇家学会研究教授. 他曾获国际数学家联盟所授予的银奖 (1998) 和邵逸夫科学奖 (2005) 等多项奖励. 关于 Fermat 大定理的更多故事, 见 [4].

下一难题比上一个早 26 年提出, 晚 3 年获得破解. 讲的是如何堆积货物以减少占位空间.

百年难题 3 (Kepler (球堆积) 猜想). (3 维) 空间中球堆积的最佳密度是 $\frac{\pi}{\sqrt{18}} \approx 0.74048$.

图 3 橙子的堆积

1998 年, 匹兹堡 (Pittsburgh) 大学的 Thomas Hales 在他的学生 Samuel Ferguson 的协助下, 使用计算机辅助证明了 Kepler 猜想. 这种证明是将原问题分解为数量很大的各种情况, 然后由计算机对每种可能的情况进行检验. 关于此专题 (或本文所涉及的大部分专题) 的许多故事和材料, 均可从网上找到, 例如论文: A formal proof of the Kepler conjecture.

图 4   Thomas Hales

计算机辅助证明是数学史上的大事. 所证明的第 1 个大成果是四色定理 (1890 —1976), 这是 30 多年前由 Illinois 大学 (Urbana-Champaign) 的 Kenneth Appel 和 Wolfgang Haken 所解决.

下面是美国 Clay 数学研究所悬赏 (2000) 的 7 大世纪难题之一, 每个的奖金为一百万美元.

百年难题 4 (Poincaré 猜想). *每一个闭的单连通 3 维流形同胚于 3 维球面.*

拓扑学关心的是大局, 不在乎拉伸、压缩之类的连续形变. 例如椭球面, 压一压就变成球面了, 它们就被视为一体. "单连通" 意指经连续收缩后会变成一点. 例如球面就是, 但轮胎面不是. 由此可理解此猜想的含义.

这个猜想是 1904 年提出的. 在 2002 — 2003 年, 圣彼得堡 (Saint Petersburg) 的 Grigori Perelman 在著名的预印本中心 arXiv.org 上展示了 3 篇论文. 后来经过几个研究小组的核查, 确信其论证正确, 宣告了 Poincaré 猜想的破解. 此难题的破解恰好经历了一百年.

图 5   Grigori Perelman

国际数学家大会曾授予 G. Perelman Fields 奖 (2006), 美国 Clay 数学研究所授予他百万奖金 (2010), 均被他谢绝. 所以在我们这个时代, 也还有一批把金钱和名利看得很淡的人. 在功利主义横行的世界里, 这种富有科学情操的学者, 更显得难能可贵.

关于 Poincaré 猜想, 已有几本英文科普读物, 例如 [3].

回想二次曲线 (曲面) 的分类, 便不难理解下述难题的重要性. 可惜此题过于专业, 不知道如何给予通俗的解释.

百年难题 5 (有限单群的分类). 有限单群同构于下属群之一: 素数阶群, 交错群, Lie型群, 或 26 种零散群.

有限单群的分类始于 1892 年. 到了 1983 年, 人们一度认为此工作已完成. 后来发现有误, 又做了几年, 出版了两卷本补漏洞. 到了 2004 年, 普遍认为已最终完成了分类工作. 百年来, 代表性论文已发表 500 多篇, 涉及 100 多位作者, 有 1 万至 1.5 万页. 因此提出了整理和简化已有成果的第 2 阶段任务. 在 1994—2005 年, 已出版 6 卷 (计划出版 12 卷), 约 5000 页. 可见工程之浩大. 难怪有人说: 搞有限单群分类的人, 要么 "蠢得要命", 把简单的问题弄得这般复杂; 要么 "聪明得出奇", 能把这么复杂的事情搞清楚.

关于有限单群分类历史的全面考察, 见 [2].

百年难题 6 (孪生素数猜想[增补, 2013年8月]). 存在无穷多对孪生素数.

这是 1849 年由 A. de Polignac 所提出的猜想. 所谓孪生数, 乃是两个素数之对子, 它们相差 2, 例如

$$(3, 5),\ (5, 7),\ (11, 13),\ (17, 19),\ (41, 43),\ (101, 103),\ (881, 883),\ \cdots$$

把"相差 2"放宽为"相差 $\leqslant N$", 就得出"弱孪生素数猜想".

图 6　张益唐

2013 年, 华人数学家张益唐 (Yitang Zhang) (美国 New Hampshire 大学) 取得了突破性进展, 他证明了 $N \leqslant$ 七千万. 然后开始了擂台赛: 目前的最好结果约为 $N \leqslant$ 五千. 其中做出重要贡献的人物是华裔数学家陶哲轩 (Terence Tao). 他因证明了"存在任意长的等差素数"荣获 2006 年的 Fields 奖. 应当指出, 陈景润对于孪生素数猜想曾作出过历史性贡献 (1973):

大偶数表为一个素数及一个不超过
二个素数的乘积之和

陈 景 润

(中国科学院数学研究所)

摘　　要

本文的目的在于用筛法证明了: 每一充分大的偶数是一个素数及一个不超过两个素数乘积之和.

关于孪生素数问题亦得到类似的结果.

图 7　陈景润　　　图 8　陈景润关于哥德巴赫猜想和孪生素数猜想的论文

我们已经介绍了过去 30 年间 6 大难题的破解, 涉及基础数学的诸多分支: 数论、代数、几何、复分析及离散数学. 由此可见, 30 年来, 数学取得了全面的进步. 这些难题的破解, 很大程度上得益于高水平上的学科交融. 例如 Fermat 大定理, 远超出初

等数论的范畴, 只是因为算术代数几何的成熟, 才得以证明远比 Fermat 大定理更一般的猜想. 这让我们想起当年"5 次及 5 次以上方程不可解"难题的破解, 就是因为发展出"群论"这一数学工具. 又如 Poincaré 猜想, 本身是一个拓扑猜想, 但它的破解却是非常分析的(表面上远离拓扑). 在攻克数学难题的进程中, 往往发展出新的数学理论, 推动了数学的发展并逐步应用到其他领域, 这是数学难题的主要价值. 现代数学的发展, 不仅有数学内部各分支间的交融, 还有与物理的交融. 记得 1980 年代, 牛津的 Simon Kirwan Donaldson 应用 Yang-Mills 理论, 证明了光滑 4 维流形不同拓扑结构的存在性, 曾引起相当大的震撼, 以至于在关于 4 维流形的第 1 本专著的扉页上写着: 数学家需要学习物理.

§2.2 研究领域的拓展

20 世纪的前半部分, 数学家花费很大精力重新考察或构筑各分支学科的根基. 有很大的一股潮流叫做公理化运动. 例如 1933 年建立了现代概率论的公理系统. 还有几何学基础、数理逻辑基础等等. 经历了这场运动的洗礼, 现代数学才有了非常牢靠的根基. 有时, 人们把这一时期叫做 Hilbert 时代.

数学与物理[7]

大约从 1960 年代开始, 数学重归自然, 也叫做进入 Poincaré 时代, 即与物理及其它自然科学学科分支的重新交融. 例如与量子场论的交叉渗透, 产生出"弦论"、"超对称"和"非交换几何"等数学新分支. 又如作为概率论与统计物理的交叉, 1960 年代和 1970 年代分别出现了"随机场"和"交互作用粒子系统"、1982 年出现了"渗流理论"这些概率论或数学物理的新的分支学科.

让我们讲点渗流理论. 它特别像数论, 问题很好懂, 却很难做. 还是从一个基本模型开始. 考虑 d 维的格子图. 假定每条边开的概率为 p (闭的概率为 $1 - p$). 各边开或闭相互独立. 这就是边渗流[8]模型 (图 9 中的右图). 如果一条路的依次相互连接的边都是开的, 则称为一个开串. 显然, 若 $p = 1$, 则所有的边都是开的, 因而存在无限长的开串. 反之, 若 $p = 0$, 则不存在开串. 这就引出临界值 p_c 的定义:

$$p_c = \inf\{p \in (0, 1) : \text{存在包含原点的无穷开串的概率大于零}\}.$$

---

[7]书中有些小段的标题主要作为关键词之用, 而不是单独的次小节. 由于本书中的文章相对独立, 很少交叉引用. 基于这些原因, 不至于造成混乱, 常略去这些标题的编号. 特别地, 文 18 有 11 个标题, 但全文无一编码; 又如 §3.4 和文 17, 既无标题也无编码.

[8]在正文中, 我们常用楷书或黑体字标记专有名词、术语或重点语句.

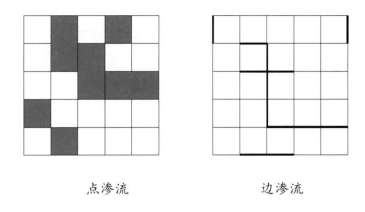

点渗流 边渗流

图 9 点渗流和边渗流模型示意图

对于二维 ($d = 2$) 情形, 已知 $p_c = 2^{-1}$. 但当 $d \geqslant 3$ 时, p_c 却是至今无人能够确定的. 若把边的开、闭换成格点的开、闭, 则上述边模型就变成点渗流模型. 此时, 仅当两顶点均开时, 所联结的边才是开的 (图 9 中的左图: 管状通道构成开串). 对于二维三角形点渗流, 已知 p_c 也等于 2^{-1}. 通常, 物理学家知道得更多. 例如, 他们不仅知道三角形点渗流的 $p_c = 2^{-1}$, 还知道下式中的临界指数 $\alpha = 5/36 + o(1)$:

$$当 \ p \downarrow p_c \ 时, \ 原点属于无穷开串的概率 = (p - p_c)^{\alpha},$$

这是一种统计物理所研究的普适常数. 然而, 长时期以来, 数学家对普适常数束手无策, 研究状况处于完全真空的状态. 直到 2001 年, 才由 S. Smirnov 取得突破 (解决了物理学家 J. L. Cardy (1992) 基于共形场论的猜想). 他于同年荣获 Clay 数学研究所的研究奖. 所使用的工具是布朗运动与共形映照. 这一点很像解析数论, 使用复分析 (连续) 来处理数论问题 (离散). 这方向上的研究已获 2 次 Fields 奖: Wendelin Werner (2006), Stanislav Smirnov (2010).

"随机场"和"交互作用粒子系统"是静态和动态的"姐妹"学科, 中心课题之一是研究相变现象. 这是无穷维数学, 已有的数学工具很少. 这促使我们重新考察有限维数学的可能用于无穷维的那些工具, 也促使我们去寻找和发展新的数学工具. 例如在研究这些数学所发展起来的耦合方法和概率距离 (或 optimal transport) 等, 已成功地应用于偏微分方程、几何分析和数学物理的多个领域. 又如相对于熟知的 Sobolev 不等式 (依赖于维数), 有适用于无穷维的对数 Sobolev 不等式. 这早已是研究无穷维数学 ("交互作用粒子系统"和"Winner 空间上的分析") 的基本工具之一, 但它被 Perelman 用于证明 Poincaré 猜想, 却是令人惊奇的.

数学与网络

网络无疑是现代科学技术的一项重大成就. 我们以搜索引擎为例, 说明网络需要数学. 先输入关键词, 搜索之后, 计算机上依次给出网页的排序. 那么, 排序的规则是什么? 答案如下. 将网页标记为 $\{i, j, k, \cdots\}$. 若 i 与 j 之间有链接, 则命 $a_{ij} = 1$. 否则置 $a_{ij} = 0$. 我们得到 1 个非负方阵 $A = (a_{ij})$. 按照矩阵论的一个经典结果, 非负方阵(需连通性的小条件)有最大特征根 λ^*, 它对应于 1 个左正特征向量 $u = \{u_1, \cdots, u_m\}$:

$$uA = \lambda^* u. \tag{1}$$

这个 u 即为所求: 取其第 i 个分量 u_i 为网页 i 的 PageRank. 我们所见到的网页就是依照 u_i 的大小排序的. 这就是 Larry Page 和 Sergey Brin 创建 Google 搜索引擎 (1998) 的数学依据.

人们常说, 网络改变了我们的生活. 其实, 网络也给数学带来许多挑战性课题(例如网络安全). 无疑地, 网络必将对我们的科学研究和教育带来深刻变革. 譬如说, 将部分问题留给读者从网上寻找答案, 这可称为一种网络辅助教育. 显而易见, 这里有很大的发展空间: 建立网络课堂、网络交流平台等.

数学与经济

数学对于经济的重要性也许已有共识, 因为大多数诺贝尔经济学奖的获得者都是数学家. 为加深理解, 我们还是看看一种简单模型.

由 (1) 式 (它表示 u 是方阵算子 A/λ^* 的左不动点) 得到

$$uA^n = \lambda^{*n} u \quad \text{或等价地,} \quad uA^{-n} = \lambda^{*-n} u, \qquad n \geqslant 1. \tag{2}$$

与此紧密相关的是下述经济模型. 现在以 A 表生产效率方阵, 以

$$x_n = (x_n^{(1)}, x_n^{(2)}, \cdots, x_n^{(m)})$$

表第 n 年产出各产品所构成的行向量, 则可将著名的投入产出法写成

$$x_n = x_0 A^{-n}, \qquad n \geqslant 0,$$

其中 x_0 是最初(第 0 年)的投入. 下述定理中的第 1 条给出了 (2) 式的经济学意义.

定理 7 (华罗庚, 1984 —1985). 以 u 表非负矩阵 A (连通) 的最大特征根 λ^* 所对应的左特征向量(必定 > 0).

(1) 如取 $x_0 = u$, 则 $x_n = x_0 \lambda^{*-n}$, $n \geqslant 1$. 此时有最快增长速度 λ^{*-n}. 称此方法为正特征向量法.

(2) 如取 $0 < x_0$ (元素全为正) $\neq u$, 则必定存在 n_0 使得第 n_0 年的输出 x_{n_0} 含有不同符号的产品. 俗称经济走向破产或崩溃.

华氏定理提供了 PageRank 的一种合理解释: 左正特征向量 u 是非负方阵 A 的唯一稳定态 (不动点). 此定理的神奇之处是其第 2 部分. 问题是那里的 n_0 会不会很大, 比如 $n_0 = 10^4$ (1 万年), 倘若如此, 我们就不必管它了. 请看下例.

例 8 (华罗庚, 1984). 考虑工、农业两种产品. 取

$$A = \frac{1}{100} \begin{pmatrix} 20 & 14 \\ 40 & 12 \end{pmatrix}.$$

则 $u = (5(\sqrt{2409} + 13)/7, 20)$. 其中 $5(\sqrt{2409} + 13)/7 \approx 44.34397483$. 相应于 u 的不同近似值, 有

x_0	T^{x_0}
(44, 20)	3
(44.344, 20)	8
(44.34397483, 20)	13

其中 T^{x_0} 是从 x_0 出发的首次崩溃时间 n_0.

对于这个简单模型, 精确到小数点后 3 位是可行的, 因为前 7 年不会崩溃, 而我们只制订 5 年计划. 其次, 让我们看看随机模型. 假定每个 a_{ij} 以 1/3 的小概率作 1% 的小摄动. 再假定诸 $a_{ij}^{(n)}$ ($i, j = 1, 2$, $n \geqslant 1$) 相互独立. 还是从 $x_0 = (44.344, 20)$ 出发, 那么

$$\mathbb{P}[T^{x_0} = n] = \begin{cases} 0, & \text{若 } n = 1, \\ 0.09, & \text{若 } n = 2, \\ 0.65, & \text{若 } n = 3. \end{cases}$$

这样, $\mathbb{P}[T \leqslant 3] \approx 0.74$. 也就是说, 这个经济模型在 3 年内崩溃的概率达到 0.74, 可见运行 2 年之后就必须调整 (记得对于决定性情形, 崩溃时 $T^{x_0} = 8$ 年). 事实上, 我们可以证明: 在适当条件下, 对于一切 $x_0 > 0$, 都有

$$\mathbb{P}[T^{x_0} < \infty] = 1,$$

即若不及时调整, 经济将以概率 1 走向崩溃.

我们已经看到经济的敏感性: 依据所具备的客观条件, 有它自身的合理的发展速度, 太快、太慢都不好. 如不考虑随机因素, 就会造成很大的失真. 随机数学的运用, 会使问题的解答比决定性的处理更精密而不是更粗糙. 经济最优化的数学模型是一个待开垦的数学研究领域, 有大量有趣并重要的待解决课题 (例如崩溃时间的估计、最优投入策略等等). 这个方向是如此迷人, 以至于作为开篇写入 [1], 从中可找到更详细的内容和文献[9].

顺便指出, 在研究随机模型时, 我们用到了随机矩阵理论. 这个理论在物理和统计中都是极为重要的. 我国许宝騄是这一理论的早期开拓者之一 (1939). 这一理论与泛函分析的交融, 产生了自由概率论 (1985) 的新的数学分支, 并被成功地应用于 von Neumann 代数的分类问题.

2010 年是华罗庚和许宝騄的百年诞辰.

图 10　华罗庚　　　　　　　　　　　　　图 11　许宝騄

虽然只是挂一漏万, 我们依然可以感受到数学就在身旁, 在我们的日常生活中, 一方面, 数学在自然科学和工程技术等诸多领域中有强有力的应用. 另一方面, 数学也与其他学科交融, 形成相当统一的整体, 并且伴随科学技术的进步不断地拓展自身的研究领域.

---

[9]关于此课题的新发展, 参见文末的补记.

§2.3　政府民间的关注

数学和数学家能够得到社会的爱护和关注的主要原因是他们有较好形象. 众所周知, 人类生存的两大能力: 语言表达能力、分析问题和解决问题能力, 后者大部分得益于数学训练. 数学的逻辑比"钢铁还硬", 如果逻辑不对, 就很难过关. 因此数学家在工作和生活中常常有自己的专业特点.

数学中心

谈到社会对于数学的支持, 首先想到的是在西德, 由大众汽车资助的 Oberwolfach 国际数学会议中心. 它建在一个独立的小山上, 里面还有图书馆、乒乓球台. 每周一个国际会议, 吃住全包, 不收会议费.

给我印象最深的当数剑桥数学中心 (剑桥大学), 建于 1995 年. 中心共有 10 座建筑, 9 大 1 小. 图 12 中左下角是图书馆, 左上角是牛顿研究所, 它建得早一点.

图 12　剑桥大学数学科学中心

2003 年, 当该校的"纯数学与统计系"系主任带我爬上其中一栋的楼顶, 眼望如此气派的数学中心时, 我心灵深处受到了深深的震撼. 为什么在剑桥这个很小的地盘上, 在这个寸土寸金的地方, 要建一个这么大的数学中心? 要知道, 经费的 80% 来自民间. 也不知道要到哪年哪月, 在我们国家才能有这么一个数学中心?

有谁能想到, 在两年之后的 2005 年, 就在北京大学成立了"北京国际数学研究中心". 这是国家级的数学中心, 有相当大的规模. 应当说, 我们前进的步伐也够快了.

政府关注

上述国际数学中心以及国内为数不少的数学研究机构, 都是我国政府财政拨款支持的. 这从一个侧面反映出我国政府对于基础研究的重视.

讲到其他国家政府的关注, 应当提到 2006 年 4 月 18 日, 美国总统的行政命令, 成立"国家数学委员会". 这是第一个国家级的数学委员会. 委员会的职责是就如何最好地利用有关数学教学和学习的研究成果向总统和教育部部长提供建议. 2006 年 5 月 15 日, 17 位数学家、认知学家和数学教育家被任命为国家数学委员会成员. 其次, 应当提到奥巴马 2011 年国情咨文. 其中两次提到数学: "中国和印度等国已意识到……他们开始对他们的孩子进行更早和更长时间的教育, 更加重视数学和科学". "在未来十年, 我们将需要准备十万名科学、技术、工程和数学学科教师."

民间资助

就我们所知, 至今最大的民间资助来自 Simons 基金会. 2010 年, 该基金会投入四千万美元用于数学等基础理论研究. 须知美国国家科学基金会 2009 年资助数学的强度是两亿两千万美元.

这位 Simons 是何许人也? 网上说: 詹姆斯·西蒙斯 (James Simons) 是世界上最伟大的对冲基金经理之一. 事实上, 他是一位很有成就的数学家. 他和陈省身发现了著名的"Chern-Simons 不变量".

2011 年是陈省身的百年寿辰. 华罗庚、许宝騄和陈省身堪称为我们的民族英雄. 他们几乎从平地而起, 经历了战争等我们无法想象的艰难困苦, 逐步奋斗成为顶天立地的第一批华裔数学家.

图 13 陈省身

图 14 James Simons

30 年来, 诸多数学世纪难题的破解为我们树立了不朽的丰碑; 研究领域的不断拓展形成了宏伟的阵势; 政府民间的关注产生出强大的推动力. 因此, 我们有充分的理由相信数学必定会有更加辉煌的明天. 有幸学数学、做数学或教数学的人, 都是值得庆幸、值得自豪的.

参考文献

[1] 陈木法, 毛永华 (2007). 随机过程导论, 北京: 高等教育出版社.[10]

[2] 胡俊美 (2007). 有限单群分类历史研究, 河北师大博士学位论文.

[3] Masha Gessen (2011). *Perfect Rigour: A Genius and the Mathematical Breakthrough of the Century*, Icon Books Ltd., London.

[4] 西蒙·辛格 (2005). 费马大定理——一个困惑了世间智者 358 年的谜, 上海: 上海译文出版社.

致谢: 本文最早是在福建省首届数学大会的报告 (2010 年 10 月 16 日; 与会者近千人, 约 70% 为中学数学教师). 之后依次在江苏大学、南京大学、南京师大、安徽师大、淮阴师院、东南大学和北京师大报告过. 乘此机会, 感谢这些院校相关老师和领导的热情款待. 在讲了 8 次之后, 觉得可能对他人有所帮助, 因而整理成文. 应当指出, 限于个人的偏好和局限性, 本文的"三个侧面"的选题及选材都难免有些片面. 事实上, 若以本文的标题征文, 必定能征集到许多内容迥然不同的好作品. 作者感谢国家自然科学基金重点项目 (No. 11131003) 和教育部 973 项目的资助.

附注: 文中的图片都是从网上找来的, 其中的 10 张人物照片, 也许不宜在刊物上正式发表, 因为我们不知道如何处理肖像权问题. 但作为通常的学术交流, 应当是允许的.

补记 (2024.1.13): 文中的"数学与经济"一小节的更新换代, 见与本书同时出版的两本专著:

[1] 华罗庚著, 陈木法和石昊坤编 (2024). 计划经济大范围最优化数学理论 (新版), 北京: 北京师大出版社.

[2] 陈木法, 谢颖超, 陈彬, 周勤, 杨婷著 (2024). 华罗庚经济优化新理论与实证, 北京: 北京师大出版社.

图 15　陈木法院士在南方科技大学作《数学的进步》演讲

---

[10]本书是作者的部分演讲录, 基于个人实践的体验和感悟. 除了涉及较多历史的文 [8, 9] 外, 无需多少参考文献, 其中 10 篇无文献, 余下的 6 篇仅含少量文献, 因而不列入作为全书总纲的目录. 特此说明.

第二部分

学习方法与研究方法

谈谈数学素质的培养

本文由如下四部分构成:

注: 本文原载于《数学文化》2014, 第 5 卷第 4 期, 第 27–34 页.

今天很高兴, 很高兴来到我们福州第一中学的新校区. 一方面羡慕你们, 另一方面也很"嫉妒"你们, 因为你们能上这么好的中学. 我是惠安第一中学毕业, 惠安第一中学也是一所很好的中学, 但跟福州第一中学不能比, 所以很羡慕你们. 你们那座新图书馆, 那么气派! 把我惊呆了. 那是中学的图书馆吗? 那么大, 那么气派, 真了不起. 目前还在世的福建籍数学院士总共是四位(见图 1), 这四位当中就有两位是福州第一中学毕业的, 所以福州第一中学真的非常了不起. 福州第一中学有一百多年的历史了吧? 一百八十七, 哇, 有非常辉煌的历史. 所以非常高兴来到福州第一中学和大家一起讨论学习上的一些问题.

图 1   福建籍的数学院士(左至右): 刘应明、郭柏灵、陈木法、林群

这次领导给我一个作文题, 叫做"谈谈数学素质的培养". 这个作文题对我来说太难了, 要考这个作文题我肯定不及格. 因为数学素质的话题, 不是特别好讲. 我想和大家比较坦白地、老实地交谈一下, 我读中学的时候是怎么个样子. 你们在座很多人, 肯定要比当时的我强很多很多. 所以我就同大家交流一下我读中学的时候的一些情况, 希望对大家能有所帮助.

在开始介绍之前, 我有件事情请大家帮忙. 由于我长期"脱离群众", 老是关在屋子里, 脱离社会, 所以很多事情都不懂, 我的家人给我的评价是"不食人间烟火". 所以我面对这么多优秀的中学生, 心里头有点负担. 我怕我讲的东西对你们一点用处都没有. 有五百个学生在这里, 我讲一个钟头的话, 就相当于我们要花五百个钟头来做这件事情. 我希望能有一点效果, 要有一点效果呢就希望大家帮我忙. 你们关心什么问题, 你们就提出来, 然后我回答你们的问题. 好不好? (好!) 那么现在在座的大约有五百人, 举手提问的话会有一些困难. 因此你们可以写一些条子, 然后我请校长帮我忙, 收集一些条子上来, 然后看看我能回答多少, 我努力回答你们的问题. 这是我先请求你们帮忙的事情.

现在我先给大家讲一下我读中学时的学习经历和体会. 我非常怀念中学的生活, 假如我能够写回忆录的话, 我一定会花很多笔墨在中学阶段. 因为就我个人来讲, 中学生涯奠定了我一生的基础. 整个世界观的形成, 整个理想的建立, 都是在中学阶段.

§3.1　自学的重要性

我对中学阶段非常地怀念, 也觉得中学阶段很重要. 与在座的同学比, 当然我也很惭愧. 因为我读小学的时候, 什么都很好, 还当了一个很大的"官", 叫做"中心小学的少先队大队长", 那是很大的"官"了, 嘿嘿. 从乡下的小学到中学的时候, 我是被保送到中学的, 所以我很多功课都是四分、五分. 我们那个时候是五分制的.

不过我也有很不好意思、很丢人的事, 是什么呢? 我那个时候算术是三分, 三分就是刚刚及格. 所以我是算术刚刚及格而被保送到初中读书, 因此很惭愧. 你们当中肯定没有人刚刚及格而被录取到这儿来, 对不对? 这里不会要你们的. 我离开小学的时候, 我的小学老师对我说: "你到中学以后, 要好好学数学, 你数学不好的话, 其他学科就没法念了."我记得那位老师姓张. 所以到了中学以后, 我听老师的话, 就是说咱们要用功学数学, 不然就完蛋了, 对不对? 刚开始的时候怎么把数学学好? 那个时候不会学, 才十四岁, 只懂得把老师布置的作业做好, 能找到的题尽量多找来做, 如此而已. 况且还有些题目不会做. 那个时候在乡下, 参考书是找不到的, 仅仅是把课本的题做好, 不懂得怎么多学习.

大概我这一辈子, 运气最好的时候就是初中二年级, 当时我听了一个课外讲座, 是我们中学的一个数学老师作的, 这个老师也姓张. 课外讲座的主题叫" 要学会自学". 张老师讲了我们中国现代最伟大的数学家华罗庚先生自学成才的故事. 张老师细数了华罗庚先生从初中生到大学旁听生, 再到清华图书管理员、助理研究员, 最终成为大学教授的传奇经历. 那是我第一次听到华罗庚先生的故事. 华先生是我一辈子学习的榜样. 他的很多名言, 比方说"聪明在于勤奋, 天才在于积累"是我一辈子也忘不掉的.

图 2　陈木法院士演讲时的风采

　　张老师在讲座中还以他自己的经历, 介绍了自学的重要性. 他给我们作报告的时候, 口才是非常好的. 但是没有想到张老师年轻的时候, 有口吃的毛病, 就是咱们平时说的"结巴". 张老师怎么克服掉这个口吃的毛病呢? 他通过每天早上起来读剧本的方法, 竟然完全改掉了这个毛病. 没有人教他怎么克服这个口吃的毛病, 可以说张老师是通过自学治愈了这个毛病的. 不是从医生、医学院那里找到办法, 而是自己找到了读剧本的办法, 把这个毛病去掉. 张老师当年在惠安第一中学, 现在很多人不会晓得他了, 老师退休了. 他是我们惠安县的三个特级教师之一, 是很有成就的. 1950 年代, 北京师大出了一本杂志, 叫《数学通报》.《数学通报》那本杂志每期都有一些问题寻求解答, 50 年代的时候凡是能够做出来的人的名字都会被登出来. 我看到张老师的名字几乎每期都有, 所以他是很了不起的. 不过他也只是一个中学毕业生, 通过自学才有这样的成绩. 张老师教给我们的第一个方法就是要学会自学.

　　我今天给大家讲, 我不知道领导会不会批评我, 大家都"自学"还要老师干什么? 我壮着胆子再往下讲. 我觉得自学是人生中特别根本、特别重要的本领之一. 有很多的学生, 比如说大学毕业了也就彻彻底底地毕业了, 一点都不能再往前前进了, 因为他们缺乏自学的能力. 所以我对自学特别看重, 特别喜欢. 以至于我工作以后, 我曾经在贵州教过两年的中学, 主要教高中数学. 那时我年轻气盛, 认为关键要培养学生的自学能力, 所以我当时教数学, 两节课中的第一节课让他们自己看书, 然后第二节课我才作一点解答. 培养学生的自学能力, 这是我曾经做过的一次认真的试验. 当然开始的时候学生都造反了, 非常的不习惯, 说怎么能这样呢? 我们上一个老师教我们的时候, 证明都是"因为什么所以什么, 又因为左边等于右边, 所以等式相等", 讲得很细, 哪能叫我们自己看书. 我说不要这么死板, "又因为左边等于右边"之类的话就不要写了, 仅写"所以等式相等"就可以了. 但只是这么一点改动, 许多同学都很难接受, 更不要说让他们自学了, 可见开始有多难.

自己学习, 看似进度很慢. 不光很慢, 学生会跟我吵架, 会不满意, 他们去告状. 告状告到我们领导那里去了, 所以我们教研组组长特意跑过来听我的课. 因为我是年轻教师, 所以我们教研组组长才来听我的课, 看我是不是不上课. 不过听我的课那天, 我运气很好, 事先不知道她来听课, 也没有跟她说清楚我在进行培养学生自学的训练. 那天正好我讲习题课, 所以那一次课全是我讲的. 我们组长听课后很高兴地对我说"你讲得很清楚, 没有乱来". 一年之后, 这个班所学的数学是整个贵阳市学得最多的. 一开始他们学得很累, 后来他们会学了, 就学得快乐, 老师就不用多讲了. 这样, 速度就加快了, 所以他们学的东西是最多的. 我也就比较得意我曾经培养出一些学生的自学能力.

图 3　福州第一中学新校区

那么接着讲我初中二年级听了张老师报告之后, 我就开始自己学习, 初中二年级的功课学完, 我就把初三的拿来学. 初三的学完我就把高一的拿来学, 高二的学完我又学了一年大学的课本. 到高中毕业, 高考结束之后我就回家种地去了. 种地的时候就拿了一本概率论的书来学, 所以我学概率论是从十几岁开始的, 拿的是一本苏联的概率论教材来学. 后来才知道那是大学三年级的课程, 当时我真是不知天高地厚. 那就是我的中学年代. 我跟大家讲的第一点就是要学会自学. 学会自学并不是说要在离开学校后才需要, 恰恰相反, 在上学阶段就应当学会自学.

§3.2   信心的重要性

我跟大家讲的第二点是说, 像我算术这么差, 然后要学数学, 最后稀里糊涂走上了一条搞数学的道路, 多少会让人感到奇怪. 像你们得天独厚, 什么功课都特别好, 你们当然要有更远大的前途. 那个时候, 有个信心的问题, 就是说你没学好, 那你还要往前走, 还要继续求学. 有时候题目做不出来, 就会想到放弃. 我们在座也许很多同学都出身"高贵", 而我出身贫寒得一塌糊涂, 在乡下的乡下, 整个村庄才十几户人家, 只有七八十人口的地方. 出生在这样的地方, 不论做什么, 很重要的一点就是需要信心.

不过, 我自己有点好运气. 上初中三年级的时候, 有一次期中考试, 我的成绩是全年级最好的, 所以我的班主任, 数学老师, 也姓陈, 他把我的数学考卷贴在教学楼的走廊上, 横眉上写的是"状元榜". 因为陈老师也是自学成才的, 所以对我们这种自学的人格外地爱护. 他贴那个"状元榜"表明你考得最好, 所以他很高兴, 把考卷张榜贴出来. 这件事情虽然很小, 但对我一辈子的影响很大. 因为此事让我觉得我还行, 还有点"了不起", 因此也就觉得我肯定能学好数学. 我认为一个人年轻的时候, 小孩的时候, 稍微翘点尾巴不要紧, 有点小骄傲也不要紧, 就怕你没有信心.

我还有一个经历, 也是老师"重用"我. 具体说, 我当时曾经帮老师改过两次的数学卷子, 一次是我们班的卷子, 考完试, 老师喊我帮他改卷子. 第二次是高年级学生补考的卷子. 这两次改卷子对我影响很大. 改完卷子回到寝室睡觉的时候同学们问我得多少分, 我就很得意地告诉他们得多少分, 感觉很好, 这样就多了点信心, 不会老瞧不起自己. 所以我很感谢老师"重用"我.

不过还有一点别的体会, 由此我对分数就有一点新认识了. 比如同一道题, 你做得好坏其实差别是很大的, 有些时候你用比较正统的方法做, 是对的, 给你打满分. 如果你用一种特别巧妙的方法, 自己费尽心思想出来的方法做的, 你有创新的发现, 你得的也是满分, 你不比别人多得一分. 所以分数有时候是不公平的, 其实这里头差别巨大, 不是一个层次. 所以从那时候开始, 我对分数也比较淡漠, 好像觉得就是那么一回事. 以前我对分数看得挺重的, 后来如果人家都是满分, 我得 99 分我可能既不会苦恼, 也不会难受. 这是因为老师"重用"我, 所以我才有这样的认识.

你想想看, 一个乡下来的孩子, 小学算术只有 3 分, 以后要当数学家, 怎么可能呢? 不可能的! 如果没有老师这样鼓励你、"重用"你就是不可能的. 所以我有一个观点: 我们的老师和家长对孩子、对学生要多给一点鼓励, 多给一点奖励. 这样有些时候, 他们可能会超水平发挥. 我想, 从我们同学自己的角度来说, 自己也要有信心, 追求进步, 一天一天地积累, 你就能学得非常好.

我想跟大家讲的第二点就是这样, 我说我得到老师很多的"重用", 感激不尽. 我也希望我们老师"重用"在座的学生, 家长"重用"在座的孩子们.

§3.3 学习要讲方法

第三个是给大家讲一点方法. 也许有人会问, 当时你只是一个十四五岁的孩子, 怎么会有那么强的自制力? 因为功课特别紧, 你还要学那么多东西. 你要有特别强的自制力, 但是你是用什么办法来做的? 坦白地说我小时候非常顽皮, 你们在座很多可能都是乖孩子吧, 我很顽皮. 我记得高中一年级的时候, 我是班长. 那时候我特别喜欢打乒乓球. 下午只有一节课的时候, 我有时爬窗进去打乒乓球. 我的班主任老师特别恼火, 把我的乒乓球拍没收了. 但是, 我有一个办法来管住自己, 就是给自己定下一个严格的学习计划. 一直到很多年以后, 甚至到我研究生毕业以后, 只要是有比较系统的时间, 我常常会很严格地做计划, 差不多每一个钟头都是有计划的. 有一个好的计划, 就比较清楚今天我该干什么, 自然就会有较高的效率. 那么定计划呢, 一定要强迫自己去完成计划, 否则你就胡来了. 然而, 我们在这个年龄段, 常常在晚上睡觉之前野心很大, "明天我一定好好干", 但是睡一觉起来就全忘记了. 你定完计划不执行, 不也等于没定计划?

如何强迫自己去执行自己的计划? 我有一个做法就是每天写日记. 写日记的时候, 如果你今天糊里糊涂, 疯玩过去, 你晚上写不出来日记的时候就很痛苦. 你总不希望写下今天我胡闹了一天, 对不对? 这样就能促使你每天把自己管住. 这时候最主要是靠自己管理自己. 日记真是好东西. 写日记呢, 我说它有监督作用. 它是一个好的监督员, 有时候比老师、比爸爸妈妈还管用. 日记还有一个好处, 就是它可以做你特别好的朋友. 你的心里有什么想法, 跟其他人不好讲, 就在日记里头写一通. 我记得我读高中二年级的时候, 被彻底"罢官"了一整年. 当时自己也稀里糊涂, 我说过我高中一年级是班长, 但高中二年级时莫名其妙全部没有了. 所以我当时很难受, 那时跟你们差不多大, 被人家彻底"罢官", 很严厉地处分了. 这一整年我的心里都很难受, 主要是日记帮了我很多忙. 我心里难受的时候, 我会在里面写一点. 然后我会检讨自己, 我会觉得自己还有该努力做的事. 谁知道到高中二年级结束的时候, 不是要写操行评语吗? 我们老师写完了评语以后, 把我们几个同学喊去抄写评语, 但是我的评语不是我抄的, 我抄别人的评语. 我的评语中有一段话, 是叫我与家庭划清界限. 这时我才知道为什么撤我的职. 后来我去问老师, 说我要划清啥界限, 我都不知道我家发生了什么事情. 后来才知道, 那是搞错了, 完全不知道怎么回事, 我也不去调查它. 所以冤假错案一年, 也就长进了. 我挺感谢日记好朋友帮我的忙, 渡过了这一年艰难的难关. 那时候那么小, 后来我也遇到很多艰难困苦, 因为有了那一年的经历, 后来就不怕了, 就能够更好地面对挫折.

前两天在惠安第一中学作报告的时候, 学生提了很多有趣的问题. 其中他们提了一个问题我本来没有讲的, 今天也顺便讲一下. 问题是怎么样培养自己的意志力. 我刚才讲的这一段是培养毅力的一个手段, 培养毅力的手段有很多, 比方说体育锻炼. 我曾经做过这样一件事情, 我在北京读大学的时候曾经洗过一年的冷水浴. 北京冬天的最低温度可以是零下十几度, 冬天外面是冰天雪地. 什么叫冷水浴? 你早上起来, 拿个脸盆, 水龙头灌一盆冷水从脑袋上浇下去. 那还是需要一点毅力的, 我坚持了整整一年. 这就是锻炼, 这就是意志力的培养. 所以我给大家讲体育锻炼也是一种很好的培养意志力的办法, 体育锻炼一方面有助于增进身体的健康, 另一方面对意志力的培养也有很大的作用. 现在我来看看大家的条子, 看都有些什么问题.

§3.4　互动环节

同学: 我知道数学是美学的四个支柱之一, 而且体现的是一种理性之美. 所以数学是"探天地之美, 析万物之理". 还有我们知道陈省身先生提到数学的时候经常提到的一个词是"好玩". 那么您个人对数学的美的阐释是什么? 谢谢.

陈: 这位同学问得很漂亮. 你问我对数学的美怎么评论, 对不对? 难题! 每位艺术家对艺术之美都有个人的看法, 不见得有统一的标准. 这本身也是一种美, 如果世界只有一种颜色就难看死了. 大家的欣赏角度不同, 就会产生多种多样、各种形式的美感. 如果很简单地讲, 数学的美, 比方说一个很复杂的对象, 你最后用一个很简单的公式表达出来, 这就是数学的极美. 这个很简单的公式反映了特别特别多的东西, 你就感觉特别好、特别舒服. 一个你们都能懂的简单例子是圆周率 π, 像圆可大可小甚至一点点, 但 π 是一样的, 这就给你一种很舒服的感觉. 用现代的数学语言来讲它叫做一种不变量, 这种不变量是数学家追求的最重要的方面之一.

我想, 所有的数学家, 做数学很重要的原因, 是对数学之美的赞美、陶醉. 有一个比较通俗的说法, 如果人家问你, 你为什么要学数学? 我有一个说法就是数学家都是"上贼船容易下贼船难". 上了数学的船就下不来, 因为数学有无数美妙的东西把你拉回来, 使你不想离开它, 也离不开它. 我读中学的时候有个很好的朋友, 他也自学数学, 他用"与数学结下了不解之缘"来表达自己与数学的亲密关系, 的确是非常贴切的. 其实数学家, 一年 365 天里头, 他真正幸福的可能只有

两天 (指做出结果后高兴的两天). 这两天的享受, 他要付出 363 天的劳动, 可见陶醉的程度. 为什么说开心两天就完了呢? 因为你一个题目做出来, 哇太好了、太漂亮了, 你很高兴. 高兴了你总不能不继续做研究吧, 那么你再做一个题目又做不出来, 又愁眉苦脸. 所以我的形象很糟糕, 人家就总问, 你怎么那么没有精神啊? 我的回答也总是"题目老做不出来". 同学们, 我说清楚了吗?

图 4　陈木法院士的母校福建省惠安第一中学

同学: 大部分老师都认同, 题海战术并不比领悟科学的解题方法重要. 但做题似乎是提高解题速度、积累解题思路的关键. 如何解决这个矛盾?

陈: 题海战术是愚蠢的方法, 特别愚蠢. 曾经有人告诉他的孩子, 把北京五个重点中学的习题集都拿来做一遍. 我把他痛骂一顿, 说很愚蠢. 当然, 最好的办法就是举一反三, 不要为做题而做题. 其实做题一方面是巩固、理解所学到的知识, 另一方面就是要学会、掌握一些技巧. 特别是数学, 不光是一些概念性的东西, 它还有很多解题的技巧. 技巧是数学之美的重要组成部分. 我也希望你们多做题, 不过我是希望你们有成效地做题. 做每一道题都能掌握该题的概念和技巧, 而不是为多做题而做题. 提高解题速度, 或者提高学习速度, 最好的方法我觉得是多动脑筋、多想. 比如说有些时候, 我不知道你们行不行, 针对某门功课, 你看看这一节想干什么, 然后你自己去想想你能不能把它做出来. 比如, 你先了解一下这一节想证明因式分解是什么个样子, 然后你不理它, 你试试看自己能不能证出来, 也许开头你很慢, 但以后你可能就快了. 如果你不能做出来, 把书稍微扫一下你就看过去了, 就很快了. 假以时日, 你的本事就会越来越大. 也许人家搞一个钟头还搞不懂, 你可能三分钟就弄明白了, 你的效率就非常的高. 就我自己来说吧, 开始自学数学的时候很艰难. 后来到高中的时候, 有次考平面三角, 两个钟头的考卷, 我一个钟头就做完了, 自然就很快.

同学: 一节书的内容繁多, 有时就无法理解, 积累越多对后续的学习就会有影响, 有什么窍门可以帮助解决?

陈: 这个问题很好, 也是一个基本的技巧. 记得讲到读书的时候华罗庚先生讲过, 开始时你把书上的每一步都搞懂, 这就把书读厚了. 但是很多人不会把书读薄. 打一个比方吧, 你每天在上课学新的知识, 这是读厚了; 你期末的复习, 就是读薄了. 每次复习, 总结成几条, 所以就很薄了. 你们现在是高一的学生, 你们都知道初中有 6 本数学课本. 但你们现在会觉得初中数学内容很多吗? 不是的呀, 就那么一点. 如果你再想想小学数学内容有多少, 也就那么一点. 为什么呢? 因为你总结了、消化了、理解了, 这样你把书读得很薄很薄, 读书很重要的就是要进行把书由厚读薄的过程, 就是要多动脑子, 多想一想. 比如说, 老师有时强调要复习功课. 其实什么是最好的复习办法, 就是你自己想一遍. 不要一说复习就把书打开看一遍, 别急! 复习的时候就想一下老师一堂课讲的要点是什么. 如果那些证明和推导你一下子就能写得很清楚, 那就拉倒了, 你就不用看了. 也许你复习时想一遍, 十分钟就过去了, 这样你的效率就很高. 我不知道说清楚没有.

同学: 如何培养学习兴趣?

陈: 我觉得我开始是被动的. 因为我开始 3 分嘛, 我要把 3 分的帽子摘掉. 所以我是被动的, 而不是说我特别喜欢数学. 到现在, 实事求是地讲, 我觉得算术还很差. 我如果到食堂买饭, 我通常是把整个餐券全部交给大师傅, 他要多少算多少. 我如果到菜市场去买菜, 我会把几张钞票给卖菜的, 让他们找我零钱. 但现在算术差不要紧, 有计算器, 算术不好不妨碍. 所以, 我开始是被动的, 然后坚持下去, 像我刚才讲的有老师的爱护, 有老师的表扬, 尾巴翘起来了. 自己就觉得能学数学了, 所以越来越有兴趣, 越来越有信心. 这是逐步培养出来的. 我想, 兴趣的很大一部分是靠培养逐步积累的, 不是天生的. 所以要认识这个道理, 你自己去培养自己的学习兴趣. 如果你特别讨厌、特别恨什么科目, 那么很难指望你能学好它. 在中学阶段无论哪门功课都是重要的、基础的, 所以应该好好学. 有同学问我, 说你中学有没有偏科的现象? 我想偏科当然是不行啊, 因为一偏科就升不了级. 那个时候不太懂这些道理, 不懂得中学偏科是不对的. 很幸运我当时并没有偏科, 我读高一的时候, 虽然我初中自学了两年数学, 但我还曾经改主意想当作家. 有一天, 我开始写小说, 写了几行, 我才发现标点符号并不简单, 同样需要认真对待.

同学: 如何看课外书?

陈: 现在课外书多得成灾. 因为人家想赚钱. 那你知道就不要上当受骗, 他卖几百本, 你也都买回来, 这太笨了. 课外书少看些, 别看太多. 读书大概是两种, 一种是精读, 课本要精读. 你精读了初中三年的十几本课本, 你的水平就上来了, 也就初中毕业. 课外书的很大一部分都是七拼八凑的, 那些书不大重要, 可能有一两本特别好, 要请教一下老师, 请老师推荐一两本参考书.

不过我劝你, 课外书不要看太多, 看太多嚼不烂你就学不好, 关键是要精读. 人一生中的知识深度, 是靠你精读许多好作品取得的. 第二种是粗读, 即多读一些但是读得粗一些. 一个人读书多少, 就是你知识的宽或者窄, 这叫博学. 博学有帮助, 也重要. 但我相信最可贵的是有所专长. "专"跟"博"从来都会打架, 要"专"你就不能很"博", 要"博"你就不能很"专". 因为时间分配就不可能两全. 不过我还是主张以"专"为主, 从"一点"开始.

今天让我非常感动, 因为大家提了很多问题. 所以我忍不住, 再给大家讲个故事. 利用这点时间请李校长帮我从这些条子中挑一些问题.

我后来到国外去到处"流浪", 到处作报告, 据统计有一百三十多场. 但是我印象最深的是到莫斯科大学的演讲 (1989 年). 到莫斯科大学的演讲是安排在下午 4 点钟开始, 一般的演讲比如说一个钟头, 时间限得很死. 如果你要超过一二分钟还好说话, 如果你超过五分钟人家可能就会觉得你挺不礼貌的. 所以我问了好几次, 讲一个钟头还是四十分钟? 我老问是因为我怕讲过头了. 他们说, 大概一个半钟头, 不过也没什么关系. 到我去作报告的时候, 我才讲一段话, 然后有个很有名的数学家站起来, 这对我来说很奇怪. 莫斯科大学是世界顶呱呱的大学, 怎么讲英文还要翻译呢? 他翻译完他们吵了半天, 然后就提出问题来问我一下. 搞明白了之后, 我再往下讲. 所以他站起来"翻译"我就糟糕了, 我就讲不了那么多了. 他们吵他们的好了, 我不理了, 我把材料砍掉一半, 所以最后我只讲了所准备的内容的一半.

这个演讲完以后, 我跟这个教授聊天, 我说我对你们这个 seminar 印象很深, seminar 就是"讨论班"啊. 因为我们数学现在搞研究, 都是通过这种讨论班来进行的, 你来报告我来报告, 大家来讨论. 我说我对你们在讨论班的"争吵"印象特别深. 他就笑了, 他说意大利人也这么说, 说我们这个讨论班有点像意大利人的

议会 (议会总是要吵架的). 而意大利人的讨论班有点像苏联的最高苏维埃会议 (相当于我国的全国人大那样一种机构). 那么当年的最高苏维埃会议干什么呢? 他们听报告啊, 举手通过就行了, 不用争论, 更不用吵架. 然后俄罗斯这个教授得意啊, 他说我们现在的最高苏维埃会议也有点像我们这样子了. 我说为什么要这样? 教授说希望当场就把演讲人报告的东西搞懂, 回家以后可能扔在那就过去了. 为此, 他们讨论班的时间可能拉得很长. 这就是在世界上其他地方不易见到的、很有名的"莫斯科大学讨论班". 这件事情给我的感受特别深, 这充分反映出俄罗斯科学家做学问的态度. 后来我知道莫斯科大学的传统是法语好于英语, 更重要的是他的"翻译", 部分是解释, 而主要是在组织讨论.

图 5 给陈木法院士留下深刻印象的莫斯科大学

我想起咱们中文的"学问", 这两个字非常好, 既要"学"又要"问", 学问需要切磋和争论. 我今天强调"问"特别特别重要. 我女儿上大学之前, 我就告诉她要学会问问题, 每节课都要举手提问. 孩子还不错, 她在清华大学时, 每次上课呢就赶快跑到前面去坐着, 听不懂的就举手问. 你们现在敢提问吗? 我不知道是不是要老师批准, 不过我希望能有这种气氛. 不光是大学, 我觉得从中学就要开始. 因为有时你没听懂, 老师在这个地方疏忽了, 没讲太详细. 你一问, 老师再讲一下, 大家就明白了. 更重要的是, 如果有这个气氛, 你就会全身心地投入,你就是主动的, 而不是被动的, 明白我的意思吗? 所以我有个挺认真的建议: 以后要学会提问, 每节课都要提问.

同学: 我想问的问题比较简单. 在您的生活中是否有无助的忧愁苦恼?

陈： 很少有无助的忧愁苦恼. 我想我的生活非常幸福. 我每天都想着我的数学难题. 我对很多事情不大在意, 可能有的人嫉妒我说我坏话, 这在世界上经常发生. 我的办法就是不要管他. 他说一次不理他, 说两次不理他, 说三次你还不理他, 他就算了嘛. 你去说他坏话干吗, 没有用对不对? 不产生作用. 所以你的生活哲学就会变得非常简单, 那为什么会这样呢. 因为我每天题目都做不出来, 我自己焦头烂额, 我会管这些事情? 对不对? 我的世界最光亮的地方不在这里, 而是在另外一个地方. 所以就会解脱自己, 就会超脱自己. 这样, 你就不会因为人家没有看见你, 因你没有得到表现感到心情不好. 如果你没能站在这个角度, 你可能心里头缺少一个榜样. 所以我觉得, 人生很重要的是心里要有个楷模, 比方说, 我心里头想着的就是我们中国的大数学家, 像华罗庚. 他一辈子为数学做出那么多贡献. 我要向他学习. 他做一百, 我做二十. 我希望能够尽量地向他学习, 赶上他. 我老赶不上, 我着急, 我成天在想这件事情, 所以我就没有其他的忧愁.

李校长： 这里的问题非常多. 我刚才选了一部分, 让陈院士帮助回答一下. 其他的问题由我们数学组的组长安排一个时间对其他同学回答. 这里我选择的都是比较尖锐的、比较难回答的问题, 让院士来回答. 假如有一天, 我们不得已要在所有的学科中放弃一科, 那么院士您觉得数学的重要性足够让它不被放弃吗?

陈： 我很高兴你们问出这么好的问题. 我讲两件事, 一件事情是 2003 年我到英国的剑桥大学. 英国的剑桥大学使我非常震惊的是他们建了一个数学中心, 叫 Center for Mathematical Sciences, 这个数学中心有 9 栋大楼、1 栋小楼, 其中一个建筑

图 6   剑桥大学数学科学中心

就叫做牛顿数学研究所. 那么问题是, 剑桥是个非常小的地方. 在剑桥那么一个寸土寸金的地方, 为什么要建造一个那么大的数学中心? 道理是数学是永垂不朽的, 是永葆青春的, 所有人对于数学未来的发展都是充满信心的. 我想无论任何的原因, 数学都会永远发展下去, 而且在未来几十年会发展得越来越好. 我觉得数学的重要性我不用多讲.

第二件事情是 2003 年 11 月我乘火车从巴黎去伦敦. 在同一车厢里, 总共只有 3 个人, 正好坐在同一个单元里. 我是其中的一个, 还有我的太太和一个法国人. 这个法国人拿着一本黄皮书. 我觉得很奇怪, 因为黄皮书是数学的一套丛书, 我想难道他也是学数学的? 我好奇地借过来一看, 根本就是一本概率论的研究生教材, 我更惊讶了, 我怎么碰到一个搞概率的人在这里? 然后我问他: "你是不是学概率的?"他说不是, 他是从事银行业的. 做银行的为什么要看这本书呢? 由于现在概率论在金融方面有非常多的应用, 包括获得诺贝尔经济学奖的工作, 所以银行界比较高层的人都希望了解它的数学道理, 所以他们就啃这种书. 这件事让我好心痛, 因为作为一个数学工作者, 没有能够有更通俗的作品让他们念, 我觉得惭愧啊. 因为他们非数学出身, 也要读我们数学研究生的读物来理解这一部分数学内容, 我觉得非常惭愧. 因为这种书对他们来说相当于天书, 除非有很好的数学基础. 我想我回答清楚了, 数学对于国家、对于人类的未来都是非常重要的, 不用我多说. 所以数学要不要放弃, 你自己决定.

图 7 剑桥大学数学科学中心一角

李校长: 陈教授本身研究的方向就是概率论. 这里还有两个问题让教授分别回答一下, 第一个问题是这样的: 一般人认为, 男生比女生更容易学好高中数学, 但是现在我们学校很多女孩子学得很好,而且近年来高考的理科状元也有女生.但为什么女数学家很少?对此你有什么看法?

陈:　我差不多被这些问题考倒了.首先,就我的经历而言,我们中国的女性在社会上所处的地位是全世界第一,没有一个国家能比的.所以不难理解,我们在奥运会有那么多女选手取得那么好的成绩,因为中国的女性地位太高了.男同胞比较"受气",所以奥运金牌就少了好多.其次,我觉得对女孩子来说有一个建议,为什么女孩子做大数学家的少?有一个原因是女孩子在社会的分工上承担大部分家庭事务,所以你不能要求她什么都要最多,那也不大好.运动队她们呱呱叫,科学领域里面会少一点,那么这里头也有一个原因.女孩子就我所知有一些习惯,我也带过一些女学生,她们读书老老实实,但是比较不会跳一些,男孩子会跳,男孩子会出"坏主意",女孩子说不敢.这个有差别,搞学问想问题的时候,有时候要"胡思乱想",有些女孩子不敢"胡思乱想".然后还有一点,我带研究生的时候也是这样的.有时候我有点害怕女学生,因为我不大敢批评她们,一批评她们,她们可能会解不开疙瘩,没有足够的承受力.就是说女孩子一般在创新开拓方面胆子会小一些,所以这方面可能有时候会影响她们正常发展,更不用说超水平发展.可能会有一点影响,我是这样猜测的.因为我不是女孩子,我不大了解女同学的心理,如果说错了请多多包涵.

李校长:　现在,这是我们最后一个问题.陈院士这次是省政府组织过来的.这个问题是这样子,这位同学一口气塞了三个问题.我想把这三个问题一起念一下:我想问您以下几个问题,1.当您做一道难题的时候,您怀着怎样的心情?是十分紧张地做,十分轻松地做,还是小心翼翼地做?或者是其他什么?2.您是怎样安排数学与其他科目的时间,尤其是在高中和大学时?3.当您碰到难题时,百思不得其解,却仿佛答案就在眼前.对这类问题您会怎么办?

陈:　谢谢.先说说我中学时代的时间分配.大概平时咱们读书的时候,你每天的自由时间很少.每天要上课,要完成作业,所以你的计划很容易变,因为你很少有自由时间.一天能挤出一个钟头来就不错了.但是呢,我最高兴的一件事情是放假.人家高兴放假是因为好玩,我高兴放假是我可以读一本书,一放假我有整块的时间,我就可以系统地学习.第二个问题就是不同课程的时间怎么安排,不同人情况不同.像我数学要安排十分钟,你可能要安排一个钟头,这就没法讲.如果我的外语考不及格了,那么这次外语我要多给它安排一点时间,这就看你的情况,你只要认真安排都是没问题的.第一个和第三个问题就是怎么样对待难题.大概是这两个阶段,一个阶段是小的时候或中学的时候的难题.这种"难题"呢,好像我不记得有太难的题目. 一般老师也没有给你太难的题, 比如想两天就解决了. 但是从做数学研究来说, 我曾经有两次或三次遇到了较大的难题, 大概五年才解决. 那么这个时候怎么办呢? 如果你拼命想还做不出来, 那就扔掉了, 不管它. 什么时候有闪光的思想到来的时候, 我就再研究它一段时间, 干不出来再扔掉.

图 8　2003 年陈木法访问英国牛津大学

图 9　2009 年在英国 Swansea 大学授予陈木法荣誉教授称号晚宴
左边为该校数学系主任, 右方为核校副校长

当然, 我最艰难的时候大概是 1993 至 1995 三年左右的时间, 那是一个挺大的难题, 一片黑暗, 不过我始终没有处理掉它, 那是比较痛苦的时期, 因为每天都想着它, 每天都没有结果. 一般地讲, 要是一个问题你做不出结果, 应该是你并没有真正理解问题的关键所在. 所以最后我做不出来, 灰心丧气, 说不要了, 就到此为止, 把这一阶段的结果整理出来就算了. 然后我就到厨房去抽"鸦片" (香烟) 去了, 去休息了. 这是开玩笑, 抽烟很坏, 所以我叫抽"鸦片", 抽"鸦片"的时候, 忽然一个灵光闪现出来, 让我高兴得不得了. 所以, 后来我到很多地方作报告, 每次讲到这个地方我都害怕我太冲动, 因为一讲到这个就特别激动. 多少年困苦你才克服了这个困难, 所以我又一次体会到了数学的美. 我们的结果只用了两个记号, 写一行就够了, 公式很简单, 却让我摸索了很多年. 这让我真正地感觉到数学之美, 那个美还不是这么简单, 是跨学科的美. 我用的是数学一个分支的方法, 做的是数学另一个分支的问题. 明白我的意思吗? 离得很远, 但是你碰巧得到那么一个结果. 科学研究是个探索过程, 与做习题不一样. 它们有一样的地方, 都要想, 都要做. 不一样的地方就是习题是预先设计的, 答案是肯定的, 而科学研究经常不知道往哪想, 是在黑暗中摸索, 这就是最大的不同. 所以思考两三年是正常的现象. 像最著名的费马大定理, 360 年左右的历史, 最后解决的怀尔斯做了七年加一年, 八年的时间. 天天关在房子里头, 要保密, 所以不方便让媒体知道.

李校长: 我想同学们都注意到了一个小细节, 陈院士刚才是站在这里给大家交流了这么久时间. 我们再次鼓掌感谢. 今天的报告会到此结束, 我们先送一下陈院士.

陈: 我最后表达一个愿望. 我非常欢迎这里的同学, 将来报考我的研究生, 报考我们学校也不错, 好不好? 谢谢你们!

补记:

我访问福州第一中学的时间是 2004 年 10 月. 十年来, 给这个世界带来的最大变化是网络. 网络化是继机械化、电气化、电子化后的新时代, 已经带来了社会和生活所有领域的深刻变革. 就教育而言, 这两年出现的 edX, MOOC 等等, 展现出了前所未有的迷人景象. 要理解这一进程, 只需回想一下出版业的进化. 我们这一代人读中学的时候, 许多复习材料都是先刻钢版而后手工油印的, 现在的青年人可能完全无法想象了. 以前大学里的讲义都是排字工人先一个字钉一个字钉地用很薄的钢片隔开排版再付印的. 今天大学里已经见不到传统意义上的印刷厂了, 书籍已由纸质印刷版换成电子版了. 几乎每一个学者的几十个甚至上百个书架都换成了随身携带的小小的移动硬盘. 更近些, 我们的讲稿、习题, 甚至于课堂都放到了网上, 我们的许多书籍也从电子版变成了网络版 (也许最典型的是各种百科全书和大辞典).

　　网络是求学者的天堂, 我们想学的东西几乎都可以从网络上找到. 当然, 网络能让有志者、有能力者突飞猛进, 但如同一切事物都有两面性一样, 它也可能成为某些人的"鸦片", 使人迷惑让人走上歧途. 现在, 人们对于自学的重要性大概没有什么疑义, 因为每天大家都要从网上查找东西. 然而, 我们所说的自学能力, 并不是简单地查阅资料, 而是在没有老师的情况下, 自己能够独立地学会一门功课 (学问), 这种能力并不简单. 更具体地说, 我们每一个人都花费许多时间在网上, 除去日常生活所必需的资讯新闻等之外, 想想看: 我们从网上学到多少东西? 我们在网上所花费的时间和精力是否合理? 是否有价值?

　　如何用好网络, 是一门新学问、大学问. 应当说, 目前我们的认识还十分肤浅. 首先, 如果想从网络上学到知识, 就需要严密的计划, 选择好题材和课程, 不打无准备之仗, 避免在网上白白耗费宝贵时光. 其次, 需要批判精神和很强的识别能力. 不说别的, 就说教材, 几十年来, 因为商业利益的驱动, 出版了无数的课外辅导教材, 其中的绝大多数都是拼凑出来的, 并无新的实质性的东西. 这方面, 初学者就需要向有经验的人, 特别是老师请教, 选择一两种好教材. 最后, 需要逐步培养自制力. 要做到"身居闹市, 一尘不染"是需要磨练的, 需要每时每刻约束自己. 总而言之, 现在讲自学能力, 当然不仅是通过书本学习的自学能力, 更重要的是通过网络学习的自学能力.

　　本文的第一版刊于李迅、邱德奎主编的《金针觉慧: 2004—2006 年院士专家福州一中讲座选集》, 第 42–53 页, 福建教育出版社, 2007. 现在的新版经汤涛教授大力加工, 特别是花费很大精力配置了多幅照片, 荣幸得到庄歌女士的精心排版. 借此机会, 向他们的辛勤劳动表达敬意和感激之情.

《数学文化》杂志的按语:
本文是陈木法院士在福州第一中学的演讲, 主要谈了下面三个重要的话题: 自学、信心、学习方法, 很值得中学生和大学生学习和领会, 对老师和家长都有启发. 陈院士除了这个通俗演讲外, 还写了很多数学科普文章, 对稍微有一些数学修养的读者很有益处. 比如他的《谈谈概率论与其他学科的若干交叉》, 介绍了概率与随机算法、概率论与物理、特征值估计与遍历性, 以及概率论与线性规划、与非线性偏微分方程的联系. 而《数学的进步》则从百年难题的破解开讲, 谈到研究领域的拓展, 包括数学与物理、数学与网络、数学与经济. 最后, 对于初涉研究门槛的学子, 我们特别推荐源于作者和女儿的通信集成的文章《迈好科学研究的第一步》, 此文畅谈了方向与选题、胆识与信心、基础与训练、写作与演讲, 对准备做些高水平研究的学子有很大的帮助.

迈好科学研究的第一步

说明: 此文源于 1997 年我写给女儿的一封信. 当时她刚通过博士生资格考试, 准备做博士论文. 我给她介绍一些科研工作的个人体会. 同年在北京师大研究生入学教育时曾就这一题目做过介绍, 并形成现在的版本. 随后几年拙文一直作为北京师大研究生入学教育的主要参考资料之一. 2002 年, 应《数学通报》之邀正式发表. 这些年来此文在网上传播, 出现多种不同的版本. 例如有好心人增补了实验科学等我完全外行的内容. 2016 年, 此文的英译本已在 *Bernoulli News* 上发表. 也许, 读者可以从中吸取一点做人、做学问的道理.

注: 本文原载《数学通报》2002, 第 12 期, 第 2–3 页;《中国数学会通讯》2009, 第 4 期, 第 1–5 页;《数学传播》2013, 第 37 卷第 4 期, 第 48–51 页. 英文版 (Rong-Rong Chen (陈嵘嵘)译):"Making first step toward scientific research". *Bernoulli News* Vol. 23 (2), 2016, 7–10 [可从笔者主页(英文版)找到].

§4.1 方向与选题

这当然是每一个研究者所面临的首要问题. 许多人因为选错了方向而白白辛苦了一生. 我在这方面花费的精力差不多是整个研究工作的四分之一到三分之一.

好方向的基本要求是根子要正, 即背景清楚, 有生命力, 需具备三要素之一: 或在本学科中有重要地位, 或与其他学科有重要联系, 或有很多应用. 并非热门的方向都重要, 有不少学科, 其热门方向的寿命很短, 三年前的热门课题, 现在再做可能连发表的地方都没有. 1980 年代, 在我所从事的数学研究领域, 在概率论方面, 曾有几个很热门的方向, 我曾投入几年精力. 幸运的是我并未完全投入, 因为现在已渐渐冷下来了. 回想这段历程, 感受和教益极深.

选方向的方法之一是向大师学习. 学习他们的著作, 并力争加以改进. 这样做不仅可以锻炼自己的能力和才干, 也能了解他们的选题手法, 有诸多益处. 能在大师身边学习, 更是千载难逢的好机会. 许许多多的东西, 在书本上是学不到的. 这些人极少写如何想问题、如何写数学的文章. 能多听听他们的课就更好了, 言传身教可获真传. 绝大多数人都是在老师的指导下才走上研究的道路, 完全的无师自通者极为稀少.

多年来, 我逐渐形成了选题三原则. 一是要别人听了觉得此题重要, 值得做. 二是适合学生的特点和擅长: 有人善于联想, 有人善于攻坚. 须知给学生的选题可能影响学生的一生, 因而我总是慎之又慎. 三是有利于我们的集体. 为一个学生选题, 我常需要三个月的时间, 可见多么艰难. 由老师选题, 开始时学生往往不能理解为什么要做这种题, 缺乏非做出来不可的积极性, 常需较长时间之后才能真正喜欢上老师所提供的方向. 偶尔由学生自己找一些题目, 然后我告诉他们哪个可做. 因为开始时他们往往不知其价值和深浅.

§4.2   胆识与信心

"识"是指选题的判断力, 这需要长期的培养和训练, 需要一种数学感觉. 古人云: 熟读唐诗三百首, 不会作诗也会吟. 这里一方面是说熟能生巧, 此乃基本功(后面再细说). 另一方面是指见多识广. 经验多了, 辨别能力会逐步提高. 既要识别好课题, 又要能看出是否有条件解决.

　　"胆"是指胆量和勇气. 我常感到自己在这方面严重不足, 表现是从未向世界级难题发动攻击. 大约 1977 年, 侯振挺老师曾跟我说过, 要成" 大家"需作大范围分析 (即整体微分几何). 当年自己觉得是高不可攀, 想不到最近还是在这方面做出成果. 从这里, 我们看出科学研究中成功的偶然性, 并不是事先可完全看清楚的. 我们的成功使我感受到一种深深的" 美". 我体会胆量可以再大一些, 这主要来自经验. 差不多所有做出来的东西都很简单, 这说明"简单"乃是本来的属性, 是我们没有真正理解, 误认为太复杂了.

　　谚语"艺高人胆大, 胆大艺更高", 已表达了胆量与功夫之间的辩证关系. 我觉得十分贴切, 只是想表达一句: 即使是艺不高者, 也无妨把胆量放大一些, 益处甚多. 我们有一位硕士生来自很小的学校, 基础不算好. 当初我曾为他能否完成学业捏一把汗. 但到目前为止, 他们班 30 名学生中, 数他的研究成果最出色. 他的可贵之处就在于肯钻研, 坚持不懈. 讲到我个人与数学结下的不解之缘, 也非一朝一夕之功. 开始时是为补救算术之差, 接着是为报答父母、兄弟、姐妹的培养之恩, 到后来懂得了为国家、为民族的责任, 逐步坚定信念. 经历了社会变迁的风风雨雨, 多少明白一点人生的价值和拼搏的意义. 什么荣誉、地位, 曾经有所激动, 也渐渐失色和淡漠, 直到完成最近的这批工作, 多少有些解脱之感, 觉得毕生的奋斗没有徒劳, 真是苍天有眼, 予以美好的回报. " 努力在我, 评价在人"(华罗庚语). 已尽心尽力, 别人怎么看、怎么说都随人家便了.

　　人们常说现代生活的艰难 (当学生时对此不会有多少体会, 因为学生的生活极为单纯). 在激烈的竞争中求生存、求发展, 第一靠实力, 而实力需要逐日逐日地拼搏, 如同运动员的训练. 第二靠效率. 大家拥有的时间一样多, 只有高效率才可能超过别人. 所有一切都来自心中的理想. 心中有颗红太阳, 必然活得有朝气. 有了远大抱负, 自有超常毅力, 又可超脱诸多世俗. 实现理想的主要措施之一应当是周密的计划. 它既设计未来, 又鞭策我们每天的进取, 实在是必不可缺.

§4.3   基础与训练

作为初起步者, 无论做什么题目, 都会觉得难, 觉得无从着手. 因为都缺乏必要的准备和积累. 分析我们所遇到的各种困难, 无非是这两个原因: 一是基础不够, 二是你不熟悉它, 因而怕它. 对于前者, 老老实实去补基础即可. 关于后者, 人们经常不能自觉地认识和处理. 在老师身边做研究, 因为有后台和退路, 顾虑少一些, 也没有别的选择, 自然也就熬过来了. 对于缺少老师和好环境的人, 要做到不畏艰难就非常不容易了.

所说基础, 分为专业基础和课题基础两部分. 我们经常遇到这一问题, 因为每开一个新题目, 就得阅读一批文献. 只不过越走越快一些, 并不是一辈子只打基础. 在基础问题上, 常有专与博之争论, 究竟专一些好还是博一些好. 我的看法是以专为主, 能博则博之, 量力而为, 还是要在一个专业、一个课题上搞深、搞透, 再转到别的地方. 有了点上的成功经验再向面上推广, 叫做由点到面. 从点开始, 点即是根据地, 总要有自己的根据地.

社会需要的首先是各种行家而不是杂家, 人们的认识只能从个别到一般, 这些说明要以专为主的道理. 然而真正的专离不开博, 而以一定的博为基础. 正如人们所说: "功夫全在功夫之外". 例如一个人的品德, 对于做学问有极大的影响. 很难想象一个品德低劣的人可以做好学问. 专与博是一对孪生姐妹, 能两者兼备, 便是博大精深之境界.

每一行当都有自己的真功夫. 如何练功? 那就要做到"拳不离手, 曲不离口". 勤于思考, 勤于动手, 乃研究者之美德. 不可轻视点滴的积累. 在研究中, 所遇到的困难往往就在于小问题之中. 所谓眼高手低者正是在这种地方摔跤. 平时遇到什么问题, 听了什么演讲, 都要花点时间反复想想, 做些解剖工作. 许多演讲都是很好的, 常是研究者多年的心得, 要能够抓住精华, 为我所用, 实在是一本万利的事. 如果听完就完了, 就变成浪费时间了. 在我们的知识结构中, 从演讲中学到的占相当比例. 当然, 年轻同志听演讲不易跟上, 但还是要尽力去追, 尽力去搞懂、消化. 日积月累, 常会有恍然大悟之感. 另外, 与同行的讨论也是一种学习的极好方式, 许多东西经内行人一点, 一通百通; 自己看, 费尽心思却不得要领. 这就是从师的好处. 学一门课程的好办法之一是教一次这门课, 可惜这种机会并不多, 但从这个意义上讲, 教书是件好事. 我常说要站着读, 而不是趴着读, 即是以研究者的角度看数学而不单是以学生的角度学数学. 如同是演员们共同探讨如何演好戏, 而不是观众在评戏. 不难理解两者之间有诸多重大差别.

每当开始一个新课题的时候, 常常会感到无从下手. 依我看, 最好的办法是从简单入手, 从近乎平凡的具体例子开始. 掌握尽可能多的例子, 才能有可靠的背景, 不至于空洞地泛泛而谈, 免于陷入胡思乱想的歧途. 在简单情形多下些功夫, 表面上慢了, 太特殊了, 但实际上常可产生出 (或归纳出) 好的、正确的思路, 因而加快了研究的步伐. 前几天, 我还遇到一位同行所做的一个 "漂亮定理", 先前曾给我讲过, 但我总觉得不对并且也举出了一些反例, 见到文稿后, 经一两个小时核查证明, 发现完全错掉. 可惜他已花费一年多的时间. 当然, 每一位同志都有做错的时候, 人们也可以从失败中学到许多东西. 问题在于若无可靠背景 (例子), 便会走太多的弯路. 我从各种具体的例子中所获得的教益实在太多而一言难尽.

有时候实在 "走投无路" 了, 到其他领域里去 "走马观花", 也可能得到一些启发. 如果还是毫无办法, 只好放一放, 将来有思想闪光的时候再回来. 另一做法是: 正面攻不行走侧面, 扫扫外围. 至于更多的方法, 还得靠你自己去学习和摸索.

§4.4   写作与演讲

两者都充满艺术. 宗旨是要为读者和听众负责. 现在, 出版业发达(加之有电子通信的革命性变化), 好文章的比例会越来越小. 演讲是宣传自己研究成果的主要渠道, 对自己的发展有极长远的影响, 是每一个人都要认真对待的.

想想看我们是怎么读文章的. 先看标题是否与自己的兴趣有关, 如是, 则看看摘要有何新结果. 如对新结果有兴趣, 再看看引言或找出有关的新结果. 多数人也就到此为止了. 只有极少数的人再去看看或认真研讨新结果的证明. 由此看出, 我们所面对的对象的多少是以标题、摘要、引言、证明为序的. 这就是为什么我们总把主要结果尽可能写在前面的道理, 也说明哪些部分需多加推敲. 这样做, 可节省读者大量的精力.

写好文章, 对个人的事业极为重要. 如果一位读者读了你的一篇好文章, 下回再见到你的文章也会想再看看, 如果人家读了你的一两篇文章均留下不好的印象, 怎么可能再去读你的新作呢? 假如你的作品没人看, 那么未来如何发展? 因此, 我对待自己的作品, 没有一篇文章的修改少于三遍, 总是慎之又慎. 记得有名人曾说过: "一个人交给社会的作品, 如果不是最好的, 便是一种犯罪行为." 我虽然没能达到这一高度, 但从未忘却这一警句.

作品反映人格. 从作品中可看出一个人的思想深度、功底的深浅甚至性格特征. 平时毛躁的人, 文章中常有小错. 一个思维广阔的人, 他的作品常有较大的跨度. 一个功底深厚的人, 他的作品中常有深厚的技巧. 有思想深度的人, 往往两三句话击中要害. 阅读优秀的作品, 是一种享受. 每一个诚实的人, 都会充分肯定前人或别人的成绩和贡献, 可惜, 弄虚作假、盗用别人成果的事比比皆是. 我曾经遇到过 4~5 次这种情况, 搞得我非常恼火. 自然, 我不便于写下这些具体的细节. 但无论如何, 我们必须尽力避免这种错误, 更不能盗用别人的成果, 不能做这种人! 另一方面, 也要学会保护自己. 通常的做法是: 论文被杂志接受之后, 再作交流, 或者在本行业中, 一次发出几十份, 让大家都知道这是你完成的.

讲课要看对象. 要留心积累经验, 逐步掌握讲课的艺术. 演讲是类似的, 只是更加浓缩. 对象可分为 20% 初级的, 60% 中等的, 20% 专门一些的. 倘若如此, 演讲内容也需适合不同层次听众的需要, 这是指大报告, 讨论班上专家的比重大得多. 论文报告与上述相似, 只是侧重于少数结果的介绍. 总之, 需要严密的组织和精心的安排.

我还是第一次写下这样稍许系统的材料, 希望你能够用心去体会并切实加以实践. 只有通过反复多次的实践, 才能多少领悟到做学问的真谛.

1997 年 1 月 21 日

交
叉
研
究
的
感
悟

摘要: 本文是基于北京大学"许宝騄讲座" (2019
年3月22日. 参见第251页图16) 及随后在各地
的报告扩充而成. 开头是受惠于许宝騄先生的一
些回忆; 末尾是感谢北京大学一批老师几十年来
的支持和帮助. 中间的主题部分先给出个人交叉
研究的概述; 然后从来自计算的挑战, 进入一年
多来笔者关于具有实谱的复矩阵理论的研究. 这
涉及计算、概率、统计力学和量子力学等领域.
随后介绍算法方面的最新进展, 此乃概率论与计
算交叉的又一案例. 作为结束, 也略述交叉研究
的感悟.

注: 本文原载于《应用概率统计》2020, 第36卷第1
期, 第86–110页.

非常感谢陈大岳院长的邀请和精心安排这次讲座, 也感谢任艳霞教授提议我再来作个报告. 很感动张 (恭庆) 先生再一次前来坐镇, 过去二三十年来, 每次我取得稍好点的成果, 都获得张先生的全力支持, 所以感激不尽. 同时感谢大家前来捧场.

§5.1   受惠于许宝騄先生的论著

我对今天的讲座深感荣幸, 不仅在于对许先生的景仰, 还在于我直接受惠于他的研究工作. 我自认为对马氏链或更一般的跳过程的三五项主要成果之一是"转移概率函数关于时间的可微性" (见图 1), 最终的文章发表于北京师大学报上, 同时写入我的第一本研究专著. 此成果当然很基础, 写在书的最前面: §1.3 (见图 2). 其研究的起点就是源于许先生的一篇论文: "欧氏空间上纯间断的马尔科夫过程的概率转移函数的可微性". 我在后面注记 (图 2 第二行) 中, 将主要功劳归于许先生.

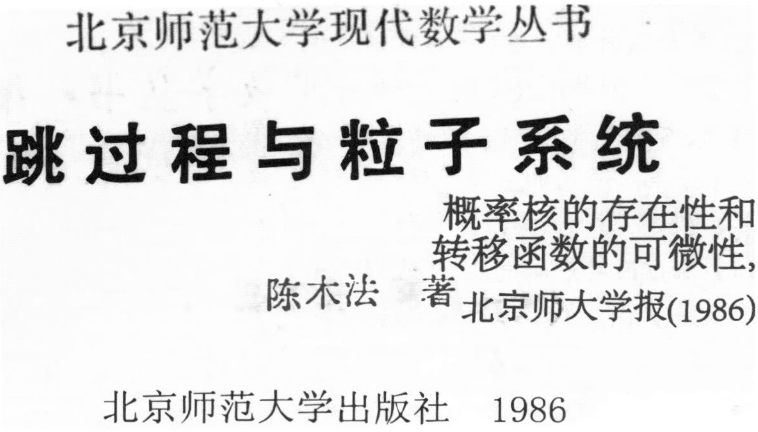

北京师范大学现代数学丛书

跳过程与粒子系统

概率核的存在性和
转移函数的可微性,

陈木法   著   北京师大学报(1986)

北京师范大学出版社   1986

图 1   出版于 1986 年的研究专著及一篇论文

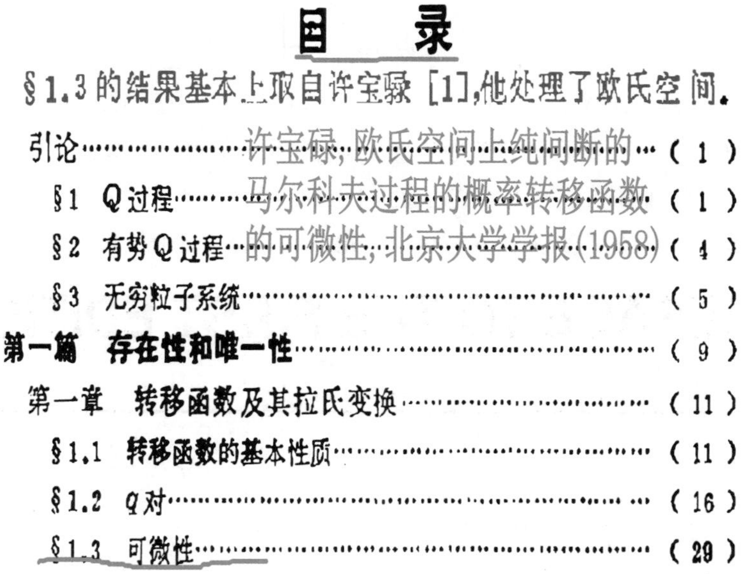

目 录

§1.3 的结果基本上取自许宝騄 [1],他处理了欧氏空间.

许宝騄, 欧氏空间上纯间断的马尔科夫过程的概率转移函数的可微性, 北京大学学报(1958)

图 2 1986 年专著的目录及许先生的一篇论文

两年后的 1988 年, 我研究经济最优化, 需要用到随机矩阵, 这是华罗庚先生提出的问题. 很吃惊, 许先生是此分支学科的最早奠基人之一, 在图 3 所示的名著的第一版中, 一开头就写了 (见图 4). 我这时才明白殷涌泉老师和白志东等为何会走上这条道路 (殷老师参加过许先生的讨论班). 所以我从读研究生开始, 最初十年的研究, 多次回到许先生那里.

RANDOM MATRICES

Third Edition

2004

Madan Lal Mehta

许宝騄,陈家鼎,郑忠国. 随机矩阵的重合性质. 北京大学学报 1979 年 1 期

图 3 随机矩阵的第一本专著及许先生等的一篇论文

　　很神奇, 在图 3 中, 许先生、陈家鼎、郑忠国三人关于随机矩阵的论文, 以前我未认真读过, 误认为这页上的两个随机矩阵是同一个. 其实这里的"随机矩阵"是非概率专业 (例如矩阵论或统计) 的术语, 用概率论语言描述, 它是离散时间马尔可夫链的转移概率矩阵, 而这里的"重合性质"乃是我们现在所讲的"成功耦合". 我从 1980 年代开始大干的耦合理论研究, 其实许先生他们 1950 年代就开始了. 今天重读这篇文章, 我发现其中有些结果依然是前所未有的. 许先生无愧为我们的先贤先哲.

PREFACE TO THE FIRST EDITION

1967　　　　　　　　　　　殷涌泉, 白志东等

Hsu, P.L.(1939). On the distribution of roots of certain determinantal equations, Ann. Eugenics 9, 250-258.

Though random matrices were first encountered in mathematical statistics by Hsu, Wishart, and others, intensive study of their properties in connection with nuclear physics began with the work of Wigner in the 1950s. Much material has accumulated

图 4　上一专著的序言及所引许先生的奠基性论文

2010 年是华罗庚和许宝騄的百年诞辰.

图 5　华先生与许先生

图 6 陈省身先生与 J. Simons 先生

21世纪初, 在我作过八次科普报告"数学的进步"之后, 2012 年在《数学通报》、次年在《数学传播》(台北) 发表了此文. 期间正值华先生和许先生的百年诞辰, 第二年是陈先生的百年诞辰. 我情不自禁地写下这几句话: 华罗庚、许宝騄和陈省身堪称为我们的民族英雄. 他们几乎从平地而起, 经历了战争等我们无法想象的艰难困苦, 逐步奋斗成为顶天立地的第一批华裔数学家. 这里的"平地"是指当他们三人年轻的时候, 中国的数学尚未上档次; 而"顶天立地"不仅指达到世界一流, 还指他们的骨气. 记得许先生说过"我不希望自己的文章因为登在有名的杂志上而出名; 我希望一本杂志因为刊登了我的文章而出名."何等豪言壮志!

图 7 许先生、陈先生、华先生肖像

2017 年, 当我再次访问台湾中央大学、走进他们的数学系时, 迎面悬挂的是华先生、陈先生、许先生三位前辈的肖像 (见图 7). 这是我前不久 (2019 年 1 月 28 日) 请该系的一位年青教师 (须上苑) 拍的照片. 我深为感动, 因为这是我当年所知唯一的单位悬挂他们三位肖像的 (现在, 笔者所在学院已于 2019 年 5 月悬挂了一批中外数学家肖像), 我衷心希望能有更多的单位也这么做. 因为只有坚持学术传承, 才可能赢得真正的未来.

§5.2　交叉研究概述

现在回到本次讲座的主题. 标题中的"交叉研究"容易引起误解, 以为此人是"打酱油"的. 其实那正是笔者一辈子最不喜欢的. 如果在标题前再加五个字"糊里糊涂的", 那就很准确了. 所走过的这样一条或许有些奇怪的研究路线, 绝非预先设置的, 而是以前常说的"摸着石头过河".

回想起来很惭愧, 一辈子没做成几件事, 主要醉心于寻找或发展研究无穷维数学的工具. 具体讲有两方面: 一是探讨非平衡统计物理的数学基础; 二是针对相变现象, 探讨各种稳定性的速度估计. 以时间为序, 可分为如下几个阶段.

1) 1978—1992 (14 年多): **概率论与统计物理的交叉**.

1960 年代, 数学开始重新回归自然, 即从公理化运动的 Hilbert 时代回归 Poincaré 时代. 最早的是概率论与 (平衡态) 统计力学交叉的苏联的 R. L. Dobrushin 学派以及随后 (1970 年代) 美国的 F. Spizter 学派. 另一背景是 1977 年将诺贝尔奖授予非平衡统计物理, 这些因素促使我们去探索非平衡统计物理的数学基础. 没有想到, 即使局部有限维情形随机过程 (乃马尔可夫链) 的唯一性, 也没有现成结果可用. 我们摸索了 5 年时间才找到解答. 尽管起步时手无寸铁(即手上没有任何可用的数学方法和工具, 或手上没有任何可用数学武器), 但大家心无旁骛、群策群力、集体攻坚, 以不足 10 人的小集体, 逐步建立了跳过程与 (无穷维) 反应扩散过程的系统理论. 大部分成果总结在研究专著 [1] 之中. 在此书的第二版序中, 我们特别指出: 事实上, 全书 600 页, 只是围绕着一个典型的非平衡统计物理模型展开的.

在完成此书前后, 逐步转入统计物理的中心课题—— 相变现象.

2) 1988—2019 (30 多年): **基础数学**.

在完成了上条的基本理论之后, 留下的最重要、做得最不够的是相变. 因为是无穷维数学, 我们再一次陷入手无寸铁的境地. 于是我们访问了数学中的计算方法、谱理论、黎曼几何、调和分析等多个分支学科. "四处流浪", 所走过的路基本雷同: 例如发现黎曼几何的特征值估计做得很好, 想学学、借鉴. 大约半年后发现用概率方法也能做, 走上了反向道路. 然后想做得更好, 就需要发展、完善已有的概率工具, 这样获得螺旋式进步. 这常常给两方面都带来新的东西. 老实说, 从未设计过什么原创、领先之类的名堂, 我们也真不懂, 真不会吹牛, 只是这样一步一步摸索而已.

至 2004 年的研究成果, 已大体上总结在另一本研究专著 [2] 之中.

3) 2015—2019 (4 年多): **计算数学**. 后面再详细讲.

为完整起见, 还需概述之前的两个短期研究.

4) 1972—1978 (6 年多): 优选法, 属**运筹学**. 优选法是改变笔者一生命运、也是贯穿笔者一辈子研究的一门数学. 在笔者主页上, 有一篇科普文章 [4] 及视频.

5) 1988—1991 (3 年多): 追随华罗庚先生的**经济最优化数学理论**, 我们证明: 即使在微小的随机干扰下, 如不及时调整, 经济也会以概率 1 走向崩溃, 而且速度为指数式. 华先生在系列文章的小结文 [9] 中写道: "在 1960 年代我们研究数学为国民经济服务的问题时, 我们得到'一论双法', 一论就是本系列摘要中所谈到的内容, 双法就是统筹方法、优选法. 我们有一个打算就是建立一整套为社会主义经济服务的、有纵深的方法." "全部手稿在'文化大革命'中遭到了'一拿, 二抄, 三盗窃'的命运, 已经荡然无存了, 当然培养人才的计划也完全落空了. 虽然'一论'落空, 但和我共同搞'双法'的同志们 (工人、农民、科学技术人员), 却已遍布全国了." "'一论'手稿的遗失, 始终是我大伤脑筋的事. 十二大的召开, 发出了信号, 我 1960 年代所写的手稿可能要用得上了. 失稿追不回来怎么办? 原以为旧地重游, 手到拿来, 但焉知苦思力索就是想不出来了, 证不出来了. 火从心发, 一病几殆, 幸亏医务人员的帮助, 谢绝探视者三个月, 才使我思路重通, 理出个头绪来, 写出了这系列摘要的前七篇来. 这是我七十岁以后的三年呀! 这是由于颈椎病卧床仰写的三年呀!"

华先生将他经历了二三十年所摸索出来的方法概括为"一论双法". 当年"双法"可谓家喻户晓, 可惜新一代所知者不多了. 更令人遗憾的是他的"一论"未能得以实践、普及. 我们所研究的随机情形, 源于当年华先生分别写给钟开莱先生和侯振挺老师的信. 幸运的是, 近些日子我们刚完成非随机情形这个理论的算法 (参见 [8; §7]).

后两条应隶属于**应用数学**.

一年多以前, 有一天笔者突然醒悟到, 尽管多数是浅尝辄止, 但数学中的五个二级学科, 笔者都走到了. 于是就开始反省, 有没有走错路? 所以今天才大胆讲点感悟.

如果想用一本书来写今天所讲的故事, 也许刚才所讲的可作为摘要. 此书引言可用随后马上给出的四篇贺寿文章. 而正文部分大多可从 [1, 2] 和笔者主页中的四卷本论文集 (1993—) 里找到. 所述四篇文章 (共 48 页, 也见笔者的主页. 文中所涉及的大多文献这里不再重述):

- 源自统计物理的数学论题 (一)——庆贺严士健教授 90 华诞专辑.

- 源自统计物理的数学论题 (二)——庆贺王梓坤教授 90 华诞专辑.
- 一维算子两个谱问题的判别准则(简称判准)——庆贺侯振挺教授 80 华诞专辑.
- 生灭矩阵重构三弦乐谱——庆贺杨向群教授 80 华诞.

这些文章概述了我们 40 多年的交叉研究历程, 充满了曲折与艰难. 下面, 我们以具体问题的探索展现学科之间的交叉.

源自计算的挑战 在进入我们的第一个主题之前, 让我们先看看一个源自计算的挑战. 我们希望通过带推移的逆迭代 (详见后面的 §5), 找到一个 7 阶复矩阵的实部最大的特征对子 (即特征值及其特征向量). 周知, 这类迭代法本质上都是特征向量的迭代, 例如依次记为 $\{v_n\}_{n=0}^{12}$, 然后由它导出特征值的近似序列 $\{z_n\}_{n=0}^{12}$.

此题中, 实部最大的特征值为 $5+i$, 记其特征向量为 $g_{\max}$. 我们从初向量 $v_0 = 62 + 6.2\,i$ 出发, 由图 8 可见, 从第 8 步开始, 由 v_j 所导出的 $\mathrm{Re}(z_j)$ 已经非常接近于 $\max_j \mathrm{Re}(\lambda_j) = 5$ 了 (其中 λ_j 为特征值), 因此, 我们必定有 $v_n \to g_{\max}$. 否则, 如上所述, 不可能有 $\mathrm{Re}(z_j) \to \max_j \mathrm{Re}(\lambda_j)$. 下面两图的放大版见本书第 135 页.

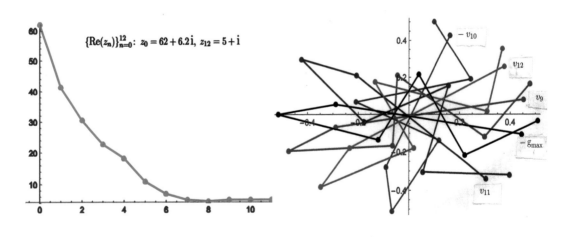

图 8 特征值实部的逼近   图 9 特征向量的逼近

诸向量 $\{v_j\}_{j=9}^{12}$ 及 $g_{\max}$ 如图 9 所示. 其中若干向量变号是让它们的出发点都放到第一卦限. 每个向量都有 7 个点的连线所构成. 例如说 v_9, 它从紧挨着的圆点出发、沿反时钟方向走 7 步, 终止于 v_9 上方的圆点. 从图上看, v_9 已经离 $-g_{\max}$ 很近了, 但 v_{10}, v_{11}, v_{12} 反而一个个都跑远了, 完全看不出 $\{v_j\}_{j=9}^{12}$ 的收敛性. 我们知道, 这是复特征值带来的麻烦. 在实情形不会出现这种情况.

于是问: 何种矩阵的谱为实? 下面进入本文的第一个主题.

§5.3　可厄米矩阵

这个标题与下一节的等谱矩阵属矩阵论还是谱理论? 与统计力学、量子力学、概率论有关吗? 我们准备介绍一下摸索的过程, 并展示多学科的交叉, 有些是完全预料之外的.

何种矩阵的谱为实? 易问不易答. 事实上也并无现成的答案. 熟知的仅有实对称矩阵和复厄米矩阵. 先限于非对角线元素非负的实矩阵 $A = (a_{ij} : i, j \in E)$, 此处 E 为给定的可数集. 此时我们早年做过**可配称**矩阵, 即存在正数列 $(\mu_i : i \in E)$ 使得

$$\mu_i a_{ij} = \mu_j a_{ji}, \qquad i, j \in E. \tag{1}$$

可配称意味着: 虽然 (a_{ij}) 本身非对称, 但配上一个配称列 (μ_i) 之后, 矩阵 $(\mu_i a_{ij})$ 就变成对称的了. 事实上, 这等价于: 作为算子, A 在 $L^2(\mu)$ 上自共轭 (当 E 无限时, 还需留心其定义域). 讲到此, 有些人会觉得, 我们当年学泛函分析的时候早就学过了. 其实不然, 我还没见到过有什么泛函的论著告诉你怎么判定这样的 μ 是否存在, 而在存在时如何把它算出来. 留意由 (1) 立知, 为使 A 可配称, 它必须满足**零同性**:

$$a_{ij} = 0 \Longleftrightarrow a_{ji} = 0, \qquad i, j \in E. \tag{2}$$

现在进入核心问题: 如何判定可配称性? 如何算出 μ?

无妨先处理一个很基础的特殊情形: 非对角线元素非负. 当然, 此时起作用的是其正元素. 如 $a_{i_k i_{k+1}} > 0$, 则记 $i_k \to i_{k+1}$. 进一步, 我们可定义从 i_0 到 i_n 的一条路:

$$i_0 \to i_1 \to \cdots \to i_n. \tag{3}$$

先看第一步 $i_0 \to i_1$, 将可配称条件 $\mu_{i_0} a_{i_0 i_1} = \mu_{i_1} a_{i_1 i_0}$ 改写为

$$\mu_{i_0} \frac{a_{i_0 i_1}}{a_{i_1 i_0}} = \mu_{i_1} \qquad \text{(由零同性 (2))}.$$

我们把此式认真读一遍, 从 μ_{i_0} 出发, 因为向前走了一步 $i_0 \to i_1$, 所以要乘以分数 $a_{i_0 i_1}/a_{i_1 i_0}$, 然后到达 μ_{i_1}. 接着走第二步 $i_1 \to i_2$, 这需要在上式两边同乘以分数 $a_{i_1 i_2}/a_{i_2 i_1}$, 得出

$$\mu_{i_0} \frac{a_{i_0 i_1}}{a_{i_1 i_0}} \cdot \frac{a_{i_1 i_2}}{a_{i_2 i_1}} = \mu_{i_1} \frac{a_{i_1 i_2}}{a_{i_2 i_1}} = \mu_{i_2}.$$

这里的第二个等号源于刚证过的单步曲. 现在, 让我们忘掉中间一项, 得出

$$\mu_{i_0} \frac{a_{i_0 i_1}}{a_{i_1 i_0}} \cdot \frac{a_{i_1 i_2}}{a_{i_2 i_1}} = \mu_{i_2}.$$

这是双步曲: 从 μ_{i_0} 出发, 因为向前走了两步 $i_0 \to i_1 \to i_2$, 所以要乘以两个分数 $a_{i_0i_1}/a_{i_1i_0}$ 和 $a_{i_1i_2}/a_{i_2i_1}$, 方可到达 μ_{i_2}. 如此继续, 依 (3) 中的路走到底, 得出

$$\mu_{i_0} \frac{a_{i_0i_1}}{a_{i_1i_0}} \frac{a_{i_1i_2}}{a_{i_2i_1}} \cdots \frac{a_{i_{n-1}i_n}}{a_{i_ni_{n-1}}} = \mu_{i_n}.$$

等价地,

$$\frac{a_{i_0i_1}}{a_{i_1i_0}} \frac{a_{i_1i_2}}{a_{i_2i_1}} \cdots \frac{a_{i_{n-1}i_n}}{a_{i_ni_{n-1}}} = \frac{\mu_{i_n}}{\mu_{i_0}}. \tag{4}$$

虽然仅仅三步论证, 我们已经得出很重要的结果.

1) **闭路**. 命 $i_n = i_0$, 则 (3) 中的路就成为一条闭路, 即成了一个圈. 我们由 (4) 立即得出如下的定理.

Kolmogorov 圈形定理　一个非对角线元素非负的矩阵 $A = (a_{ij})$ 可配称当且仅当下述圈形条件成立: 对于形如 (3) 的每一条闭路, $i_n = i_0$, (4) 式成立. 即沿此路的前进方向的诸项的连乘积等于沿反方向的诸项的连乘积:

$$a_{i_0i_1} a_{i_1i_2} \cdots a_{i_{n-1}i_n} = a_{i_ni_{n-1}} a_{i_{n-1}i_{n-2}} \cdots a_{i_1i_0}, \qquad i_n = i_0.$$

这是 A. N. Kolmogorov 最早 (1936) 就有限状态离散时间的转移概率矩阵证明的. 对于一般的非对角线元素非负的矩阵, 是 1979 年笔者跟侯振挺老师证明的. 当年, 我们对于柯氏的工作一无所知. 俗话说, 无知者无畏, 所以得到更多结果.

再看一次 (4) 式, 如固定起点 i_0 和终点 i_n, 此式表明比值 μ_{i_n}/μ_{i_0} 与该式左方所选择的路无关 (尽管路的长度可能不同, 也许终点的标号是另一个 i_m). 换言之, 我们得出圈形条件的另一种等价、但更强有力的描述, 即路径无关性.

2) **路径无关性**. 作为此性质的直接应用, 我们得到测度 (μ_k) 的算法. 取定参考点 i_0, 并命 $\mu_{i_0} = 1$. 那么, 对于任选的从 i_0 到 i_n 的路, 由 (4) 式可算出 μ_{i_n}. 还是因为此性质, 自然可选最短路或最方便于计算的路. 当然, 在一般情况下, 可能需要分块处理.

仔细想想, 还有一个大问题, 如无穷图, 闭圈常有无穷多, 要一一查证, 当然不现实. "路径无关性"让我们想起古典的保守场论. 那里的这一性质有一等价描述: **沿任何闭路所做的功等于零**. 这样, 我们也可以将圈形条件改述为刚才的断言. 这只需在 (4) 两边取对数, 左方定义为场沿那条路所做的功; 右方解释为在两端点的势差. 既然有"沿闭路做功为零的观念", 这就启发我们如下原则: 检查最小闭路.

3) **可配称性等价于沿每一最小闭路所做的功等于零**. 或可用"最小圈形条件"代替上述的" 圈形条件". 以后将看到, 这甚至引导我们去处理不可数无穷维模型的可配称性.

前两年讲算法时, 常有做计算的老师问, 不要"非对角线元素非负"条件, 你的算法能行吗? 我每次都要检讨, 说如果去掉这一条件, 我就手无寸铁了. 因为这是做概

率的人所使用的自然条件. 我心里真担心走不出去. 直到遇到开头所述的计算挑战, 我才认真思考这个问题. 运气在于, 我 2017 年在讲一门短课时 (已整理出前述的两篇 90 大寿的祝寿文章), 已找到刚刚介绍的非常简单的三步处理. 我先考查实矩阵, 看看需要什么条件. 当然, "零同性"保留. 定义"路"时, 可把条件"$a_{ij} > 0$"换成"$a_{ij} \neq 0$"以示"$i \to j$". 此时, 除法"a_{ij}/a_{ji}"有意义, 但显然需要求这个比值是正的, 以保证能够算出正测度 μ. 然后"圈形条件"的判准照旧. 所以从原先的"非负"延拓到"实数"情形, 用不到几分钟就完成了.

有了这个成功之后, 自然就有胆量试试复矩阵. 老实说, 这还是我第一次研究复矩阵. 首先, 实对称矩阵往复的走, 并非复对称矩阵. 例如下面的矩阵

$$\begin{pmatrix} 0 & i \\ i & 0 \end{pmatrix}, \qquad \begin{pmatrix} 0 & i \\ -i & 0 \end{pmatrix},$$

左边为复对称矩阵, 其特征值为 $\pm i$, 非实. 而右方为厄米 (Hermitian) 阵, 特征值为 ± 1, 为实的. 所以实**可配称 (symmetrizable)** 到复的推广应是**可厄米 (Hermitizable)**: 存在正的 (μ_i), 使得

$$\mu_i a_{ij} = \mu_j \bar{a}_{ji}, \qquad i, j \in E, \tag{5}$$

此处 $\bar{a}_{ji}$ 为 a_{ji} 的共轭转置. 从实到复, 当然有差别. 对于实的 (1) 式, 对角线元素随意, 但对于复的 (5) 式, 对角线元素 a_{ii} 必须为实. 可厄米条件 (5) 等价于复 $L^2(\mu)$ 上的自共轭性, 所以其谱自然为实. 下面是使用矩阵论给出的直接证明, 具有独立价值.

$$\text{Diag}(\mu) A = A^H \text{Diag}(\mu) \qquad \boxed{A^H := (\bar{A})^*}$$

$$\Leftrightarrow \text{Diag}(\mu) A \, \text{Diag}(\mu)^{-1} = A^H$$

$$\Leftrightarrow \text{Diag}(\mu)^{1/2} A \, \text{Diag}(\mu)^{-1/2} = \text{Diag}(\mu)^{-1/2} A^H \text{Diag}(\mu)^{1/2}. \tag{6}$$

这里的 $\text{Diag}(\mu)$ 表示以数列 μ 为对角线元素的对角矩阵. 第一式是 (5) 的改写. 将其右方的对角阵移到左方, 得出第二式. 它表明 A^H 为 A 的相似变换, 自然等谱. 因为矩阵的转置与自身等谱, 此式也表明 $\bar{A}$ 与 A 等谱, 故 A 的谱为实. 如再走一步, 得出末行. 这表明末行左方为厄米矩阵, 称之为 A 的**厄米化**. 它作为 A 的相似变换, 再次导出 A 有实谱. 我们注意, 对于实矩阵情形, 由第二行只得出 A 与 A^* 等谱, 还得不到 A 有实谱. 此时 (6) 式第三行就是必须的. 其左方称为 A 的**对称化**. 我们留意: 这里证明的每一步都是可逆的, 因此, 矩阵 A 可以厄米化 (相应地, 可以对称化) 当且仅当 A 是可厄米阵 (相应地, 可配称阵).

由 (6) 式可以看出, 关于厄米阵的理论和算法可直接移植到可厄米阵. 毋庸赘言, 此结论也适用于实可配称情形.

现在, 关于可厄米判准等, 对于图结构 (路), 条件"$a_{ij} \neq 0$"不变, 主要变动是因子

$$\frac{a_{ij}}{a_{ji}} \quad \text{替换为} \quad \frac{a_{ij}}{\bar{a}_{ji}}.$$

例如 (4) 式, 现在成为

$$\frac{a_{i_0 i_1}}{\bar{a}_{i_1 i_0}} \frac{a_{i_1 i_2}}{\bar{a}_{i_2 i_1}} \cdots \frac{a_{i_{n-1} i_n}}{\bar{a}_{i_n i_{n-1}}} = \frac{\mu_{i_n}}{\mu_{i_0}}. \tag{7}$$

可厄米判准

我们现在可陈述第一个判准.

定理 1. 复矩阵 $A = (a_{ij})$ 可厄米当且仅当下述两条件同时成立.

(1) 对每一对 i, j, 或者 a_{ij} 与 a_{ji} 同时为 0, 或者 $a_{ij} a_{ji} > 0$ ($\Leftrightarrow a_{ij}/\bar{a}_{ji} > 0$).

(2) 对于每一条无往返的最小闭路, 圈形条件成立.

自此以后, 我们将多次用到三对角矩阵. 命

$$E = \{k \in \mathbb{Z}_+ : 0 \leqslant k < N + 1\}.$$

定义

$$\begin{matrix} T \\ Q \end{matrix} = \begin{pmatrix} -c_0 & b_0 & & & \mathbf{0} \\ a_1 & -c_1 & b_1 & & \\ & a_2 & -c_2 & b_2 & \\ & & \ddots & \ddots & b_{N-1} \\ \mathbf{0} & & & a_N & -c_N \end{pmatrix},$$

这里有两种情形: 当 $(a_k), (b_k), (c_k)$ 均为复数时, 乃一般三对角阵, 记为 T. 也简写为 $T \sim (a_k, -c_k, b_k)$. 特别地, 如 $a_k > 0$, $b_k > 0$, $c_k = a_k + b_k$ ($k < N$) 及 $c_N \geqslant a_N$, 那么它就是概率论中常用的生灭 Q 矩阵, 所以也写成 $Q \sim (a_k, -c_k, b_k)$.

三对角情形的每一条闭路必定往返, 从而无需定理 1 中的条件 (2), 可厄米判准更简单.

定理 2. 三对角阵 T 可厄米当且仅当下述两条件同时成立.

(1) 对角线元素 (c_k) 为实数.

(2) 或者 a_{i+1} 与 b_i 同时为 0, 或者 $a_{i+1} b_i > 0$ ($\Leftrightarrow b_i/\bar{a}_{i+1} > 0$).

留心当 a_{i+1} 与 b_i 同时为 0 时, 矩阵可分块处理. 自此以后, 我们略去这种情形不提. 然后, 因为仅有一条通路, 可立即写出配称测度:

$$\mu_0 = 1, \quad \mu_k = \mu_{k-1}\frac{b_{k-1}}{a_k}, \qquad k \geqslant 1. \tag{8}$$

2018 年元旦前后做到这里的时候, 感到一切都顺风顺水, 也有些懊恼, 为什么 40 年前那么笨, 没有想到要处理复的情形. 后来反过来一想, 如果当初直接写复矩阵, 说不定在概率界会被骂死, 有何用? 从 Kolmogorov 1936 年开始的故事, 80 多年过去, 没有人离开过"非对角线元素非负"的假设条件. 而且这些成果, 好像也从未走出概率界. 你要问做线性代数的、做泛函的、做计算的、做物理的, 几乎没有遇到什么人了解我们的成果. 要不是因为计算的多次撞击, 本人也根本想不到要做这个题目.

在深入下一个论题之前, 让我们回顾一点历史, 以了解当年这项研究的价值. 图 10-1 是我们 7 位于 1979 年出版的一本研究专著(可从本人主页上下载此书). 其中的"可逆"就是我们此刻所讲的"可配称"加上"配称测度可和"(即 $\sum_k \mu_k < \infty$) 条件. 书中第 6 章 (有 49 页) 就是我和侯老师写的"马尔可夫过程与场论". 此章共分 13 节, 研究了各种情形的更详细的判准, 包括了离散时间的马氏链和连续时间的 Q 过程等诸多内容 (见图10-2).

可逆马尔可夫过程

KENI MAERKEFU GUOCHENG

作者(按姓氏笔划为序)

陈木法 汪培庄 侯振挺 郭青峰

钱 敏 钱敏平 龚光鲁

湖 南 科 学 技 术 出 版 社

1979 · 长沙

图 10-1 研究专著《可逆马尔可夫过程》

pp. 194–242
共 49 页

图 10-2   上述研究专著的第六章: 马尔可夫过程与场论

1980 年前后, 我们 (在严士健老师领导下的北京师大概率论群体) 应用上述场论的工具, 进一步研究了以 $\{-1,1\}^{\mathbb{Z}^d}$ 或以 $\mathbb{Z}_+^{\mathbb{Z}^d}$ 为状态空间 (无穷维, 不可数) 的平衡态或非平衡态统计物理模型, 得到一批可逆性的极简单、方便的判准 (称为"四边形条件"或"三角形条件"等). 这些成果无疑是"北京师大概率论群体"走上国际的第一步 (参见 [1; 第 7、11 章及第 14.5 节]). 我们所处理的模型甚至允许测度 μ 非唯一 (即存在相变).

§5.4 等谱矩阵

等谱变换

我们现在进入可厄米研究的一个戏剧性阶段: 等谱问题. 事情开始于计算一个 4 阶生灭矩阵, 上面已讲过, 如果对称元素同时变号, 相应的 μ 不动. 我们想看看谱会发生何种变化. 结果是"不变". 即便多个对子同时变号也如此. 因为我们相信一种哲学: 如果随便抓出来的例子为真, 那么必定存在一条定理, 哪怕是给点条件. 下述结果可称为"大喜过望".

定理 3. 对于给定的可厄米三对角阵 $T \sim (a_k, -c_k, b_k)$, 如 $c_k \geqslant |a_k| + |b_k|$ (更一般地, 可以用 $c_k + m$ 代替 c_k), 则存在一个显式生灭阵 $\widetilde{Q} \sim (\tilde{a}_k, -\tilde{c}_k, \tilde{b}_k)$ 使得 T 与 $\widetilde{Q}$ 等谱.

一般地讲, 所构造的 $\widetilde{Q} \sim (\tilde{a}_k, -\tilde{c}_k, \tilde{b}_k)$ 满足 $\tilde{c}_N \geqslant \tilde{a}_N$. 为简单起见, 这里假定 $\tilde{c}_N > \tilde{a}_N$. 为写出 $\widetilde{Q}$, 简记 $u_k = a_k b_{k-1} > 0$, 并命 $\tilde{c}_k = c_k$, 两者均为显式. 则所求的 $(\tilde{b}_k, \tilde{a}_k)$ 如下.

$$\tilde{b}_k = c_k - \cfrac{u_k}{c_{k-1} - \cfrac{u_{k-1}}{c_{k-2} - \cfrac{u_{k-2}}{\ddots\, c_2 - \cfrac{u_2}{c_1 - \cfrac{u_1}{c_0}}}}},$$

$$\tilde{a}_k = c_k - \tilde{b}_k, \quad k < N; \quad \tilde{a}_N = u_N / \tilde{b}_{N-1} \quad \text{如} \ N < \infty.$$

这个连分式也可写得短点(递推方程): $\tilde{b}_k = c_k - u_k / \tilde{b}_{k-1}$, $k \geqslant 1$, $\tilde{b}_0 = c_0$. 当然, 还需要验证两序列 $(\tilde{b}_k, \tilde{a}_k)$ 的正性, 并非显然.

剩下的只需要说明等谱为何意: 对于有限矩阵, 即是有相同的特征值. 更具体些, 我们有相似变换

$$\widetilde{Q} = \text{Diag}(h)^{-1} T \, \text{Diag}(h),$$

所以 T 与 $\widetilde{Q}$ 等谱. 问题是: 何为 h? 答案: 它差不多是 T 的调和函数, 即在 $[0, N)$ 上(右端点除外), $Th = 0$. 因为 T 是三对角阵, 此调和方程是二阶差分方程. 如同变系数的二阶常微分方程无通解一样, 差分方程也无通解, 唯一指望的是某种可以写出来的特解. 为此, 我们经历了 4 年. 或许是仙人相助, 竟然写下了一个解:

$$h_0 = 1, \quad h_n = h_{n-1} \frac{\tilde{b}_{n-1}}{b_{n-1}}, \qquad 1 \leqslant n \leqslant N.$$

因为 $\{\tilde{b}_n\}$ 是显式, 所以 $\{h_n\}$ 也是, 只是若展开写出来, 远非可以突发灵感猜得出来的.

数学方法: h 变换(陈、张旭, 2014)

我们把 Schrödinger 算子 $L = \Delta + V$ 中的位势项换成梯度项, 即把 L 换成 $\widetilde{L} = \Delta + \tilde{b}^h \nabla$, 这里, 梯度项的系数 $\tilde{b}^h$ 是由 h 找出来的函数, 而 h 是调和函数: $Lh = 0$. 那么, $L^2(\mathrm{d}x)$ 的算子 L 等谱于 $L^2(\tilde{\mu}) := L^2(|h|^2 \mathrm{d}x)$ 的算子 $\widetilde{L}$.

若将 h 视为乘法算子, 粗略地讲, 与上段的矩阵情形平行, 也可将 $\widetilde{L}$ 表成

$$\widetilde{L} = h^{-1} L h,$$

这是笔者与张旭于 2014 年找到的 h 变换方法. 正是此法, 在上述矩阵情形, 我们才能允许对角线元素任意, 才能处理稍一般的三对角线矩阵, 也才有勇气做计算. 因为三对角线矩阵是计算的核心. 利用此法, 已得出一维情形谱离散判准.

研究 Schrödinger 算子的传统方法是使用 Feynman-Kac 半群: 对于给定的实算子 $L = \Delta + V$, 所述半群 $\{T_t\}_{t \geqslant 0}$ 定义为

$$T_t f(x) = \mathbb{E}_x \left\{ f(w_t) \exp \left[\int_0^t V(w_s) \mathrm{d}s \right] \right\}.$$

但未见由此导出的稍许完整的谱结果.

通常, 许多人瞧不上三对角矩阵. 但我们前面说过, 在计算领域, 此乃核心之一. 我们现在要排除 "三对角" 条件. 为简便起见, 只陈述不可约情形.

不可约可厄米阵等谱于生灭阵　　证明分三步:

$$可厄米阵 \Longleftrightarrow \mathrm{Diag}(\mu)^{1/2} A \, \mathrm{Diag}(\mu)^{-1/2} \ 为厄米阵$$

$$厄米阵 \xrightarrow{\text{酉变换}} 三对角、实对称阵$$

$$厄米三对角阵 \longrightarrow 生灭阵.$$

这里的第一步和第三步前面都已讲过, 仅有第二步是新的, 称为 Householder 变换. 这是很有名的一种算法. 在 2000 年, 有两个杂志联合评选 20 世纪的 10 个 Top 算法, 依时间为序, 第一个是 Monte Carlo 方法, 第二个是关于线性规划的单纯形法. 关于矩阵特征 (值) 问题被选上的算法有三个, 其一即是 Householder (1951) 的 "decompositional approach to matrix computations", 其代表即是刚谈到的以他的名字命名的变换. 矩阵特征问题始于 C. G. J. Jacobi (1846), 已有 173 年的历史, 应当说, 任何进步都是不易的. 严格地讲, 第二步所得到的三对角阵可能是分块的, 但此处略去这个细节.

量子力学

到目前为止, 量子力学的公理假设都是把厄米矩阵作为基本物理对象. 近些年开始摸索扩展的对象, 研究非厄米的量子力学. 但这又太广, 所以也提出了一些限制, 例如所谓 $\mathscr{PT}$ 对称, 这蕴涵时间反演对称性. 在统计物理中, 这种对称性恰是平衡态统计物理与非平衡态统计物理的分界. 对应于数学, 即是自共轭与非自共轭 (矩阵) 或算子. 因为量子力学有两大特征, 一是波动性 (所以要使用复矩阵), 二是谱必须是实的, 所以厄米矩阵成为首选. 我们的研究说明, 可厄米矩阵更合理 (须知数学界、更不用说物理学界, 从未有过 "可厄米" 的概念). 这里有几个理由. 一是可厄米阵拥有量子力学的两条基本要求; 二是它恰好为自共轭与非自共轭的分界; 三是相对于厄米阵, 那基于均匀介质 (使用 Lebesgue 测度), 可厄米适用于非均匀介质; 四是使用我们的等谱定理, 每一可厄米阵的谱都可用生灭阵的谱来计算, 前者是复算子, 具有波动性 (有 "上

帝是否掷骰子"之问), 后者完全是实的; 五是关于量子力学的计算, 有计算物理、量子化学等, 著名的 MatLab 软件最早就是为它开发的, 可见不易. 显然, 一旦使用我们的等谱定理, 计算必有大简化. 事实上, 使用 MatLab 的软件包也已挂到网上 (计划再加细).

关于"均匀介质"与"非均匀介质", 它们之间有巨大差别. 例如生灭矩阵, 在概率论中对应于生灭过程. 它与布朗运动一起, 构成了随机过程的基石. 如限于均匀介质, 在通常研究的无穷状态空间 (即无穷矩阵), 它对应的模型必定灭绝. 因此该模型就没有多少用处. 生灭过程之所以非常有用, 正是因为它可以存活, 有平稳分布, 因此必定处于非均匀介质. 要总结现今生灭过程研究成果, 我相信 1000 页的厚书未必够. 因为本人这辈子最长的一篇论文, 专论生灭过程, 发表出来有 137 页.

关于这项研究成果与量子力学的联系, 参见笔者主页上的视频
"A Mathematical View on Quantum Mechanics",
此处不再详述. 两年前见到 Kolmogorov 文集之后, 才获悉我们做了几十年、由他开始的可逆马尔可夫过程的研究, 原来源于他与 Schrödinger 的交流, 与量子力学有关. 在完成文 [6] 之后, 又见到 G. Ludyk 关于矩阵力学的新著 (见 [10] 中文献), 才开始学一点量子力学.

§5.5   最大特征对子的计算: 三对角矩阵

本文开头挑战问题的解答   在开始这一部分的主题之前, 我们先回答开始所提出的来自计算的挑战问题. 这里, 关键是通常使用范数的归一化在复数情形不够细密, 因为模 1 的复常数因子 (即旋转) 不起作用: $\|e^{i\theta}x\| \equiv \|x\|$. 我们使用更方便的归一化: $\tilde{v} = v/v(0)$. 将每一向量除以它的第一个分量. 这样, 每个向量的第一个分量(起点)都固定在 1 处 (归一化), 而其他分量的幅角换成原此分量的幅角与原第一分量的幅角之差. 这样, 我们做了一次滤波.

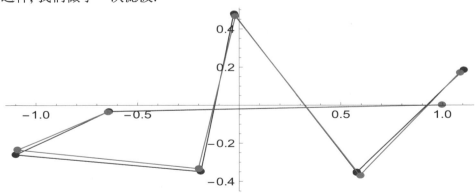

图 11   滤波后的诸向量 $\{\tilde{v}_k\}_{k=9}^{12}$ 与 $\tilde{g}_{\max}$

从图 11 中可以看出, 诸向量 $\tilde{v}_{10}, \tilde{v}_{11}, \tilde{v}_{12}$ 和 $\tilde{g}$ 几乎重叠在一起, 唯独 $\tilde{v}_9$ 稍许偏离一点 (左方偏高、右方偏低). 这说明序列 $\tilde{v}_k$ 确实收敛于 $\tilde{g}_{\max}$. 这些向量近乎都是保角变换, 十分有趣.

三对角阵的特例   讲到主特征对子的计算, 我们还是从三对角阵开始. 命 $E = \{k \in \mathbb{Z}_+ : 0 \leqslant k < N + 1\}$. 取

$$Q = \begin{pmatrix} -3 & 2 & & & & \\ 1 & -3 & 2 & & & \\ & 1 & -3 & 2 & & \\ & & & \ddots & \ddots & \ddots \\ & & & & 1 & -3 \end{pmatrix},$$

在讨论计算时, 常假定 $N < \infty$. 此时因为是常系数, 最大特征对子 (λ_0, g_0) 可以显式解出来.

$$\lambda_0 + 3 = 2\sqrt{2}\cos\frac{2\pi}{N+2}, \qquad g_0(j) = 2^{-(j+1)/2}\sin\frac{(j+1)\pi}{N+2}, \qquad j \in E.$$

推移逆迭代算法   分两步.

1) 选取最大特征对子 $(g_0, \lambda_0(-Q))$ 的一个近似 (v_0, z_0) 作为初值. 此处把向量 g_0 排在前是因为这个算法本质上是特征向量迭代, 而特征值逼近乃是其副产品.

2) 在第 k 步, 假定已有 (v_{k-1}, z_{k-1}), 设 w_k 为方程

$$(-Q - z_{k-1}I)w_k = v_{k-1}$$

的解. 命 $v_k = w_k / \|w_k\|$ 及 $z_k = \delta_k^{-1}$, 则当 $k \to \infty$ 时, $(v_k, z_k) \to (g_0, \lambda_0(-Q))$.

这里所用到的 δ_k 是我们早年完成的 (2010), 而第一步初值的选取在我们的文章 [3] 中已给出(也见 [7]). 除非另有声明, 随后总假定两者都是已知的. 在后面的应用中, 常把 v_k, z_k, w_k 中的下标改写为上标, 例如 $v^{(k)}$, 想必不会发生混淆.

留心 Q 的第一行的行和非零, 使用上述的 h 变换(等谱)将除末行之外的各行变为零, 得出

$$\widetilde{Q} = \begin{pmatrix} -3 & \dfrac{2^2-1}{2-1} & & & & \\ \dfrac{2^2-2}{2^2-1} & -3 & \dfrac{2^3-1}{2^2-1} & & & \\ & \dfrac{2^3-2}{2^3-1} & -3 & \dfrac{2^4-1}{2^3-1} & & \\ & & \ddots & \ddots & \ddots & \\ & & & & \dfrac{2^{N+1}-2}{2^{N+1}-1} & -3 \end{pmatrix},$$

回忆

$$\lambda_0 + 3 = 2\sqrt{2}\cos\frac{2\pi}{N+2} \approx 2.82842,$$

仅当 $N \geqslant 2562$ 时可达到此 6 位精度.

因为 $\widetilde{Q}$ 是 Q 的 h 变换, 我们可把 Q 的特征对子的计算化归为 $\widetilde{Q}$ 的特征对子的计算. 以下只做后者.

这个简单例子是汤涛提供的, 力图说明: 即便是如此简单的非对称, 也会给计算带来很大困扰. 使用我们的方法, 对于 $\widetilde{Q}$ 的初值如图 12~14. 这是使用 Mathematica 所作的图. 在作图时, 软件可自找精度, 所以这里的显示达到非常高的 10^{-306}. 在做数值计算时, 通常 10^{-25} 时就归零了. 用 Mathematica 的 "Eigensystem" 计算此例的最大特征对子时, 只能算到 $N \leqslant 81$. 问题就在于非对称带来的麻烦.

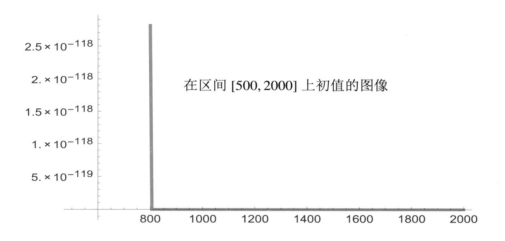

图 12　初值在区间 $[500, 2000]$ 上直线坠落

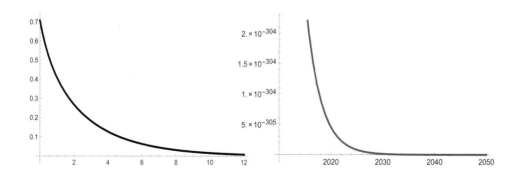

图 13　在 $[0, 12]$ 上从 0.7 下降到　　　　图 14　在 $[2010, 2050]$ 上从 10^{-304} 下降
　　　　近乎零　　　　　　　　　　　　　　　　　到 10^{-306}

另一方面, 若要将 $\widetilde{Q}$ 对称化, 使用 (8) 式及前面的对称化 (即实情形的厄米化), 很容易写出来:

$$Q^{\mathrm{sym}} = \begin{pmatrix} -3 & \sqrt{2} & & & \mathbf{0} \\ \sqrt{2} & -3 & \sqrt{2} & & \\ & \sqrt{2} & -3 & \sqrt{2} & \\ & & \ddots & \ddots & \ddots \\ \mathbf{0} & & & \sqrt{2} & -3 \end{pmatrix},$$

对此对称化了的矩阵, "除末行之外, 其他各行的行和均为零"的条件不再成立, 因而我们的"武功"全废, 即所设计的初值以及所用到的 δ_k 都不适用了. 也许, 有人会建议再用一次 h 变换, 不就会得到符合条件的新矩阵了? 可惜这样是回到原先的、非对称的 $\widetilde{Q}$ 而非"新矩阵". 所以我们事实上陷入无解的死循环, 处于走投无路的绝境. 有时候, 人给逼急了之后, 倒可能突发奇思妙想, 绝地逢生.

让我们先看看新算法的初值 $w^{(0)}$.

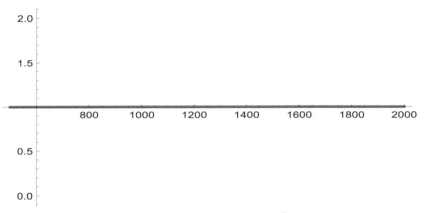

图 15   在区间 $[500, 2000]$ 上 $w^{(0)}$ 的图像

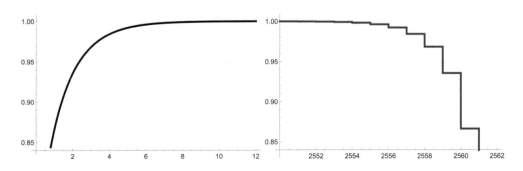

图 16   在区间 $[0, 12]$ 上的 $w^{(0)}$ 图 17   在区间 $[2550, 2562]$ 上的 $w^{(0)}$

从图 15 看出, 新的初值向量近乎为常数 1. 结合图 16、图 17, 得知这个初向量的**范围占比**(定义为区间内函数的最大值与最小值之比)等于 $\sqrt{2}$. 真不知道该如何与原算法的范围占比 10^{306} 相比较.

下面是使用新算法, 在普通的笔记本电脑上的计算结果[11].

$N+1$	$z^{(0)}$	$z^{(1)}$	$z^{(2)}$	$z^{(3)}$
10^2	0.171573	0.172686	0.172934	0.172941
5×10^2	0.171573	0.171628	0.171618	
10^3	0.171573	0.171584	0.171587	
5×10^3	0.171573	0.171573	(1.597s)	
10^4	0.171573	0.171573	(6.578s)	
1.5×10^4	0.171573	0.171573	(29.16s)	

表中的 #s 是算法自动记录的用时: # 秒. 也许在一万五千阶时, 因为内存限制, 会有较大失真. 我们看到: 对于一万阶矩阵, 仅使用了 6.578 秒, 应当说是令人吃惊的神速了.

现在可以回头来讲讲新算法. 事实上, 这也是 2018 年的主要进展之一, 详见综述报告 [7].

在图 18 中, 中间的竖线是文 [3] 提出的算法, 图中有 5 处标记了 2018, 是当年所作出的改进. 其中左上角将复可厄米阵 (不论是否三对角归结为生灭阵). 问题的核心部分是中间的迭代方程这个框. 我们所遇到的麻烦如下.

- 在方程中, 若用 $\widetilde{Q}$ 去迭代并用它的最大特征估计 ζ_k^{-1} (图 18 右方中部)作为推移 $z^{(k-1)}$, 这是通常带推移的逆迭代. 这对于小矩阵可行, 但对大矩阵失效.

- 在方程中, 若用 Q^{sym} 去迭代 (这对计算而言非常好), 但无法直接用它估计最大特征值(作为推移量).

---

[11]此处说明本书所用的单变量函数的制表规则. 注意此表本质上由如下三部分组成:

- 顶部和底部的两条粗线.
- 称顶部下的第一行为项目行. 它的第一个元素为自变量, 余下的为各种函数.
- 项目行下面为相应于自变量的函数值所构成的数据矩阵. 项目行与数据矩阵之间用粗线隔开.

除去以上三要素而外, 略去其他所有的横竖线和侧边线, 就得到我们所需的表. 在 TeX 的排版系统中, 此表的构造已完成. 我们之所以补上额外的横竖线, 也许可增添点美感, 但绝非必须.

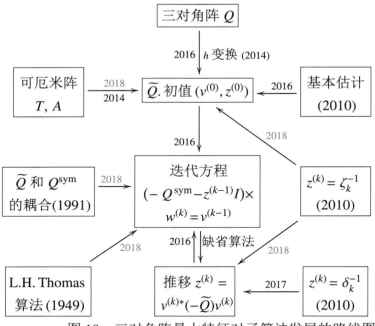

图 18   三对角阵最大特征对子算法发展的路线图

如前所述, 两者打架, 我们在此处陷入死胡同. 在十分无奈的情况下, 只好反复琢磨这两条信息. 下面是一个简化版.

矩阵类型	迭代算法	用于 $z^{(k-1)}$ 的估计
非对称 $\widetilde{Q}$	差	好
对称 Q^{sym}	好	无直接可用估计

　　从这个简表中, 我们看到唯一的活路就是使用 Q^{sym} 作迭代计算、而同时使用 $\widetilde{Q}$ 来计算用于 $z^{(k-1)}$ 的估计. 这恰好适用于我们当前的情况: 因为 Q^{sym} 为 $\widetilde{Q}$ 的对称化, 乃相似变换, 从而等谱. 换言之, 我们让 $\widetilde{Q}$ 与 Q^{sym} "成亲" (即耦合), 从此有了共同的人生道路, 每一步都一起走. 这就是图 18 中间的"迭代方程"及其左边的"耦合"的含义. 更进一步, 即使已给的矩阵是对称的 (如 Q^{sym}), 只要不满足上述的"行和为零"条件, 就应当使用 h 变换, 构造出如同 $\widetilde{Q}$ 的辅助矩阵, 然后使用我们的新算法. 相信这里的耦合算法对计算而言是新的.

§5.6   最大特征对子的计算: 非对角线元素非负的矩阵

我们期望将上节的想法尽可能地拓广到非对角线元素非负的矩阵, 以期改进文 [5] 的通用算法. 本节材料取自 [8].

下述矩阵称为**单死 Q 矩阵**, 因为对角线以下仅有"单死"的下次对角线非零.
$Q = (q_{ij})_{i,j=1}^N$:

$$Q = \begin{pmatrix} -\dfrac{7}{3^2} & \dfrac{2}{3^3} & \dfrac{2}{3^4} & \cdots & \dfrac{2}{3^N} & \dfrac{1}{3^N} \\ \dfrac{2}{3} & -\dfrac{7}{3^2} & \dfrac{2}{3^3} & \cdots & \dfrac{2}{3^{N-1}} & \dfrac{1}{3^{N-1}} \\ & \dfrac{2}{3} & -\dfrac{7}{3^2} & \cdots & \dfrac{2}{3^{N-2}} & \dfrac{1}{3^{N-2}} \\ & & \ddots & \ddots & \ddots & \vdots \\ & \mathbf{0} & & \dfrac{2}{3} & -\dfrac{7}{3^2} & \dfrac{1}{3^2} \\ & & & & \dfrac{2}{3} & -\dfrac{2}{3} \end{pmatrix},$$

显然, 它不满足零同性, 从而不可配称. 基于此, 我们将代之以

$$A = (a_{kj}) := (-Q)^{-1}.$$

文末引理 5 将说明这个逆矩阵是正的. 事实上, 张余辉已经把这个逆矩阵给算出来了:

$$A = (a_{kj})_{N \times N}, \quad a_{kj} = \frac{2^{k \wedge j} - 1}{2^j} + \mathbb{1}_{\{j \leqslant k\}}.$$

虽然此时 A 也不可配称 (等同于 Q 的可配称性), 但保证了零同性满足, 前进了一步. 使用 Mathematica (v. 11.3), 当且仅当 $N \leqslant 39$ 时, 可算出其最大特征向量. 如略去 $\mathbb{1}_{\{j \leqslant k\}}$, 则当且仅当 $N \leqslant 11$ 时, Mathematica 可用. MatLab 适用性大一些: $N \leqslant 45$.

此模型很有趣.

例 4.   设 $A = (a_{kj})_{N \times N}$. 分两种情况.

- 可配称情形.

$$a_{kj} = \frac{2^{k \wedge j} - 1}{2^j}, \qquad \text{配称测度}: \mu_k = \frac{1}{2^k}.$$

- 不可配称情形.

$$a_{kj} = \frac{2^{k \wedge j} - 1}{2^j} + \mathbb{1}_{\{j \leqslant k\}}, \quad \text{拟配称测度选为}: \mu_k = \frac{1}{2^k \times 10^{2k/39}}.$$

第一种情形是偶然碰上的, 它成了原模型 (即第二种情形) 的简化模型. 容易看出它关于 $(\mu_k = 2^{-k})$ 可配称, 从而

$$\hat{A} := \mathrm{Diag}(\mu^{1/2}) \, A \, \mathrm{Diag}(\mu^{-1/2}). \tag{9}$$

就成为对称矩阵($X := Y$ 表示 X 定义为 Y). 对于原模型的 A, 这个结论就不对了, 因为它根本不可配称. 此时, 我们改称 $\hat{A}$ 为 A (关于这个 μ 的) **拟对称化**. 当然, 这样拟对称化比较粗糙, 我们再对 $(\mu_k = 2^{-k})$ 作些优化处理, 便得出上例中的拟配称测度 $\mu_k = 2^{-k} \times 10^{-2k/39}$. 采用这个拟配称测度, 使用 Mathematica, 可算到 1700 阶矩阵, 远大于开头所说、使用缺省方法所能得到的 39 阶. 输出结果如下表.

N	523	800	1000	1500	1700
$z^{(1)}$	8.96625	8.97632	8.98126	8.98993	8.99111
	8.99793	8.99911	8.99943	8.99975	8.9998
$z^{(2)}$	8.99734	8.99885	8.99926	8.99967	8.99974
	8.99746	8.99891	8.9993	8.99969	8.99976
$z^{(3)}$	8.99744	8.9989	8.9993	8.99969	8.99976
	8.99744	8.9989	8.9993	8.99969	8.99976

表中的 $z^{(k)}$ 表示第 k 步迭代输出的最大特征值估计的下/上界.

对于大矩阵, 我们只输出特征值、而非特征向量的近似解. 其实, 画个图还是不难的. 对于上例中的可配称情形, 它乃是生灭矩阵的逆: $(-Q)^{-1} = A$, 此处 $Q \sim (2, -3, 1)$, $c_N = 2$. 因此, 可使用上节的算法来计算 A 的特征对子. 但这里我们直接计算 A 的对称化的最大特征向量的近似解 ($N = 2043$); 类似地, 我们计算不可配称情形 A 的拟对称化的最大特征向量的近似解 ($N = 1700$), 两个计算结果如图 19 和图 20 所示.

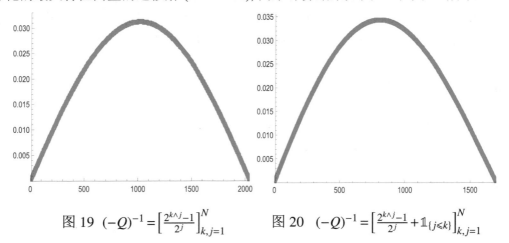

图 19 $(-Q)^{-1} = \left[\dfrac{2^{k \wedge j - 1} - 1}{2^j}\right]_{k,j=1}^{N}$ 图 20 $(-Q)^{-1} = \left[\dfrac{2^{k \wedge j - 1} - 1}{2^j} + \mathbb{1}_{\{j \leqslant k\}}\right]_{k,j=1}^{N}$

简直难以置信, 两个输出几乎一样. 这充分说明: 我们的拟对称技术不但可行, 而且高效.

为提供更多算例, 我们需要避免上例中的苦寻拟配称测度程序, 这就是我们要介绍的一种可配称性的验证算法.

可配称性的计算验证   假定 $a_{ij} \geqslant 0$, $i \neq j$.

- 求不变/调和测度 μ. 先定义一个 Q 矩阵:

$$Q = A - \mathrm{Diag}(A\mathbb{1}) \Rightarrow Q\mathbb{1} = \mathbb{0},$$

此处 $\mathbb{1}$ 为元素恒等 1 的列向量而 $\mathrm{Diag}(u)$ 是以向量 u 为对角线元素的对角矩阵, 然后由方程

$$\mu Q = 0, \qquad \mu_0 = 1$$

解出所求的测度 μ. 我们注意, 若 A 不可约, 则此解唯一.

- 拟对称化 (用"拟"字, 因为此刻尚不知 A 是否可配称):

$$\hat{A} := \mathrm{Diag}(\mu^{1/2}) A \, \mathrm{Diag}(\mu^{-1/2}).$$

- 可配称性判准. A 关于 μ 可配称当且仅当 $\hat{A}$ 对称: $\hat{A}^* = \hat{A}$.

随机测试   下面是博士生李月爽完成的随机测试.

使用普通笔记本电脑和 MatLab, 从 $(0, 10)$ 随机抽选矩阵 A 的元素 a_{ij}, 共做了两次测试.

- $N = 5000$. 用了 7 个小时, 算了 2326 个例子, 平均用时约 11 秒/个. 均一步迭代完成. 未出错.

- $N = 1000$. 用了 2 个小时, 算了 36448 个例子, 平均用时约 0.2 秒/个. 均一步迭代完成. 未出错.

至此, 我们已说明了改进后的通用算法 [8] 的有效性. 余下只需再证明 $A = (-Q)^{-1}$ 的正性. 这基于马尔可夫链的如下结果.

引理 5. 给定可数集 E 上的 Q 矩阵 $(Q\mathbb{1} \leqslant \mathbb{0})$, 它导出半群 $\{P_t\}_{t \geqslant 0}$. 则 $G := \int_0^\infty P(t)\mathrm{d}t \in [0, \infty]$ (逐点, 但可以无穷). 如果 Q 还是不可约的、$\{P_t\}_{t \geqslant 0}$ 满足两个柯氏方程并非常返, 则 $(-Q)^{-1} = G$ 为有限正矩阵[对已发文略有修改].

证明   使用弱预解算子 $R(\lambda)$ 与其半群之间的关系式:

$$R(\lambda) = (\lambda I - Q)^{-1} = \int_0^\infty \mathrm{e}^{-\lambda t} P_t \, \mathrm{d}t.$$

于此式中命 $\lambda \downarrow 0$ 得出 G 的性质. 为证 $(-Q)^{-1} = G$, 使用两柯氏方程及非常返性: $\lim_{\lambda \downarrow 0} \lambda R(\lambda) = 0$.   □   (贯穿全书, **□ 表示证明的终止符**.)

§5.7   感悟, 感恩之语及后记

感悟　如同开头所说, 一路稀里糊涂"流浪"过来, 究竟有没有走错路? 带着这样的疑问, 我去复习《华罗庚科普著作选集》的第二部分的末文——学习和研究数学的一些体会 (对中国科技大学研究生的讲话) (《数学通报》1979 年第 1 期). 下面摘录几段华先生的教导.

- 研究要攻得进去, 还要打得出来. 攻进去需要理论, 真正深入所搞专题的核心需要理论, 这是人所共知的. 可是要打得出来, 并不比钻进去容易. 世界上有不少数学家攻是攻进去了, 但是进了死胡同就出不来了, 这种情况往往使其局限在一个小问题里, 而失去了整个时间. 这种研究也许可以自娱, 而对科学的发展和社会主义的建设是不会有作用的.
- 鉴别一个学问家, 要看广度和深度. 单是深, 可成为不错的专家, 但对整个科学的发展不足道. 单是广, 可欺外行, 难有实质性成就.
- 数学各个分支之间, 数学与其他学科之间实际上没有不可逾越的鸿沟.

我已经不记得从哪位先哲那里听到"做学问需要有绅士风度", "不能随便去抢占别人的地盘". 我的做法是: 除非有新思想, 能够打个洞, 就去做; 那是帮忙而非占便宜. 否则不做. 要做到这一点, 必须要有自己的根据地. 还是像华先生所说, 要像水那样"漫"出去、而不是跳过去. 从一个山头跳到另一个山头, 如果跳不过去, 可能就摔死到山沟里.

　　当年学习华先生的讲话时, 对这部分教导未能留下多少记忆. 此次重读, 多少能够体会前辈以亲身经历所留下的万分宝贵的经验. 这里所讲的是个人经历了几十年后的一点心得体会, 对他人未必有用. 特别是对于初入道者, 首要的是要脚踏实地、步步深入地建立自己的根据地, 否则地基不稳, 往后的发展很可能就建在沙滩上, 经不起风浪.

感恩之语　在过去的几十年里, 每当出现新奇想法, 我就会觉得是"超水平"的发挥, 是有仙人相助. 所以, 我曾写过"感谢老师" (包括海内外) 的文章, 但至今还没有机会郑重地感谢一下北京大学的老师们. 所以请容许我利用这个机会, 讲几句感恩之语. 这里, 我依时间顺序列出北京大学的 12 位老师和两位相关的外国教授.

胡迪鹤;

钱敏平、龚光鲁、钱敏、Martin L. Silverstein, 1979.

Masatoshi Fukushima, Conference in 2014;

陈家鼎、江泽培;

陈大岳, 1990's, 讨论班, 重点项目, 1997— 1998 中、俄合作项目, 2002;

张恭庆、姜伯驹;

耿直、文兰、丁伟岳……

胡迪鹤老师是粉碎"四人帮"之后、受侯振挺老师的委托我拜访的第一位老师. 大家知道, 他是许先生的弟子之一. 每位老师都有一段故事. 这里, 我只讲两段. 1979年的一天, 钱敏平等三位老师带着美国华盛顿大学的 Silverstein 教授到北京师大, 让我向他报告我和侯振挺老师关于可逆马尔可夫链的研究成果. 可能你们会骂我, 为什么不是我到北大来报告. 坦白讲, 我当时是在读研究生, 应当不是我安排的. 反过来讲, 这三位老师的为人为学的风范是不是很值得我们学习. 令我非常惊讶的是, 当年我就收到日本 Fukushima 第一本专著的预印本. 之前我根本不知道他, 我猜想是 Silverstein 教授把我介绍给他的. 在那个时代, 他们两人是国际上狄氏型理论研究的领头人. 几十年来, 我收到 Fukushima 的著作应当有 6 本. 2014 年, 我有幸应邀到日本参加庆贺他 80 大寿的国际会议, 并作邀请报告 (见图 21). 所以, 对钱老师他们的栽培, 我是感激不尽的.

Conference Schedule

August 25, 2014　　Monday		
Location: Room 3401, 4th floor of 3rd Bld.,　　**Chair:** S. Aida		
Time	**Speaker**	**Title**
08:30 - 09:40	Registration (The registration will take place in front of the ROOM 3401)	
09:40 - 09:50	Opening remarks by Yutaka Maeda, the vice president of Kansai University	
09:50 - 10:30	Mu-Fa Chen	Progress on Hardy-type Inequalities
10:30 - 10:50	COFFEE BREAK	

图 21　庆贺 M. Fukushima 教授 80 大寿国际会议的第一节程序

要讲的第二段是陈大岳老师的帮助. 在 1990 年代, 大概有 8 年时间, 他一直参加我们的讨论班. 他教会我们许多东西, 例如重整化技术、接触过程在临界点的行为等. 他参加我们好多个主要科研项目, 国家基金委的重点项目, 教育部的, 还有 1997—1998 年我们和俄罗斯 Dobrushin 研究组的国际合作项目. 唯一中断的是 2001 年我们申请创新团队, 不让外校参加, 很可惜. 他现在又恢复与我们群体的李增沪他们合作重点项目. 总之, 我觉得北京师大概率论群体的成长, 有大岳一份功劳, 不应忘记. 另外, 我这辈子"流浪"中经历过两次惊险. 其中的第二次是 2002 年在日本, 多亏大岳在身边, 让我免去一劫. 请允许我郑重地谢谢这些帮过我的各位老师.

参考文献

[1] Chen, M.F. (2004). *From Markov Chains to Nonequilibrium Particle Systems*, 2nd ed. World Sci., Singapore.

[2] Chen, M.F. (2005). *Eigenvalues, Inequalities, and Ergodic Theory*. Springer, London.

[3] Chen, M.F. (2016). *Efficient initials for computing the maximal eigenpair*. Front. Math. China 11(6): 1379–1418.

[4] 陈木法 (2017a). 最优搜索问题——从马航失联谈起. 数学传播 41(3): 13–25.

[5] Chen, M.F. (2017b). *Global algorithms for maximal eigenpair*. Front. Math. China 12(5): 1023–1043.

[6] Chen, M.F. (2018). *Hermitizable, isospectral complex matrices or differential operators*. Front. Math. in China 13(6): 1267–1311.

[7] Chen, M.F., Li, Y.S. (2019a). *Development of powerful algorithm for maximal eigenpair*. Front Math. China 14(3): 493–519.

[8] Chen, M.F., Li, Y.S. (2019b). *Improved global algorithms for maximal eigenpair*. Front Math. China 14(6): 1077–1116.

[9] 华罗庚 (1985). 计划经济大范围最优化的数学理论(XI). 科学通报 24, 1841–1844 (该文写于 1985 年 4 月 20 日, 他于当年 6 月 12 日仙逝, 编辑部于当年 7 月 25 日收到此稿).

[10] Ludyk, G. (2018). *Quantum Mechanics in Matrix Form* (Undergraduate Lecture Notes in Physics). Springer, Berlin.

后记 记得两年前在一次"数学文化"的会议上, 笔者提议数学家应当学点"生态学". 这门科学的核心是"物种共存". 如世界上哪种物种最厉害, 比如说老虎, 那么大家都来养老虎, 这个世界会成何体统? 记得澳洲曾经因为袋鼠繁殖太多, 他们通过法律, 杀掉一批; 又如美国, 据说某种亚洲鱼繁殖太快, 他们搞了电击捕鱼. 在数学乃至物理的大家庭里, 本是一个统一体, 各分支学科互相依存, 没有贵贱之分. 其实, 早在 1900 年

Hilbert 的世纪报告中就非常强调数学的整体性, 他的 23 个问题中, 基本上是数学, 但也包含物理. 1960 年代, 华先生在中国科学技术大学开课时, 倡导了一条龙教学方法, 明确反对将数学的各部分割裂. 大约在 1990 年代, 陈省身先生在有一次演讲中说, 数论也是应用数学, 比如 Fermat 大定理可视为代数几何在整数理论中的应用. 可见他也不赞成"纯数学"与"应用数学"的人为分割. 想起日本的 K. Itô, 他对自己荣获首届应用数学的最高奖 (高斯奖) 深感意外, 因为人们认为他所研究的随机分析属于理论数学. 至少当年他建立随机积分的基本公式时, 决不会想到半个世纪后会有那么多 (特别是金融方面) 的应用.

这些事实都说明数学乃至部分物理的高度统一. 笔者并不知道, 在我们这块土地上, 是否存在真正学科交叉的土壤, 能够容纳各种学科、各种学派的共存?

致谢: 笔者以此题应邀在以下单位报告过: 山东大学数学学院"珠峰讲坛"(2018 年 12 月), 北京大学"许宝騄讲座" (2019 年 3 月) (视频已放到笔者主页), 中国科学院随机复杂结构与数据科学重点实验室学术报告 (2019 年 3 月), 上海交通大学 (2019 年 4 月), 宁夏大学数学统计学院 (2019 年 5 月), 北方民族大学数学与信息科学学院 (2019 年 5 月), 天元数学东北中心"天元名家系列讲座" (2019 年 7 月), 大连理工大学"大工讲坛" (2019 年 7 月), 第三届江苏师大概率统计青年学者会议 (2019 年 10 月), 天津大学"北洋数学讲堂" (2019 年 10 月), 南开大学"百年南开大讲坛" (2019 年 10 月), 中南大学数学与统计学学院"数韵中南" (2019 年 11 月), 北京师大教育部重点实验室年会(2019 年 12 月). 笔者衷心感谢彭实戈、陈增敬、陈大岳、任艳霞、马志明、董昭、严加安、韩东、杨叙、李星、陈夏、曹延昭、卢玉峰、雷逢春、柳振鑫、谢颖超、苗正科、刘伟、王凤雨、邵景海、王兆军、侯振挺、李俊平、焦勇、刘源远、李增沪、王恺顺、唐仲伟等教授的邀请和热情接待. 同时感谢以上各单位的资助.

本项目获自然科学基金 (项目编号: 11771046), 教育部双一流大学建设项目和江苏省高校优势学科建设工程项目资助.

第三部分

非随机方面的
专题科普演讲

最优搜索问题

——从马航失联谈起

本文由如下四部分构成:

注: 本文原载于《数学传播》2017, 第 41 卷第 3 期, 第 13–25 页.

§6.1   引言

2014 年 3 月 8 日凌晨 1 时 20 分, 马来西亚航空公司航班 MH370 失联, 机上有乘客 239 人(其中包括 154 名中国乘客). 至今搜索失败, 常常感到有锥心之痛. 原因何在? 搜索失联客机, 是一个典型的搜索问题. 以最快的方法找到客机, 那就是一个最优搜索问题. 这类问题随处可见. 例如国防: 敌方的潜水艇沿长江口潜入内陆, 如何及早发现? 又如国家的宏观经济, 如何实现较优的调控? 就说日常生活中的烹调, 放多少水做出来的米饭最好吃等等. 人们每天都在寻求最佳方案. 本文是这个失联事件所触发的关于最优搜索问题的一点思考. 虽是纸上谈兵, 但愿对于处理实际搜索问题有所帮助.

本文也希望为如何做数学提供一个案例. 何为创新? 何为好数学? 如何选方向/选题? 如何步步深入?

从数学上讲, 在许多情况下, 这是一个寻找函数的最大/最小值问题. 也许, 大家会觉得这很容易, 我们已经在分析和计算课程中学过不少方法. 问题是那里预先假定函数的解析表达式是已知的. 这未必可行. 例如我们并不知道米饭"好吃"的表达式是什么, 也不知道寻找 MH370 应该用什么函数来刻画. 当然, 如果知道函数的类型, 则可通过实验寻找函数的表达式, 这常常需要做大量的实验, 成本很高. 退一步说, 即使表达式是已知的, 大多数算法也未必高效. 我们要寻找的是直接搜索方法, 无需预知目标函数的表达式. 这好像也不难, 就像"瞎子爬山", 哪里高就往哪里爬就是了, 数学上称之为"**瞎子爬山法**". 这是一种直接搜索方法, 有时可行, 但太慢, 也缺乏艺术性和数学美感.

从现在开始, 我们要离开 MH370 一阵子, 待有足够的准备之后, 再回来.

我国著名数学家华罗庚先生把处理这类问题的数学方法称为"优选法": 即不仅要求优, 而且要以最好方法求优. 早在 1970 年代, 他带领推广优选法小分队到全国各地开展推广优选法的实践活动. 我本人曾有幸参加 1975 年在山西省的"推优小分队". 这项工作的困难程度远非现在可以想象的. 首先, 需从浩繁的文献中, 找出在理论上可靠, 又在实际中可用、并适合于科普的方法, 须知那时候的大多数工人群众只有小学文化程度, 懂算术、但不懂代数. 到工厂、车间去给工人们讲解优选法, 既无黑板、又无粉笔可用. 如何讲解? 为此, 先介绍华先生所发明的一种"折纸条法".

在开始介绍我们的方法之前, 请大家先记住一个常数: 0.618. 假定我们所关心的试验范围是 1000 到 2000 个单位. 那么, 第一个试验点(以后简称"**试点**")就选在这个范围内的 0.618 处:

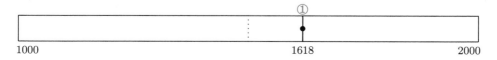

把纸条在中间对折过来, 刚才的试点 ① 对应过来就有第二个试点 ②:

有了两次试验, 就可以进行比较. 如 ① 比 ② 好, 就可去掉不好的那一段(即 ② 左边的那一段); 反之, 如 ② 比 ① 好, 则可去掉 ① 右边的那一段:

现在, 余下的范围是

中间是上次留下的已试好点 ②. 下一步, 再将纸条对折, 由 ② 可找到它的对称点 ③; 在此处做第 3 次试验.

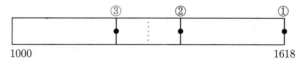

然后再去掉不好的那一段, 例如说, 此时 ② 比 ③ 好, 则应当去掉 ③ 左边的那一段,

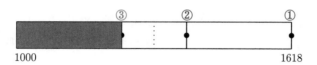

留下

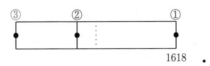

再折纸条, 得到 ② 所对应的第 4 个试点:

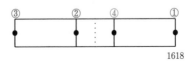

如此继续"去掉"和"对折"程序, 经过 2 ~ 5 次试验, 常可找到满意的解答. 概括起来, 除了牢记常数 0.618 和决定初始搜索范围而外, 仅有两个要点:

- 第一个试点为: 起点+ (试验范围的) 长度×0.618.
- 为计算对折所找的新试点, 使用口诀: 加两头、减中间. 即新试点等于上次试验所余范围的两头相加、再减去中间的已试点.

这里所用到的数学仅有算术而已. 无需粉笔、黑板, 随时随地可以宣讲. 在历史上, 将如此先进的现代数学方法用这么通俗的方式直接交到广大工人手里, 相信这是前无古人的, 意义非凡, 价值非凡. "折纸条法"也俗称为"0.618 法". 后面我们还会给出其学名. 其实, 讲到这里, 已经可以讨论 MH370 的搜索问题了. 但我们宁愿让大家再想想, 后面再来讨论.

§6.2   最优试验方法的探求与发展

单峰函数与试验策略

粗略地说, 我们的目标是寻找函数的最大值. 研究任何问题的要点之一是从简单入手. 因此, 我们先限于单个变数的**单峰函数**: 它仅有一个最大值, 在 c_f 处取到; 在其两边, 函数严格单调 (但未必连续), 如图 1 所示. 我们需要细心考察单峰函数的性质. 如图 2 所示, 放进一个试点 x_1. 对于图 2 中的单峰函数, $c_f > x_1$; 但对于另外的单峰函数, 可能有 $c_f < x_1$. 这样, 对于一般的单峰函数, 一个试点不足以判定最大值点处于何处: 左边或右边?

我们指出, 对一些特殊情形, 有一个试点便可决定存留. 例如修水管. 假定左边有水, 右边无水. 那就查中点, 如有水, 左半边可忽略. 然后如法炮制处理右半边. 规则是: 每次新试点取为上次余下范围的中点. 在这种特殊情况下, 这种方法是最优的, 称为"对分法".

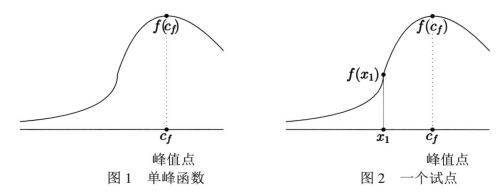

峰值点　　　　　　　　　　　　峰值点

图 1　单峰函数　　　　　　　　图 2　一个试点

回到单峰函数情形, 需要两个试点 (图 3). 有了两个结果, 就可以进行比较, 并去掉一部分范围, 见图 4 ~ 6.

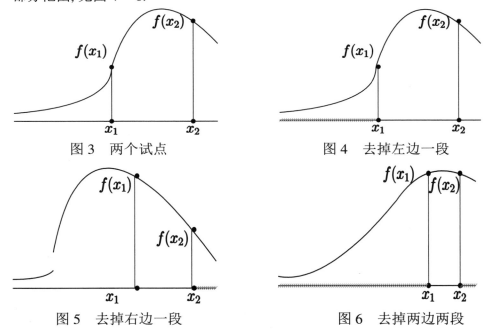

图 3　两个试点　　　　　　　　图 4　去掉左边一段

图 5　去掉右边一段　　　　　　图 6　去掉两边两段

在确定了函数类之后, 自然要分析一下我们所应采用的试验策略 (方法). 图 4 ~ 6 引导我们去考虑序贯求优, 即通过已试验的位置和结果安排下一个试验. 无妨设试验范围为单位区间 $[0, 1]$. 我们用 $\mathscr{F}$ 表示 $[0, 1]$ 上单峰函数的全体. 定义**试验策略** $\mathscr{P}$ 如下: 它的第 1 个试点 $x_1(\mathscr{P})$ 与 $f \in \mathscr{F}$ 无关; 第 $n\,(n \geqslant 2)$ 个试点 x_n 由策略 $\mathscr{P}$、前 $n - 1$ 个试点及其试验结果决定:

$$x_n = x_n(\mathscr{P}; x_1, \cdots, x_{n-1}; f(x_1), \cdots, f(x_{n-1})).$$

上节所述的"0.618 法"是一种简明的策略, 也是上述策略类中的最优策略. 下面是另一个代表.

分数法

分数法使用 **Fibonacci** 数列:

$$F_0 = F_1 = 1, \quad F_n = F_{n-1} + F_{n-2}, \qquad n \geqslant 2.$$

它很像 "0.618 法", 但需预先确定试验的总次数 $n(\geqslant 1)$. 此时, 分数法 $\mathscr{F}_n$ 的第一个试点取为 $x_1(\mathscr{F}_n) = F_n/F_{n+1}$; 如同 "0.618 法" 那样, 以后各个试点依照对称规则安排. 在最后的第 n 步, 试点安排在第 $n-1$ 步留下的剩余区间的中点, 其两边的长度恰好为 $1/F_{n+1}$. 往后对称规则不能用了, 所以试验到此终止; 除非重新开始, 但那就不是最优方法了.

三类最优试验策略

我们以发展的时间顺序, 介绍三类最优试验策略. 为此, 需要判断试验策略优劣的标准, 即试验精度. 回顾对于每一个 $f \in \mathscr{F}$, 都有峰值点 c_f: f 在 c_f 处达到最大. 另一方面, 经过 n 步试验, n 个试点中, 必定有 $c_f(\mathscr{P}, n) \in \{x_1, \cdots, x_n\}$ 使得 f 在此处达到最大:

$$f(c_f(\mathscr{P}, n)) = \max\{f(x_i) : i = 1, \cdots, n\}.$$

$c_f(\mathscr{P}, n)$ 就是策略 $\mathscr{P}$ 在前 n 步试验中的最大值点. 因为我们期望我们的试验策略适用于一切单峰函数, 所以定义

$$\delta(\mathscr{P}, n) = \sup_{f \in \mathscr{F}} |c_f(\mathscr{P}, n) - c_f|$$

为**策略 $\mathscr{P}$ 的 n 步精度**. 这个概念以后在更广的意义下保持不变. 这里使用 "$\sup_f$" 表示以最差情形 (即最大偏差) 作标准, 而不是以常用的平均作标准. 要理解它们之间的差别, 讲个小例子. 我说我们学校有一小团队, 平均年龄 20 岁. 大家心里会猜想, 这没准是他们学校的排球队, 队员们个个身强力壮. 其实, 我心里想的是北京师大的托儿所: 一个班的 6 个婴儿加上 3 位老婆婆, 他们的平均年龄也是 20 岁. "平均" 当然好, 也常用. 例如在昆明, "平均气温" 好用, 因为每天温差不大; 但 "平均气温" 在北京就不好用, 因为早晚的温差较大. 这里使用最大偏差作标准, 是因为对于不同函数的偏差可能相差很大, 非简单平均所能刻画, 所以使用最大偏差最保险. 我们的目标是寻找某个试验策略 $\mathscr{P}_0$, 使得最坏估计 $\delta(\mathscr{P}, n)$ 在 $\mathscr{P}_0$ 处达到最小: $\inf_{\mathscr{P}} \delta(\mathscr{P}, n)$. 在最优化理论中, 这称为**极大极小化原理**.

定理 1 (Jack Carl Kiefer, 1953). 分数法 $\mathscr{F}_n$ 是 n 步最优策略:

$$\delta(\mathscr{F}_n, n) = \inf_{\mathscr{P}} \delta(\mathscr{P}, n) = F_{n+1}^{-1}.$$

Kiefer 在他的论文的末尾也指出: 预定试验次数在实际应用中恐有不便, 他建议使用

$$\lim_{n\to\infty} x_1(\mathscr{F}_n) = \lim_{n\to\infty} \frac{F_n}{F_{n+1}} = \frac{\sqrt{5}-1}{2} =: \omega$$

作为近似, 代替 $x_1(\mathscr{F}_n)$ 作为第 1 个试点, 然后依照对称规则安排随后的试验. 这就是**黄金分割法** (即"0.618 法")的原始来历. 要证明上面的极限, 只需使用 F_n 的递推方程, 写出连分数

$$\frac{F_n}{F_{n+1}} = \frac{1}{1 + F_{n-1}/F_n} = \cfrac{1}{1 + \cfrac{1}{1 + \cfrac{1}{\ddots}}}.$$

这样, 极限 ω 满足方程 $\omega = 1/(1+\omega)$. 由此解出

$$\omega = \frac{\sqrt{5}-1}{2} \approx 0.618 \text{ (两根中取正者)}.$$

之所以称为黄金分割法, 是因为 ω 乃是历史上很有名的黄金分割常数.

上述 Kiefer 的开天辟地的论文仅有 4 页加 4 行, 令人吃惊的是这是他的硕士学位论文; 更令人吃惊的是他于 1942 年到 MIT 上大学, 第 2 年因第二次世界大战入伍美国空军, 3 年后 (1946 年) 回到 MIT, 于 1948 年获得本科和硕士学位. 这样, 他真正的本科和硕士总共只读了 3 年, 所以无法不让人佩服. 他后来的主要贡献是在《试验设计》这门学科前加上了"最优". 他于 1975 年当选美国科学院院士.

图 7   Jack Carl Kiefer, 1924—1981

下面, 我们转到第二类最优试验策略. 与 Kiefer 的看法不同, 华先生认为黄金分割法 $\mathscr{W}$ 是最优的, 而分数法 $\mathscr{F}_n$ 是其近似. 简单的理解可用数论中的丢番图逼近: 如同前面的连分数所示, 分数列 $\{F_n/F_{n+1}\}_{n\geqslant 1}$ (有理数) 构成 (无理数) ω 的最佳逼近. 为阐述这一理论结果, 我们先定义**来回调试策略** $\mathscr{P}$: 它从第 3 步开始, 每一步都在剩余区间上安排试点.

定理 2 (华罗庚, 1971, 1981). 对于每一来回调试策略 $\mathscr{P}$, 当 $n \gg 1$ 时, 有 $\delta(\mathscr{P}, n) \geqslant \delta(\mathscr{W}, n) = \omega^n$. 换言之, 黄金分割法是来回调试策略中**在无穷远处的最优策略**.

后来, 洪加威 (1973, 1974) 将此定理中的来回调试策略拓广为一般策略.

1970 年代, 华先生带领他的小分队, 到全国各地推广优选法. 期间出版了不少优选法的科普著作和应用专集. 图 8 是所见到的第一本, 也是影响我一生的一本小册子.

图 8　陈木法院士 1970 年代所购华先生关于优选法的书籍(其一)

此书购于 1971 年 6 月 3 日. 全书共 23 页, 定价 7 分钱. 留心这里的作者署名"齐念一" (我至今不知其含义), 那时候"华罗庚"的名字不能用! 下面是我所保存的其他几种版本.

图 9   陈木法院士 1970 年代所购华先生关于优选法的书籍(其二)

图 10   陈木法院士 1970 年代所购华先生关于优选法的书籍(其三)

图 11   陈木法院士 1970 年代所购华先生关于优选法的书籍(其四)

现在, 转来研究第三种最优试验策略. 仔细想想, Kiefer 和华先生的最优化策略都是预定了试验的次数: Kiefer 定在有限 n 步, 而华先生定在无穷远处. 为适用于所有试验次数, 如同取最坏情形以适用于所有单峰函数, 依"极大极小化"原理, 需寻求使

$$\sup_{n \geqslant 1} \sup_{f \in \mathscr{F}} \left| c_f - c_f(\mathscr{P}, n) \right| = \sup_{n \geqslant 1} \delta(\mathscr{P}, n)$$

达到最小的试验策略 $\mathscr{P}$. 细加琢磨, 这里有漏洞. 因为对于不同的 n, 试验区间的长度可能相差太远, 不可同等对待. 这就引导我们以相对误差代替绝对误差. 现在, n 步的相对误差为

$$\frac{\delta(\mathscr{P}, n) - \delta(\mathscr{F}_n, n)}{\delta(\mathscr{F}_n, n)} = F_{n+1} \delta(\mathscr{P}, n) - 1.$$

因此, 略去常数 -1, 可定义 $\delta(\mathscr{P}) = \sup_{n \geqslant 1} F_{n+1} \delta(\mathscr{P}, n)$, 并称之为**策略 $\mathscr{P}$ (在不定次数意义下) 的精度**. 留心这里从 $\delta(\mathscr{P}, n)$ 到 $\delta(\mathscr{P})$, 因为考虑相对偏差而增加了因子 F_{n+1}, 这个观察以后有用.

称 $\mathscr{P}$ 为**对称策略**, 如从第 2 步开始, 它在上次试验的剩余区间上依对称规则安排新试点. 之所以限于对称策略, 是因为在实践中, 构造复杂的策略的用处不大.

定理 3 (陈, 1977). 对于每一对称策略 $\mathscr{P}$, 有 $\delta(\mathscr{P}) \geqslant \delta(\mathscr{W})$. 换言之, 黄金分割法是对称策略中在不定次数意义下的最优策略.

此结果并不过瘾, 因为它只是已有方法的新解释, 并没有提供新方法. 进一步的结果见本文的末节.

§6.3   MH370

也许, 一开头看不出搜索失联飞机与上面所介绍的优选法有何关联.

图 12   2014 年 3 月 25 日发布的马航 MH370 路线图

这需要一点思考. 大家知道, 飞机上有一个信号源: 黑匣子. 这样, 找飞机就等于找信号最大的位置. 有一信息还可以大大简化我们寻找的精力, 那就是失联飞机的飞行路线. 图12的时间点是重要的, 因为黑匣子的电能尚未耗尽. 可惜路线图比较粗糙. 反之, 图13中马航 MH370 (左边为北、右边为南) 的路线已经很清晰, 可惜黑匣子已过期. 这样, 我们就丧失了宝贵的机会.

　　真是机不可失, 时不再来. 其实, 有了图 13, 我们的搜索就可以大大简化. 可将三维的搜索问题简化为一维: 首先, 在这条曲线找到信号最大的位置, 然后垂直向下的海底就应该是我们所要找的地方. 而沿曲线搜索问题就可用我们前面所讲的单因素 (单变量) 优选法. 为说明我们的分析是有道理的, 只需看看九个多月后失联亚航 QZ8501 的搜索, 它很快被找到, 是因为有一位乘客忘了关手机, 发出了微弱信号.

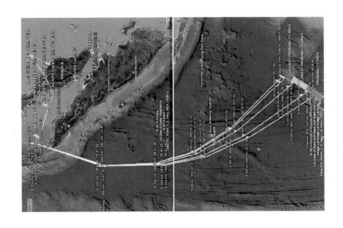

图 13　2014 年 5 月 2 日发布的马航 MH370路线图

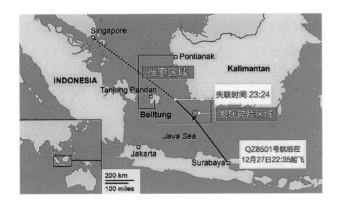

图 14　亚航 QZ8501 搜索区域 (2014 年 12 月 27–30 日)

§6.4 每批多个试点的优选法

马航 MH370 的搜索, 最多的时候有 26 个国家参加, 所以是 26 国联军. 与前面不同, 每步 (批) 可安排多个试点 (并行算法), 此时最优策略是什么? 为讨论此问题, 我们先限于以下试验策略类. 称 $\mathscr{P}$ 为**基本策略**, 如在第 j 步, 新试点和上次留下来的好点将实验区间分为长度分别为 α_j 和 β_j 两两相间的诸段.

$$\alpha_j \quad \beta_j \quad \alpha_j \quad \beta_j \quad \alpha_j$$

固定 $i \geqslant 1$, 我们先考虑每步 (批) $2i\,(i \geqslant 1)$ 个试点情形. 定义两种策略如下.

- 预定 n 步的基本策略 $\mathscr{E}_n^{(i)}$:

$$\alpha_1 = \frac{2(i+1)^{n-1} - 1}{2(i+1)^n - 1}, \qquad \beta_1 = \frac{1}{2(i+1)^n - 1}.$$

- 不定步数的基本策略 $\mathscr{E}^{(i)}$: 对于每一个 j, $\alpha_j = \beta_j$, 即每一步将区间等分.

与前面一样, 可定义策略 $\mathscr{P}$ 的 **n 步精度**: $\delta(\mathscr{P}, n) = \sup_{f \in \mathscr{F}} |c_f - c_f(\mathscr{P}, n)|$. 然后可算出

$$\delta(\mathscr{E}_n^{(i)}, n) = [2(i+1)^n - 1]^{-1} =: E_n^{(i)^{-1}},$$
$$\delta(\mathscr{E}^{(i)}, n) = [(2i+1)(i+1)^{n-1}]^{-1}.$$

由此可定义每步 $2i$ 个试点, **不定步数的精度** $\delta(\mathscr{P}) = \sup_{n \geqslant 1} E_n^{(i)} \delta(\mathscr{P}, n)$. 我们注意, 当 $n \to \infty$ 时, $\mathscr{E}_n^{(i)}$ 退化. 此时不存在无穷远处的最优策略. 但在我们不定步数意义下, 此问题有很简单的解答.

定理 4 (陈, 1977). 设每步 $2i$ 个试点. 则在通常情况下, 基本策略 $\mathscr{E}^{(i)}$ 都在不定步数意义下最优. 仅有的例外是当 $i=1$ 时, $\mathscr{E}^{(1)}$ 第一步 (也仅有此步) 的两个试点需修正为

$$\alpha_1 = \frac{3}{7}, \qquad \beta_1 = \frac{1}{7} \qquad (\text{非均分}).$$

最后考虑每步 $2i-1\,(i \geqslant 1)$ 个试点. 此时, 依照定与不定步数两种情形, 我们分别有广义分数法与广义黄金分割法. 先定义**广义 Fibonacci 数列**:

$$F_0^{(i)} = F_1^{(i)} = 1, \quad F_n^{(i)} = i(F_{n-1}^{(i)} + F_{n-2}^{(i)}), \quad n \geqslant 2.$$

现在可陈述这两种方法. 为此, 只需写出相应的 α_1 和 β_1. 自此以后, 除非确有必要, 我们略去 $F_n^{(i)}$ 的上标 i 不写.

- **n 步广义分数法**: $\alpha_1 = F_n/F_{n+1}, \quad \beta_1 = F_{n-1}/F_{n+1}.$

- **广义黄金分割法**: $\alpha_1 = \omega(i), \quad \beta_1 = \omega(i)^2$, 其中

$$\omega(i) = \lim_{n \to \infty} \frac{F_n}{F_{n+1}} = \frac{\sqrt{i(i+4)} - i}{2i}.$$

每步 $2i-1$ 个试点, **不定步数的精度**定义为 $\delta(\mathscr{P}) = \sup_{n \geqslant 1} F_n^{(i)} \delta(\mathscr{P}, n).$

定理 5 (陈与黄, 1995). 设每批 $2i-1$ 个试点, 则在不定批数意义下基本策略类中的最优者为

$$\alpha_1 = \left\{ \frac{1}{i} \left[\frac{i+1}{2} \right] + \chi(i)\omega \right\} \omega, \qquad \beta_1 = \frac{1}{i} - \alpha_1, \qquad \omega := \omega(i),$$

其中 $[x]$ 为不超过 x 的最大整数,

$$\chi(i) = \begin{cases} 0, & \text{如 } i \text{ 为奇数,} \\ 1, & \text{如 } i \text{ 为偶数.} \end{cases}$$

除非 $i = 1$, 这不同于广义黄金分割法 $\mathscr{W}^{(i)}$.

对于更一般情形, 每批的试验次数任意给定, 在不定批数意义下的最优策略目前还是一个待解问题. 当然, 在给定批数条件下的解答早就知道了. 例如见 [8, 10]. 这里, 我们只讨论了单因素, 对多因素情形, 自然有更多的选择, 有更大的灵活性. 我们顺便指正: 如同在其他领域一样, 在数学上, 也需要有很强的鉴赏能力和批判意识. 例如在多因素情形, 有单纯形法 (俗称翻跟斗法) 及其变形, 如矩形调优法. 这两种方法表面上雷同, 但在数学原理上却有优劣之分. 详见 [10; 第 83–84 页] 或 [12; 第 91–93 页]. 更多方法可参考 [9]~[13]. 对于优选法更新一些的进展, 也许可参考 [6, 4]. 本文涉及 MH370 的想法也许将来在处理相关课题时会有点用处. 作者衷心希望《优选学》这门数学分支学科能够有更大的发展.

参考文献

[1] 陈木法 (1977). 论不定次(批)条件下单因素优选问题的最优策略. 贵阳师范学院学报 第 3 期: 117–134.

[2] 陈木法 (1979). 试论"必须设对照试验的优选法". 北京师大学报 第 4 期: 1–6.

[3] Chen, M.F. and Huang, D.H. (1995). *On the optimality in general sense for odd-block search*. Acta Math. Appl. Sin. 11(4): 389–404.

[4] Conn, A.R., Scheinberg, K., Vicente, L.N. (2009). *Introduction to Derivative-Free Optimization*. SIAM, Philadelphia, PA.

[5] Kiefer, J. (1953). *Sequential minimax search for a maximum*. Proc. Amer. Math. Soc. 4: 502–506.

[6] Kolda, T.G., Lewis, R.M., Torczon, V. (2003). *Optimization by Direct Search: New Perspectives on Some Classical and Modern Methods*. SIAM REVIEW 45(3): 385–482.

[7] 洪加威 (1973). 论黄金分割法的最优性. 数学的实践与认识 2: 34–41.

[8] 洪加威 (1974). 论批数不限定情况下一维优选问题的最优策略. 中国科学 2: 131–147.

[9] 齐念一[华罗庚] (1971). 优选法平话. 北京: 科学出版社.

[10] 华罗庚 (1981). 优选学. 北京: 科学出版社.

[11] 华罗庚 (1984). 华罗庚科普著作选集. 上海: 上海教育出版社.

[12] Hua, L.K., Wang, Y. and Heijmans, J.G.C. (1989). *Popularizing Mathematical Methods in the People's Republic of China: Some Personal Experiences* Birkhëauser Boston.

[13] Wilde, D.J. and Beightler, C.S. (1967). *Foundations of Optimization*. Prentice-Hall, Inc., Englewood Cliffs, N.J. 中译本: 优选法基础 (1978). 龙云程译, 北京: 科学出版社.

致谢: 本文根据以下讲座整理而成: 江苏师大 (2014 年 10 月), 北京师大第七届数学夏令营 (2015 年 7 月), 东北师大 (2015 年 8 月), 吉林大学 (2016 年 6 月), 浙江大学 (2016 年 9 月), 四川大学 (2016 年 11 月) 和山东大学 (威海) (2016 年 12 月). 作者衷心感谢谢颖超、许孝精、史宁中、白志东、郭建华、陶剑、王德辉、韩月才、李勇、包钢、吕克宁、彭联刚、刘建亚、李娟和台湾许顺吉等教授的热情款待和他们单位的资助. 台北数学研究所的黄启瑞、姜祖恕和周云雄等研究员及弟子们也专程参加报告会 (2017 年 4 月), 谨致谢忱. 同时感谢国家自然科学基金重点项目 (No. 11131003), 教育部 973 项目和江苏高校优势学科建设工程项目的资助.

作者非常感谢黄馨霈和王静雯两位助理的精心排版, 感谢李宣北教授的大力支持和帮助.

双边 Hardy 不等式及其几何应用

本文由如下四部分构成:

注: 本文原载《数学传播》2013, 第 37 卷第 2 期, 第 12–32 页. 文中的最后一幅图(见图 3)及其说明是此稿新增的. 转载于《数学通报》2013, 第 52 卷第 8、9 期, 每期各 6 页.

图 1　陈院士在演讲

今天要谈的是双边的 Hardy 不等式及其在几何中的应用. 双边的 Hardy 不等式可能很多人不是特别熟悉, 我会慢慢介绍. 事实上, Hardy-type inequality 是调和分析中很大的一个主题.

下面分三个小标题, 第一个是背景介绍, 第二个是今天的主题 Hardy-type inequality (Hardy-type 不等式), 第三个是几何应用, 介绍的主要是这两年的工作.

§7.1　背景介绍

大概在 1970 年代, 也就是四五十年前, 数学重新回归自然. 一个代表性的例子就是概率论 (几率论) 跟统计力学的交叉形成的新的研究领域. 当年, 我们就是走这个被称为交互作用的粒子系统 (interacting particle system) 的研究方向. 统计力学研究的中心问题当然是相变现象 (Phase Transition). 相变现象的数学是无穷维的数学. 无穷维数学的工具很少, 所以要四处找工具. 因为这个原因, 我寻访过计算数学 (获知其中的三对角线矩阵算法), 也寻访过泛函分析、几何代数、数学物理方法等, 发现几何做得比较精彩. 几何里面做了许多估计的工作, 所以我们就去学几何. 随后不久, 发现概率方法也能证明几何结果, 这大概是在 1992 年, 我们开始做一点几何的估计. 然后大约在 1999 年, 有个很大的发现, 发现调和分析, 也就是 Hardy 不等式[12] 这个工具对我们很有用. 当时的十个判准全是在知道 Hardy 不等式以后才展开的、才完成的. 十多年过去了, 大概就这两年, 我们才想到用概率方法也能做 Hardy-type 不等式, 由此迎来了新的篇章.

概率 (几率) 论的一个特点就是跟其他领域比较起来相对年轻, 所以比较开放. 一方面, 概率理论是在数学好多分支的抚育下成长起来的; 另一方面, 最近这些年来, 几率的一些思想也渗透到很多其他的数学分支. 今天讲的就是一个例子, 是几率应用于其他数学分支的一种比较深入的结果. 同时, 也希望让年轻的朋友体会一下数学的功夫. 我觉得做数学很大的程度要靠功夫, 靠硬功夫.

§7.2 Hardy-type 不等式

谈到 Hardy-type 不等式, 当然要从老 Hardy 不等式开始. 老 Hardy 不等式是 1920 年提出的. 这个不等式非常简练.

$$\boxed{\int_0^\infty \left(\frac{1}{x}\int_0^x f\right)^p \mathrm{d}x \leqslant \left(\frac{p}{p-1}\right)^p \int_0^\infty f^p, \qquad f \geqslant 0,\ p > 1}$$

这就是 Hardy 在 1920 年提出的不等式. 这里及随后, Lebesgue 测度 $\mathrm{d}x$ 常略去不写. 还有一种写法把 0 到 x 局部的积分, 写成 $Hf(x)$. 这个 H 是为了纪念 Hardy 而通行的记号, 称为 **Hardy** 算子. 利用算子 H, 上式可改写成

$$\int_0^\infty \left(\frac{1}{x}Hf(x)\right)^p \mathrm{d}x \leqslant \left(\frac{p}{p-1}\right)^p \int_0^\infty f^p. \qquad \boxed{\text{常数 } \frac{p}{p-1} \text{ 精确}}$$

还有一个更方便的解释: 把左边改成离散的求和, 0 到 x 的部分和的平均就是算术平均, 左边就是算术平均的 p 阶矩 (moment), 不等式成为 f 的算术平均的 p 阶矩小于或等于 f 本身的 p 阶矩乘以常数 $[p/(p-1)]^p$, 这样就特别容易记住:

$$\|Af\|_{L^p(\mathrm{d}x)} \leqslant \frac{p}{p-1}\,\|f\|_{L^p(\mathrm{d}x)}.$$

---

[12]Godfrey Harold Hardy (1877—1947), English mathematician, best known for his achievement in number theory and mathematical analysis.

Hardy 为什么要证明这个不等式呢? 他是为了寻找 Hilbert 的一个定理的初等证明. Hilbert 定理讲的是离散的级数, 证明一个 2 重级数 (Series) 的收敛性. Hilbert[13] 的证明是用傅立叶分析 (Fourier Analysis), Hardy 质疑一个初等的级数的收敛性为什么要用傅立叶分析, 嫌它太"高级", 认为应当有一个初等的证明. 所以 Hardy 就引进这么一个不等式, 让这个 2 重级数的和用一个单重级数的和来控制, 这是引出这个不等式的原因. Hardy 这篇文章主要讨论的是离散级数的情况, 很奇怪的是他同时也把连续 (continuous) 的情况写出来, 但是没有给出证明. 这是 1920 年的文章. 如果 $p = 2$, Hardy 不等式就成为 Poincaré 不等式, 这个不等式我们做得更久, 也更老一点, 1880 年代时就提出来了, 所以 Poincaré[14] 不等式要比 Hardy 不等式更早一点. 这个非常简单的不等式, 实际上牵扯那个时代的三位顶尖的数学家, 我认为当时最前面的三位数学家就是这三位. 所以很好玩, 这么简单的数学, 牵扯了这么多一流的数学家.

看到这么简单的不等式, 大家都会想要自己证它一下. 我想对学数学的人来说这个很要紧, 因为数学是做出来的, 不是读出来的, 更不像看戏那样就能看会的. 所以遇到什么问题, 就想自己证明它一下. 在这里, 首先容易联想到 $L^p(\mu)$ 的性质, 这里 μ 是概率测度 (measure). 不等式的左方的被积函数是关于概率测度 $\frac{1}{x}\int_0^x$ 的一阶矩的 p 次方, 它受控于关于此测度的 p 阶矩. L^p 就是 p 阶矩, 这个矩所对应的范数 (norm) 有一个单调上升 (monotone increasing) 的性质, 当 $p > 0$ 时, $L^p(\mu)$ 范数关于 p 单调上升. 有了这一点概念, 就可以给出证明:

$$\int_0^\infty \left(\frac{1}{x}\int_0^x f(y)\mathrm{d}y\right)^p \mathrm{d}x \leqslant \int_0^\infty \left(\int_0^x f(y)^p \mathrm{d}y\right)\frac{\mathrm{d}x}{x}$$
$$= \int_0^\infty f(y)^p \mathrm{d}y \boxed{\int_y^\infty \frac{\mathrm{d}x}{x}} \quad \text{(由 Fubini 定理)}$$
$$= \infty,$$

倒数第二行中的 $1/x$ 积出来是无穷大, 所以这个结论没有用. 于是第一轮证明失败了.

我们不必为此感到灰心丧气, 实际上这个不等式的证明也不是平凡的. 之前提到过, Hardy 在 1920 年写出这个不等式但是没有给证明, 这个不等式的证明是五年之后 (1925 年) 才发表的. 所以其证明并不是平凡的, 不能一下子就看出来. 让我们回头看看在哪里摔跤. 这个证明问题就在 $1/x$ 是个发散积分 (divergent integral). 把 $1/x$ 修改一下, 改成 $\frac{1}{x^{1+\delta}}$, 就会变成一个收敛积分 (convergent integral). 这样, 我们可将上面的论

[13]David Hilbert (1862—1943), German mathematician, one of the most influential and universal mathematician of the 19th and 20th centuries.
[14]Jules Henri Poincaré (1854—1912), French mathematician, theoretical physicist, engineer and a philosopher of science, excelled in all fields of the discipline as it existed during his lifetime.

证重写如下:

$$\int_0^\infty \left(\frac{1}{x}\int_0^x f(y)\mathrm{d}y\right)^p \frac{\mathrm{d}x}{x^\delta} \leqslant \int_0^\infty \left(\int_0^x f(y)^p\mathrm{d}y\right)\frac{\mathrm{d}x}{x^{1+\delta}}$$

$$= \int_0^\infty f(y)^p\mathrm{d}y \boxed{\int_y^\infty \frac{\mathrm{d}x}{x^{1+\delta}}} \quad \text{(由 Fubini 定理)}$$

$$= \frac{1}{\delta}\int_0^\infty f(y)^p \frac{\mathrm{d}y}{y^\delta} \quad \boxed{\forall \delta > 0,\ f \geqslant 0}.$$

这个改变很多时候可能就不平凡, 这就是绝地逢生. 别人看没路可走, 我们却走出一条路来. 可惜所得到的结果并不是我们所要的 Hardy 不等式. 该怎么回到 Hardy 不等式呢? 也就是需要将最后一行中的分母 y^δ 去除, 就有希望了. 移除分母最简单的方法就是变量替换 (variable substitution), 将不等式两边的 f 改写成 g:

$$\text{设 } g(y) = f(y^{1+\gamma})\,y^\gamma, \qquad \gamma = \frac{\delta}{p-1}, \qquad \delta = 1,$$

这个一看就知道是变量替换公式. 这一步可说是神来之笔, 用了这一个步骤后, 答案就呼之欲出, 回到 Hardy 不等式了. 实际上, 这个 δ 是最小化的解, 等于 1, 如果要知道答案, 把 δ 代进去就完了, 但这当中包含了很深刻的道理. 这样, 我们就完成了 Hardy 不等式的证明.

这个证明我自己觉得相当神奇. 实际上 Hardy 1925 年的证明之后, 经过了 40 年, 这个证明才由 E. K. Godunova[15] 找到. 尽管他的文章在 1970 年, 也就是五年后翻译成英文, 在中研院数学所的图书馆可以找到这篇文章的资料, 但是实际上没有人注意到这个工作. 之后又过了差不多 40 年的时间, 在 2002 年 Stein Kaijser[16], Lars-Erik Persson[17] 和 Anders Öberg[18], 发表了一篇文章[19], 重新发表这个证明, 这时候大家才注意到有一个很简单的方法来证明这个不等式, Hardy 始终不知道有这样一个证明.

这是一个十分漂亮的证明, 可以体现我第一个想说的话, 体现出数学的功夫. 有功夫能看出来, 没有功夫还是不行. 当然, 这个 Hardy 不等式太简单了. 说实话, 我在做这个方向的早期就知道, 但是它对我来说没有什么用处, 因为太简单了. 如果熟悉随机过程, 看看其对应的算子就知道这太简单了, 只是一种非常特别的情况, 没有太多用处, 所以就要往前走. 接下来的故事就蛮长的, 因为要一步一步发展.

[15]E.K. Godunova, Russian mathematician.
[16]Stein Kaijser, working in Uppsala University, Sweden.
[17]Lars-Erik Persson, working in Lulea University of Technology, Sweden.
[18]Anders Öberg, working in University College of Gavle, Sweden.
[19]Kaijser, Stein; Persson, Lars-Erik; Öberg, Anders, On Carleman and Knopp's inequalities. J. Approx. Theory 117 (2002), no. 1, 140 – 151.

刚才的 Hardy 算子写法是这个样子,

$$\int_0^\infty \left(\frac{1}{x}Hf(x)\right)^p \mathrm{d}x \leqslant \left(\frac{p}{p-1}\right)^p \int_0^\infty f^p$$

或等价地

$$\|Hf\|_{L^p(x^{-p}\mathrm{d}x)} \leqslant \frac{p}{p-1}\|f\|_{L^p(\mathrm{d}x)}.$$

现在用另一个观点来看, 左方老 Hardy 处理的是 Hf 的 L^p 范数 (norm), 针对的是测度 $x^{-p}\mathrm{d}x$. 当然, 上式左、右的两个测度都很简单, 因为简单, 所以下一个任务就要推广一下. 把两边的测度换成一般的、抽象的 Borel 测度 $(x^{-p}\mathrm{d}x, \mathrm{d}x) \rightarrow (\mu, \nu)$, 就变成非常一般的形式:

$$\|Hf\|_{L^p(\mu)} \leqslant A\|f\|_{L^p(\nu)},$$

这就是今天所要讲的 **Hardy-type** 不等式. 从现在开始, 为节省记号, 不等式中的常数 A 均指最佳常数. 这个 Hardy-type 不等式经历了大约五十年, 约在 1970 年前后, 这个不等式才研究得比较完整, 有多篇文章, G. Talenti (1969), G. Tomaselli (1969), R. S. Chisholm & W. N. Everitt (1970— 1971) 等, 其中 B. Muckenhoupt 在 1972 年发表的文章[20] 被引用得多一点, 时间上也晚一点. 其他的文章, 例如 M. Artola (1968—1969) 和 D. W. Boyd & J. A. Erdös (1972) 根本没有发表, 因为知道别人已经写出来了, 所以即使投稿了的稿件也自己撤回. 总之, 这里已经牵扯六篇文章.

下一步想想能不能再推广到更一般的 p 和 q:

$$\|Hf\|_{L^q(\mu)} \leqslant A\|f\|_{L^p(\nu)},$$

这个时候不等式的两边几乎对等了. 但一边是 L^p, 另一边是 L^q, 难度又增加了. 差不多又做了 20 年, 经过 P. Gurka (1984), E. N. Batuev & V. D. Stepanov (1989), 直到 1990 年 B. Opic & A. Kufner 才做得比较完整. 应当说, 这种 (p,q) 情形也很早就被注意到了, Hardy 本人在 1930 年就开始做一些特殊的情况 (G. H. Hardy & J. E. Littlewood, 1930), 不过这篇也没有发表. 最后指出, *Hardy-type Inequalities* [21] 是一本专著, 总结了之前的故事, 是关于 Hardy 不等式比较经典的著作.

再往下说之前, 还要提一下, 总体的目标是用测度 μ 和 ν 来算出 A 的一个较好的估计(当然, 如能精确就更好). 回忆 Hf 是 f 从 0 到 x 的积分. 如果将 Hf 改写成 f, 原

---

[20]Muckenhoupt, Benjamin. (1972). *Weighted norm inequalities for the Hardy maximal function*. Trans. Amer. Math. Soc. 165: 207–226.

[21]B. Opic and A. Kufner. (1990). *Hardy-type Inequalities*, Longman, New York: Pitman Research Notes in Mathematics Series.

本的 f 就成为 f'. 这样改写后, 左边就成为 f 的 q 阶范数, 右边就变成 f' 的 p 阶范数, 再将区间改成更广一些的从 $-M$ 到 $N (M, N \leqslant \infty)$ 的区间, 我们得到如下形式的 Hardy-type 不等式:

$$\left(\int_{-M}^{N} |f|^q \mathrm{d}\mu \right)^{\frac{1}{q}} \leqslant A \left(\int_{-M}^{N} |f'|^p \mathrm{d}\nu \right)^{\frac{1}{p}}.$$

当然, 这个不等式也可以写成

$$\|f\|_{\mu,q} \leqslant A\|f'\|_{\nu,p}.$$

这样一写, 就要小心. 原来的 Hardy 算子初值为 0, 是 0 到 x 的积分. 所以新的函数 f 在左端点要等于 0, 边界条件要写上: $f(-M) = 0$. 事实上, 这时候可以写两个边界条件: $f(-M) = 0$ 和 $f(N) = 0$. 两个边界条件就是今天的主题—— 双边的 **Hardy-type** 不等式. 在双边的时候, 不能写成单边的 Hardy 算子的形式, 尤其你由一个 0 初值出去, 只要非负、非零, 积分后就不可能再回到 0, 所以不可能写成 Hardy 算子的形式. 这样, 前面的单边情形变换 $(Hf, f) \to (f, f')$ 前后没有差别, 但是后面的双边情形就有不同. 后者是今天讨论的主要情况.

因为这个题目很多人不熟悉, 所以我要强调一下. 这是相当时髦的题目, 就我所知, 总共已有五本书讨论过这个题目.

[1] Opic, B. and Kufner, A. (1990). *Hardy-type Inequalities*. Longman, New York.

[2] Kufner, A. and Persson, L.E. (2003). *Weighted Inequalities of Hardy-type*. World Scientific, Singapore.

[3] Kufner, A., Maligranda, L. and Persson, L.E. (2007). *The Hardy Inequality: About its History and Some Related Results*. Pilsen, Vydavatelsky Servis.

[4] Kokilashvili, V., Meshki, A. and Persson, L.E. (2010). *Weighted Norm Inequalities for Integral Transforms with Product Weights*. Nova Sci. Publ., New York.

[5] Maz'ya, V. (2011). *Sobolev Spaces with Applications to Elliptic Partial Differential Equations* (2nd Ed.). Springer, Heidelberg.

第一本书是刚才提到的 1990 年的名著. 之后的四本都是最近十年出现的著作. 前三本的书名中都有 Hardy 不等式或是 Hardy-type 不等式. 第四本书名中没有提到 Hardy 不等式, 但是 weighted norm inequalities 完全是 Hardy 不等式, 只不过做的是高维的 Hardy 不等式. 第三本书谈的是历史, 内容是好玩的. 一个分支的研究状况, 如果东西少, 就没有历史可谈; 这里边讲了许多历史, 说明这个题目已经有了充分的发展. 第五本书的标题也没有 Hardy 不等式, 因为这本书有 894 页, Hardy 不等式只是其中一部分.

一开始的时候, 我提过想要用谱理论、特征值理论来研究相变现象. 我做了整整十年之后, 还不知道有 Hardy-type 不等式, 我只知道有古典的 Hardy 不等式, 而不知道有这么一般的 Hardy-type 不等式. 这个一般的不等式对我来说是个非常迷人的. 知道这个就不得了, 好多东西都做出来了, 对我们帮助非常大. 比如说大家可能听说过的 Log-Sobolev 不等式. Log-Sobolev 不等式我们也做了几十年, 但是其判准只是因为有了 Hardy-type 不等式后才找到的. 很多很要紧的结果就是因为用了 Hardy-type 不等式, 所以我们十年中不断地用. 我有一个列表, 一维情形有十个判准. 在当时被称为十大准则. Hardy-type 不等式为什么在调和分析中有如此地位就是因为它是很要紧的、核心的一个问题. 然后大约在两年前 (2010 年), 我们找到反向的、原来的 Hardy 理论中没有的东西, 引导我们往这个方向发展.

在讲我的结果之前, 先解释一下记号. 第一个是测度 $\hat{\nu}$, 它是由测度 ν 的绝对连续部分 (absolutely continuous part) 导出的. 接下来所有的事情都要通过测度 μ 和 $\hat{\nu}$ 表示出来, 所以 $\hat{\nu}$ 是很要紧的.

$$\boxed{\hat{\nu}(\mathrm{d}x) = \hat{\nu}_p(\mathrm{d}x) = \left(\frac{\mathrm{d}\nu^{\#}}{\mathrm{d}x}\right)^{\frac{-1}{p-1}} \mathrm{d}x} \qquad \nu^{\#}: \nu \text{ 的绝对连续部分},$$

此处需要假定 $\nu^{\#}$ 的密度非零, 否则可用极限过渡. 接着需要常数 $k_{q,p}$:

$$\boxed{k_{q,p} = \left(1 + \frac{q}{p'}\right)^{\frac{1}{q}} \left(1 + \frac{p'}{q}\right)^{\frac{1}{p'}}} \qquad \boxed{\leqslant 2 \text{ 若 } q \geqslant p},$$

其中 p' 是 p 的共轭指数: $1/p + 1/p' = 1$. 后面要用到的这个 $k_{q,p}$, 当 $q = p$ 时是精确的; 当 $q \neq p$ 时, 可换成更小一些的精确常数, 此处略去. 这个式子不需要记住, 只要知道 $k_{q,p}$ 永远小于或等于 2. 所以粗糙地讲, 把 $k_{q,p}$ 当成 2 好了. 有了这两个记号后, 就可以进入今天的第一个主要结果.

定理 1 (陈, Acta Math. Sin. Eng. Ser. 2013). 在 Hardy-type 不等式中的最佳常数 A 满足

(1) $\boxed{A \leqslant k_{q,p} B^*}$ 如 $1 < p \leqslant q < \infty$ 且 $\mu_{pp} = 0$.

(2) $\boxed{A \geqslant B_*}$ 如 $1 < p, q < \infty$, 其中

$$B^* = \sup_{x \leqslant y} \frac{\mu[x,y]^{\frac{1}{q}}}{[\hat{\nu}[-M,x)^{\frac{q(1-p)}{p}} + \hat{\nu}[y,N]^{\frac{q(1-p)}{p}}]^{\frac{1}{q}}}, \qquad B_* = \sup_{x \leqslant y} \frac{\mu[x,y]^{\frac{1}{q}}}{[\hat{\nu}[-M,x)^{1-p} + \hat{\nu}[y,N]^{1-p}]^{\frac{1}{q}}}.$$

此外, 当 $q \geqslant p$ 时, 我们有 $\boxed{B_* \leqslant B^* \leqslant 2^{\frac{1}{p} - \frac{1}{q}} B_*}$.

换言之, 最佳常数 A 有上、下控制, 分别由 (1) 和 (2) 给出. B^* 和 B_* 这两个表达式由测度 μ 和 $\hat{\nu}$ 完全刻画. 只是对于上界, 需要一些条件: q 要大于或等于 p, 测度 μ 要连续. 熟知测度 μ 的分解有三部分: 第一部分绝对连续, 第二部分奇异连续 (singularly continuous), 第三部分是纯点的 (discrete), 这里假定纯点是 0, 也就是 $\mu_{pp} = 0$, 没有纯跳的部分. 我们着重指出: 上界估计是最重要、最有用的东西. 如果把 (1) 中的条件都去掉, 会是什么情况, 目前还没有答案. 所以这里是一个有待开垦的地盘, 还有很多的问题.

讲一下这个定理有哪些漂亮的地方. 首先, 第一个优点是上、下界相差的常数是 universal (即是一个普适常数), 是一个普适常数, 跟测度没有关系. 第二个优点是这里有两个边界, 一个是 $-M$, 另一个是 N. M 和 N 都可以是无穷大. 那么边界条件 $F(-M) = 0$, 如果 M 是无穷大, 表示趋于负无穷大时 F 趋于 0. 两个边界, 一个 $-M$, 一个 N, 这两个边界在这两个常数中是对称的, 这是一个漂亮的地方. 无论是 B^* 或是 B_*, 这两个边界都是对称的, 这是第二个优点. 第三个优点, 如果不喜欢一个上、一个下, 只利用一个也是可以的. 因为 B^* 可以由 B_* 统一起来, 相差一个常数倍而已. 将这个常数倍放大, 写到第一行里, 这个新常数仍然是小于或等于 2. 如果 $q = p$, 两个常数就变成一个,

$$B^* = B_* = \sup_{x \leqslant y} \frac{\mu[x,y]^{\frac{1}{q}}}{[\hat{\nu}[-M,x)^{1-p} + \hat{\nu}[y,N]^{1-p}]^{\frac{1}{q}}},$$

这又是另一个优点. 最后一个优点, 我做的这个双边的, 可以回到单边. 如果把第二加项 $\hat{\nu}[y,N]$ 去掉, 那么 y 不起作用, 可取为 N, 因此 N 的边界条件就不起作用, y 就可以移到 N 那边, 就变成单边. 所以右边的边界条件不起作用, 就变成单个边界条件, 这个表达式就变得非常简单. 因为那项去掉后, 分母可以倒过来, 就很简单. 如果把第一项 $\hat{\nu}[-M,x]$ 去掉, 因为是对称的, 边界条件就变成在右边. 也就是

去掉 $\hat{\nu}[y,N]$, 得到 $\boxed{f(-M) = 0}$, $B^- = \sup_x \mu[x,N]^{\frac{1}{q}} \hat{\nu}[-M,x)^{\frac{p-1}{p}}$.

去掉 $\hat{\nu}[-M,x)$, 得到 $\boxed{f(N) = 0}$, $B^+ = \sup_y \mu[-M,y]^{\frac{1}{q}} \hat{\nu}[y,N]^{\frac{p-1}{p}}$.

总结起来, 我们所研究的 **Hardy-type** 不等式是

$$\text{在 } (-M, N) \text{ 上,} \quad \|f\|_{\mu,q} \leqslant A\|f'\|_{\nu,p},$$

其中 μ 和 ν 是 Borel 测度. 对于单边情形, 如 $f(-M) = 0$, 即左边 = 0, 最佳常数写成 A^-; 如果右边 = 0, 最佳常数写成 A^+. 区分开来, 这时候就有了以下这个定理:

定理 2. 令 $q \geqslant p$, 则 $B^{\pm} \leqslant A^{\pm} \leqslant k_{q,p}B^{\pm}$, 其中

$$B^- = \sup_{x} \mu[x, N]^{\frac{1}{q}} \, \hat{v}[-M, x)^{\frac{p-1}{p}},$$

$$B^+ = \sup_{y} \mu[-M, y]^{\frac{1}{q}} \, \hat{v}[y, N)^{\frac{p-1}{p}}.$$

这就回答前面说的, 从 1920 年到 1990 年 70 年研究的结果, 就是这个结果. 容易看出, 从后一个定理到前一个, 有相当的跨度.

现在的问题是, 该如何从单边走向双边, 这是我的核心问题, 也是困难的地方. 原本 $p = q = 2$ 时, 我们会证明. 最早的发现, 也就是从这个地方发现的. 只是那是在用了三大工具、经五个步骤后才做出来的[22], 所以很辛苦. 但是我还是不甘心, 觉得这样简单的问题, 为什么需要那么大的工具, 特别是需要容度 (capacity) 等等. 经过长时间的摸索, 才找到新的办法. 下面要讲的就是这个新的证明. 相信许多读者, 不论是经验老到的或是初学者, 都会在此处停下来, 想想能否找到自己的证明.

在介绍我们的证明之前, 让我们回顾一下, 单边的情形结论已经有了. 现在, 我们在 $-M$ 跟 N 的区间中间加了一个点 θ, 将区间分成两部分.

令 A_{θ}^- 为在 $(-M, \theta)$ 上, 当 $f(-M) = 0$ 时的最佳常数;

令 A_{θ}^+ 为在 (θ, N) 上, 当 $f(N) = 0$ 时的最佳常数.

加了这个点 θ 后, 变成两个单边. 在左边这个半区间里关心的是左端点 $-M$, 在另一个半边关心的是右端点 N, 然后将刚才的结果重写一次, 得到下面的结果. 这个与上面的差别, 从左边半区间看, 无非是用 θ 代表先前的 N; 从右边半区间看, 无非是用 θ 代表先前的 $-M$; 也就是换一下记号而已. 这是下面我们要用到的已知结果.

令 $\boxed{q \geqslant p}$,   则我们有 $B_{\theta}^{\pm} \leqslant A_{\theta}^{\pm} \leqslant k_{q,p} B_{\theta}^{\pm}$, 其中

$$B_{\theta}^- = \sup_{x<\theta} \mu[x, \theta]^{\frac{1}{q}} \, \hat{v}[-M, x)^{\frac{p-1}{p}},$$

$$B_{\theta}^+ = \sup_{y>\theta} \mu[\theta, y]^{\frac{1}{q}} \, \hat{v}[y, N)^{\frac{p-1}{p}}.$$

---

[22]参考拙文: Speed of stability for birth–death processes, Front. Math. China 5:3 (2010), 379–515.

现在, 我开始证明我们的上界估计: $\boxed{k_{q,p}B^* \geqslant A}$. 首先, 改写 B^*:

$$B^* = \sup_{x \leqslant y} \frac{\mu[x,y]^{\frac{1}{q}}}{[\hat{v}[-M,x]^{\frac{q(1-p)}{p}} + \hat{v}[y,N]^{\frac{q(1-p)}{p}}]^{\frac{1}{q}}}$$

$$= \left\{ \sup_{x \leqslant y} \frac{\mu[x,y]}{\hat{v}[-M,x]^{\frac{q(1-p)}{p}} + \hat{v}[y,N]^{\frac{q(1-p)}{p}}} \right\}^{\frac{1}{q}}$$

$$=: \left\{ \sup_{x \leqslant y} \frac{\mu[x,y]}{\varphi(x) + \psi(y)} \right\}^{\frac{1}{q}}.$$

右方的分数可分拆, 然后使用合分比定理 (proportional property) 得出

$$\frac{\mu[x,y]}{\varphi(x) + \psi(y)} = \frac{\mu[x,\theta] + \mu(\theta,y)}{\varphi(x) + \psi(y)} \qquad \boxed{\theta \in [x,y]}$$

$$\geqslant \frac{\mu[x,\theta]}{\varphi(x)} \bigwedge \frac{\mu(\theta,y)}{\psi(y)},$$

此处 $x \wedge y = \min\{x,y\}$, 类似地, $x \vee y = \max\{x,y\}$. 两边对 θ 取上确界, 得

$$\frac{\mu[x,y]}{\varphi(x) + \psi(y)} \geqslant \sup_{\theta \in [x,y]} \left\{ \frac{\mu[x,\theta]}{\varphi(x)} \bigwedge \frac{\mu(\theta,y)}{\psi(y)} \right\}.$$

再对 $x \leqslant y$ 取上确界, 注意两个 sup 可交换, 得出

$$\sup_{x \leqslant y} \frac{\mu[x,y]}{\varphi(x) + \psi(y)} \geqslant \sup_{x \leqslant y} \sup_{\theta \in [x,y]} \left\{ \frac{\mu[x,\theta]}{\varphi(x)} \bigwedge \frac{\mu(\theta,y)}{\psi(y)} \right\}$$

$$= \sup_{\theta} \sup_{\theta \in [x,y]} \{\cdots\}$$

$$= \sup_{\theta} \left\{ \left[\sup_{x \leqslant \theta} \frac{\mu[x,\theta]}{\varphi(x)} \right] \bigwedge \left[\sup_{y \geqslant \theta} \frac{\mu(\theta,y)}{\psi(y)} \right] \right\}.$$

两边取 $1/q$ 次方, 完成了证明的第一步.

引理 3. $B^* \geqslant \sup_{\theta} (B_{\theta}^- \wedge B_{\theta}^+)$.

这里我们做了什么? 我们把两个单边的情况跟一个整体的双边的情况联系起来. 然而, 右方只是最小值, 那是不够的, 我们需要的是最大值. 由测度 μ 的连续性假定 $\mu_{pp} = 0$, 存在 $\bar{\theta}$ 使得 $B_{\bar{\theta}}^- = B_{\bar{\theta}}^+$, 当然更有

$$B^* \geqslant \sup_{\theta} (B_{\theta}^- \wedge B_{\theta}^+) \geqslant B_{\bar{\theta}}^-.$$

于是

$$
\begin{aligned}
k_{q,p}B^* &\geqslant (k_{q,p}B_{\bar\theta}^-) \vee (k_{q,p}B_{\bar\theta}^+) \\
&\geqslant A_{\bar\theta}^- \vee A_{\bar\theta}^+ \qquad \text{(上面所述的已知定理)} \\
&\geqslant \inf_\theta (A_\theta^- \vee A_\theta^+) \\
&\geqslant A \qquad \text{(分裂技术).} \qquad \square
\end{aligned}
$$

最后一步是两个半区间上的最佳常数与整个区间上的最佳常数的比较, 是典型的分裂技术, 其证明也不长, 我们十多年前就会了, 此处不再解释. 我们指出: 最后这一步及开头的定理 2, 都用到条件 $q \geqslant p$.

　　这个证明总共有三个要点, 第一个是分裂技术 (splitting technique); 第二个是 $\bar\theta$ 的使用, 做了一个"过河拆桥"的好事, 不需要将 $\bar\theta$ 解出, 过了河就拆了桥; 最后一个技巧就是使用合分比, 将上界估计证出来. 这个证明做出来的时候, 真会让人高兴得跳起来, 因为是这么漂亮又这么简单. 所以这是一个让我们很得意的证明. 实际上, 当我说那个复杂的表达式很漂亮, 可能很多人心里并不同意, 因为还是有点复杂. 我说它漂亮, 是因为我喜欢, 因为证明是这么漂亮, 所以当然会喜欢.

　　我已经证明了双边的 Hardy 的情况, 用概率 (几率) 的语言讲, 这是非常返 (Transient) 情形, 还有 Ergodic 的情况.

$$
\begin{aligned}
\|f\|_{\mu,q} &\leqslant A\|f'\|_{\nu,p} \qquad \text{Transient,} \\
\|f - \mu(f)\|_{\mu,q} &\leqslant A\|f'\|_{\nu,p} \qquad \text{Ergodic.}
\end{aligned}
$$

如果 μ 是概率测度, 自然考虑 Ergodic 情况. 若只是将两边等于 0 的边界条件都去掉, 那么所得不等式是平凡的, 因为恒等于 1 的常数 f 给出 $A = \infty$. 所以中间要减去一个概率测度的平均值. 这是概率论最重要的情形. 这种情形让我吃了许多苦头, 之前提到的三大工具、经五个步骤就是证明这种情形的平行结果. 然而, 刚才我们所用证明的方法完全可以套过来, 所以我们那个方法在发表的论文中至少用了三次. 它不仅能处理这种情况, 还能处理 Log-Sobolev 不等式 (Log-Sobolev inequality) 以及 Nash 不等式 (Nash inequality), 所以有好多的故事.

§7.3　几何应用

这最后十几分钟的时间我想跟大家讲应用, 这个 Hardy-type 不等式有什么用处. 现在给大家讲一个很简单情况的应用. 如果 $q = p$, 这些估计都能改进. 如果 $q \neq p$, 应该也可以改进, 但是还没做出来, 这是一个未解问题 [校稿注: 现已基本解决][23]. 我们考虑如下的 $q = p = 2$ 的特殊例子:

$$\|f\|_{\mu,2} \leqslant A\|f'\|_{\nu,2} \text{ on } (-M, N), \qquad f(N) = 0.$$

其中测度 μ 和 ν 来自微分算子:

$$L = a(x)\frac{\mathrm{d}^2}{\mathrm{d}x^2} + b(x)\frac{\mathrm{d}}{\mathrm{d}x}, \qquad C(x) = \int_\theta^x \frac{b}{a},$$

$$\boxed{\mu(\mathrm{d}x)} = \frac{\mathrm{e}^C}{a}(x)\mathrm{d}x, \qquad \boxed{\nu(\mathrm{d}x)} = \mathrm{e}^{C(x)}\mathrm{d}x,$$

$\theta \in (-M, N)$ 是一个参考点. 有趣的是, 最佳常数可写成

$$\boxed{A^2 = \lambda_0^{-1},}$$

其中 λ_0 是算子 L 的一个主特征值:

$$Lf = -\lambda_0 f, \qquad f \neq 0, \, f(N) = 0.$$

此处, 当 $M < \infty$ 时, 还需补充边界条件 $f'(-M) = 0$. 这就建立了不等式与特征值之间的关系. 一般地讲, 不等式是特征值的变分形式; 而特征值所呈现的特征方程是使不等式成为等式所导出的方程. 所以刚才讲的所有关于不等式最佳常数的估计都是特征值的估计. 在当前情况下, 有 μ 也有 ν, 我们真正用的不是 ν 而是 $\hat{\nu}$, $\hat{\nu}$ 在这里特别简单, $\hat{\nu}(\mathrm{d}x) = \mathrm{e}^{-C(x)}\mathrm{d}x$.

我们有以下的一般结果:

定理 4. 对于给定的算子 L, 存在系列 $\{\underline{k}_n\}_{n \geqslant 1}$ 和 $\{\bar{k}_n\}_{n \geqslant 1}$, 使得当 $n \uparrow$ 时,

$$\uparrow \underline{k}_n^{-1} \leqslant \lambda_0 = A^{-2} \leqslant \bar{k}_n^{-1} \downarrow.$$

换言之, 我们可以构造出两串数列, 一串升, 一串降, 慢慢靠近 λ_0. 实际上, 我相信它们都收敛于 λ_0, 但是还没有证出来. 特别地, 我们写出当 $n = 1$ 时的下界和上界如下.

---

[23]参见笔者的后续文章: "The optimal constant in Hardy-type inequalities", Acta Math. Sin., Eng. Ser. 2015, 31(5): 731–754.

推论 5. 对于一般的二阶微分算子 L, 我们有 $\underline{k}^{-1} \leqslant \lambda_0 \leqslant \bar{k}^{-1}$, 其中

$$\underline{k} = \sup_{x \in (-M, N)} \frac{1}{\sqrt{\psi(x)}} \int_{-M}^{N} \psi(\cdot \vee x) \sqrt{\psi}\, \mathrm{d}\mu,$$

$$\bar{k} = \sup_{x \in (-M, N)} \frac{1}{\psi(x)} \int_{-M}^{N} \psi(\cdot \vee x)\psi\, \mathrm{d}\mu,$$

$$\psi(x) = \hat{v}(x, N) = \int_{x}^{N} \mathrm{e}^{-C}, \qquad x \vee y = \max\{x, y\}.$$

当然, 这里的上、下界也是通过测度 μ 和 $\hat{v}$ 表出的, 适用于一般的算子. 下面考虑更特殊的情况.

例 6. 令 $(-M, N) = (0, 1)$, 且

$$a(x) \equiv 1, \quad b(x) = -(d-1)\alpha \tanh(\alpha x), \qquad x \in (0, 1),$$

其中 d 和 α 为给定的常数参数.

将常数 d 和 α 代入 $\bar{k}$ 和 $\underline{k}$, 产生如下的图形(见图2).

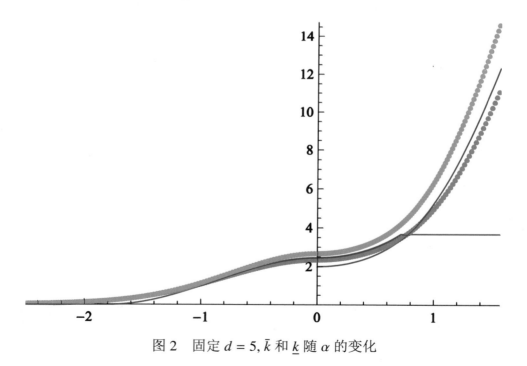

图 2　固定 $d = 5$, $\bar{k}$ 和 $\underline{k}$ 随 α 的变化

画图时, 将常数 d 固定为 5, 看上、下界随 α 的变动情况. 因为 α 可能是纯虚数 (随后给出表达式), 所以这里我们做了变换: $\alpha = \sqrt{-\mathrm{sgn}(x)}|x|$, $x \in (-2.5, \pi/2)$. 图中有两条

粗一点的曲线, 颜色深一点的(红色曲线)是下界估计, 颜色浅一点的 (橙色曲线) 是上界估计. 从图可以看出, 两条线相差最大的地方, 其倍数小于或等于 2. 左边几乎可以说是重叠, 这是画了图后才发现的. 一般情形在做很多例子的时候, 上、下界之比都小于或等于 2, 比 4 要改进一倍, 但是没想到会如此贴近. 这个贴近是很不寻常的发现, 因为负的时候更难, 允许无限, 在 -1 的地方就已经几乎重叠, 更别说比 -1 还小的情形.

在这个图中除了两条粗一点的曲线外, 还有两条细一点的曲线. 关于这两条细曲线的故事就很长了. 上图的意义来自几何. 考虑紧的黎曼流形 (Riemann Manifold), 假设无边, 因为是紧的, 所以谱值离散 (discrete spectrum), 考虑它的第一个非零的特征值 λ_1. 要点是用三个几何量做估计: 流形维数 d, 流形直径 D 和流形曲率的下界 K. 一个标准例子是 d 维单位球面:

$$\mathbb{S}^d : D = \pi, \; Ric = d - 1, \; \lambda_1 = d \qquad \forall d \geqslant 1.$$

为方便, 我们定义

$$\boxed{\alpha = \frac{D}{2}\sqrt{\frac{-K}{d-1}} \quad \text{如 } K \neq 0, \qquad \alpha = 0 \quad \text{如 } K = 0.}$$

著名的 Myers 定理断言: 当 $K > 0$ 时, $|\alpha| \leqslant \pi/2$.

如开头所说, 在几何中关于第一特征值有相当完整的研究. 当 $K \geqslant 0$ 时, 代表性成果如下表. 前三个结果对于单位高维曲面达到最优, 其中的第三个最好; 第四个是在单位圆、零曲率时达到最优, 被认为是几何中最艰深的结果. 上一张图中的两条细曲线, 其中在右方高一些的那一条 (高端夹在两条粗曲线内部)就是下面的第三个结果. 此处提及, 这里我们只列出最优估计而不可能谈及其他结果, 我们直奔目标而不顾细节. 详细文献可在文末的论文中找到.

作者	下界估计: $K \geqslant 0$ 情形
A. Lichnerowicz (1958)	$\dfrac{d}{d-1} K$
P.H.Bérard, G.Besson & S. Gallot (1985)	$d\left\{\dfrac{\int_0^{\pi/2} \cos^{d-1} t\, dt}{\int_0^{D/2} \cos^{d-1} t\, dt}\right\}^{2/d}, \; K = d-1$
Chen & F.Y. Wang (1997)	$\dfrac{dK}{(d-1)(1-\cos^d |\alpha|)}$
J.Q. Zhong & H.C. Yang (1984)	$\dfrac{\pi^2}{D^2}$

对于负曲率的情况, 有三个最优估计. 第二个优于第一个, 它们都在 $\alpha = 0$ 处达到最优. 第三个在曲率很负时优于第二个, 但它们自身不能比较.

作者	下界估计: $K \leqslant 0$ 情形
H.C. Yang (1989) F. Jia (1991) $\boxed{d \geqslant 5}$ Chen & F.Y. Wang (1994)	$\dfrac{\pi^2}{D^2} e^{-(d-1)\alpha}$
Chen & F.Y. Wang (1997)	$\dfrac{1}{D^2}\sqrt{\pi^4 + 8(d-1)\alpha^2}\cosh^{1-d}\alpha$
Chen (1994)	$\dfrac{1}{D^2}\left((d-1)\alpha \tanh\alpha \operatorname{sech}\theta\right)^2$

其中的 θ 可由如下方式得到: 定义

$$\theta_1 = 2^{-1}(d-1)\alpha \tanh\alpha,$$

$$\theta_n = \theta_1 \tanh\theta_{n-1}, \quad n \geqslant 2, \quad \text{则} \ \theta_n \downarrow \theta.$$

在零曲率的情况, 最优估计如下表. 其中第二个优于第一个. 第三个在零附近优于第二个, 误差可以达到 10^{-7}, 非常精确.

作者	下界估计: $K \approx 0$ 情形
11 authors	$\dfrac{\pi^2}{D^2} + \dfrac{K}{2}, \quad K \in \mathbb{R}$
Y.M. Shi & H.C. Zhang (2007)	$\displaystyle\sup_{s\in(0,1)} s\left[4(1-s)\dfrac{\pi^2}{D^2} + K\right] \quad (*)$
Chen & E. Scacciatelli & L. Yao (2002)	$\dfrac{\pi^2}{D^2} + \dfrac{K}{2} + (10-\pi^2)\dfrac{K^2 D^2}{16}, \quad |K| \leqslant \dfrac{4}{D^2}$

其中的第二个结果有显式:

$$(*) = \begin{cases} \left(\dfrac{\pi}{D} + \dfrac{KD}{4\pi}\right)^2, & -4\pi^2 \leqslant KD^2 \leqslant 4\pi^2, \\[2mm] K, & KD^2 \in (4\pi^2, (d-1)\pi^2], \\[2mm] 0, & KD^2 < -4\pi^2. \end{cases}$$

总而言之, 从 1958 年到 2013年的这五六十年间所得到的 10 个最优估计中, 经过比较, 以下 5 个结果领先.

作者	下界估计
Chen & F.Y. Wang (1997)	$\dfrac{dK}{(d-1)(1-\cos^d|\alpha|)},\qquad K \geqslant 0$
Chen & F.Y. Wang (1997)	$\dfrac{1}{D^2}\sqrt{\pi^4 + 8(d-1)\alpha^2}\,\cosh^{1-d}\alpha$
Chen (1994)	$\dfrac{1}{D^2}\left((d-1)\alpha\tanh\alpha\,\mathrm{sech}\,\theta\right)^2$
Y. Shi & H.C. Zhang (2007)	$\displaystyle\sup_{s\in(0,1)} s\left[4(1-s)\dfrac{\pi^2}{D^2}+K\right]$
Chen & E. Scacciatelli & L. Yao (2002)	$\dfrac{\pi^2}{D^2}+\dfrac{K}{2}+(10-\pi^2)\dfrac{K^2D^2}{16},\qquad |K| \leqslant \dfrac{4}{D^2}$

现在, 我们可以给出上图的完整的解释. 我们给出了新的统一的下界估计, 它通常优于此表中的第二、第三个估计. 在右端点近旁, 可用此表中的第一个估计作补充; 在零点近旁, 可用此表中第四个估计的改进形式作补充 (它即是图中的另一细曲线). 如前所述, 表中的第五个估计很精确, 但它只适用于零点的一个小邻域, 此处不再讨论. 总之, 此图已显示出我们对于几何所获得的进步: 一个统一的下界加上两个补充. 图中的上界估计最初的用意是作为判断下界估计优劣的参照物. 然而, 图中显示出上、下界的曲线十分相似, 这就启发我们去做凸平均 (convex mean). 挑选凸平均的系数时, 自然选一个过零点, 选另一个过右端点, 因为这两点都是最优点. 于是我们得到两条新曲线 $\underline{\eta}$ 和 $\bar{\eta}$, 依赖于 α 和 d, 满足 $\underline{\eta} \leqslant \lambda_0 \leqslant \bar{\eta}$. 它们都是 $\bar{k}^{-1}$ 和 $\underline{k}^{-1}$(见推论 5)的凸平均:

$$\eta = \gamma\,\bar{k}^{-1} + (1-\gamma)\,\underline{k}^{-1},$$

$$\bar{\gamma} = \frac{5^{3/2} - 5\pi^2/16}{5^{3/2} - 10/3} \approx 0.39 \qquad \boxed{\text{曲线经过 } |\alpha| = 0} \quad (\text{与 } \alpha,\, d \text{ 无关}),$$

$$\underline{\gamma} = \left.\frac{d\pi^2/4 - \underline{k}^{-1}}{\bar{k}^{-1} - \underline{k}^{-1}}\right|_{|\alpha|=\pi/2} \qquad \boxed{\text{曲线经过 } |\alpha| = \frac{\pi}{2}} \quad (\text{只与 } d \text{ 有关})$$

$$\approx 0.367 \ \text{ if } \ d = 5,$$

这两个凸平均所画出的图如图 3 所示. 这两个上、下界, 在图形上几乎看不出差别, 相差非常小. 如果查阅本文的电子版, 你会发现这里实际上有红和蓝两条曲线. 换句话说, 我们差不多把马上要讲到的 $\bar{\lambda} = \lambda_0$ 找出来了. 使用三个几何量 d, D 和 K 的估计, 差不多也就这样了. 取得这样的结果是预先难以想象的, 回想五六十年来的那么多人的努力, 可见来之不易. 在这个过程中, 只有最后一步做凸平均时用到特定的几何行为, 其他结论都适用于更为一般的情形. 今天所讲的所有内容都是一维的, 至于怎么样从高维化为一维, 下面的比较定理完全是用概率方法做出来, 是非常概率的 (参见附录).

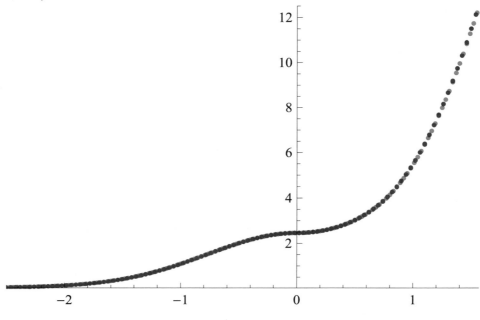

图 3   两凸平均 $\bar{\gamma}, \underline{\gamma}$ 的变化

定理 7 (比较定理). 我们有

$$\lambda_1 \geqslant \frac{4}{D^2}\,\bar{\lambda} \qquad (\text{陈和王凤雨 1994: 耦合方法}),$$

此处 $\bar{\lambda}$ 是算子 $\bar{L}$ 的主特征值:

$$\bar{L} = \frac{\mathrm{d}^2}{\mathrm{d}x^2} + (d-1)\alpha \tanh(\alpha x)\frac{\mathrm{d}}{\mathrm{d}x}, \quad f(0)=0,\ f'(1)=0.$$

其次, 我们有

$$\bar{\lambda} = \lambda_0 \qquad (\text{陈 2011: 对偶方法}),$$

其中 λ_0 是算子 L 的主特征值:

$$L = \frac{\mathrm{d}^2}{\mathrm{d}x^2} - (d-1)\alpha\,\tanh(\alpha x)\frac{\mathrm{d}}{\mathrm{d}x}, \quad f'(0)=0,\ f(1)=0.$$

由以上应用也许可以看出, 几率这门学科现在已经充分地长大, 如果一个数学系里面没有几率, 是非常危险的. 这话我不只在这里说, 早年对大陆的名校的朋友也说过. 以上的所有这些方法, 对几何都有用. 我讲的是紧流形, 没有边界, 就算是凸边界 (convex boundary) 也是一样. 事实上, 就算是非紧流形, 也类似, 只是需要添加一个向量场. 我看到最新的是一个 Finsler-Laplacian 估计, 结构也是一样, 只不过要用不同记号而已. 谢谢大家.

§7.4 附录: 耦合方法与概率度量

这次演讲集中于这两年的新进展, 几乎未涉及概率方法, 后者以前访问台湾时曾多次讲过. 这里略作介绍, 以飨读者.

A.1 测度的耦合. 回顾在学微积分学的重积分的时候, 总是利用累次积分, 化成比较容易处理的单重积分来计算. 但也有特别的例外, 把单重积分提升为多重积分来计算. 最典型的例子是计算正态分布

$$\int_{\mathbb{R}} e^{-x^2/2} \mathrm{d}x = \sqrt{2\pi},$$

为计算左方的单重积分. 我们先将它提升为二重积分

$$\int_{\mathbb{R}} \int_{\mathbb{R}} e^{-(x^2+y^2)/2} \mathrm{d}x \mathrm{d}y,$$

此时使用极坐标很容易算出结果. 这个巧妙的算法属于 Simón-Denis Poisson (1781—1840). 换言之, 我们把单个测度 $\mathrm{d}x$ 提升为乘积测度 $\mathrm{d}x \times \mathrm{d}y$. 也可以说, 我们把单个概率测度(正态分布) $\mu(\mathrm{d}x)$ 提升为乘积空间 $\mathbb{R} \times \mathbb{R}$ 上的乘积概率测度 $\mu(\mathrm{d}x) \times \mu(\mathrm{d}y)$. 这已经是一种特殊的耦合, 称为独立耦合.

想想为什么这种耦合的应用很有限, 原因就在于"独立性"的要求太强了. 只要脱离独立性, 容许相关性, 那就是一片广阔新天地. 给定两个可测空间 $(E_k, \mathscr{E}_k)$ 上的概率测度 $\mu_k, k = 1, 2$, 称乘积空间 $(E_1 \times E_2, \mathscr{E}_1 \times \mathscr{E}_2)$ 上的概率测度 $\tilde{\mu}$ 为 μ_1 和 μ_2 的耦合, 如果下述边缘性条件成立:

$$\begin{aligned} \tilde{\mu}(A_1 \times E_2) &= \mu_1(A_1), \qquad A_1 \in \mathscr{E}_1, \\ \tilde{\mu}(E_1 \times A_2) &= \mu_2(A_2), \qquad A_2 \in \mathscr{E}_2. \end{aligned} \qquad \text{(M)}$$

近乎平凡的耦合是独立耦合: $\tilde{\mu}_0 = \mu_1 \times \mu_2$. 它却有非平凡的应用. 我们断言直线上的每一个概率测度 μ, 总满足如下的 **FKG** 不等式:

$$\int_{\mathbb{R}} fg\mathrm{d}\mu \geqslant \int_{\mathbb{R}} f\mathrm{d}\mu \int_{\mathbb{R}} g\mathrm{d}\mu, \qquad f, g \in \mathscr{M},$$

其中 $\mathscr{M}$ 是 $\mathbb{R}$ 上有界单调增函数的全体. 使用独立耦合 $\tilde{\mu}_0 = \mu \times \mu$ 和直线的全序性, 证明只需一行:

$$\iint_{\mathbb{R} \times \mathbb{R}} \tilde{\mu}_0(\mathrm{d}x, \mathrm{d}y)[f(x) - f(y)][g(x) - g(y)] \geqslant 0, \qquad f, g \in \mathscr{M}.$$

展开左方的积分, 即得所求.

下面是一种很有用的基本耦合 $\tilde{\mu}_b$. 设 $E_k = E$ (Hausdorff 空间), $k = 1, 2$. 记 Δ 为 E 的对角线集: $\Delta = \{(x, x) : x \in E\}$. 命

$$\tilde{\mu}_b(\mathrm{d}x_1, \mathrm{d}x_2) = (\mu_1 \wedge \mu_2)(\mathrm{d}x_1)I_\Delta + \frac{(\mu_1 - \mu_2)^+(\mathrm{d}x_1)(\mu_1 - \mu_2)^-(\mathrm{d}x_2)}{(\mu_1 - \mu_2)^+(E)}I_{\Delta^c},$$

其中 $\mu^\pm$ 为符号测度 μ 的 Jordan–Hahn 分解, 而 $\mu_1 \wedge \mu_2 = \mu_1 - (\mu_1 - \mu_2)^+$. 特别地, 如 μ_k 关于 Lebesgue 测度有密度 h_k, 则 $(\mu_1 - \mu_2)^\pm$ 和 $\mu_1 \wedge \mu_2$ 亦然: 分别有密度 $(h_1 - h_2)^\pm$ (函数的正、负部) 和 $h_1 \wedge h_2 := \min\{h_1, h_2\}$. 每一种耦合都有它的基本特征. 这里是第一项. 有了它之后, 由边缘性自然导出第二项. 因为 $(\mu_1 - \mu_2)^+$ 表示 μ_1 比 μ_2 多出的部分, $\mu_1 \wedge \mu_2$ 是最大的共有部分. 此耦合的第一项就是把这个共有部分都放到对角线上. 特别地, 如果 $\mu_1 = \mu_2$, 则第二部分消失. 基本耦合的重要性在于它刻画了概率测度的全变差距离. 详言之, 暂设 ρ 为离散距离:

$$\rho(x, y) = \begin{cases} 1, & x \neq y, \\ 0, & x = y. \end{cases}$$

则我们有如下的 Dobrushin 定理:

$$\int_{E \times E} \rho \, \mathrm{d}\tilde{\mu}_b =: \tilde{\mu}_b(\rho) = \inf_{\tilde{\mu} \in \mathscr{C}(\mu_1, \mu_2)} \tilde{\mu}(\rho) = \frac{1}{2}\|\mu_1 - \mu_2\|_{\mathrm{Var}} \quad (= (\mu_1 - \mu_2)^+),$$

其中 $\mathscr{C}(\mu_1, \mu_2) := \{\tilde{\mu} : \tilde{\mu}$ 是 μ_1 和 μ_2 的耦合$\}$. 对于一般的距离函数 ρ, 如下的定义

$$W(\mu_1, \mu_2) = \inf_{\tilde{\mu} \in \mathscr{C}(\mu_1, \mu_2)} \tilde{\mu}(\rho)$$

称为 μ_1 和 μ_2 的 **Wasserstein** 距离. 这是 1969 年在研究随机场(概率论与统计物理的交叉学科) 时引进的, 随后逐步成为研究诸多数学课题(特别是无穷维)的基本工具.

进一步, 将上述距离函数 ρ 换成更一般的费用函数 c (非负):

$$\inf_{\tilde{\mu} \in \mathscr{C}(\mu_1, \mu_2)} \int_{E \times E} c(x, y)\tilde{\mu}(\mathrm{d}x, \mathrm{d}y),$$

并考察输运函数 $T : E \to E$, 使得 μ_2 是在 μ_1 之下、由 T 导出的分布, 而且 $\int_E c(x, T(x))\mu_1(\mathrm{d}x)$ 达到上式的下确界, 这就构成了当今 PDE 中很热闹的研究方向: 最优输运 (optimal transport).

至此为止, 我们讲的是静态情形 (即不含时间 t). 下面转入动态情形. 对于给定的两个马氏过程, 依照上述方法, 我们可以定义它们对于固定的不同出发点、在固定的同一时间 t 的分布 (概率测度) 的耦合. 然而, 这种耦合未必是马氏的. 虽然非马氏耦合有它的用处, 但为简单计, 此处我们只考虑马氏耦合 (即给定边缘过程是马氏的, 要求耦合过程也是马氏的).

A.2 马氏过程的耦合. 给定 $(E_k, \mathscr{E}_k)$ 的马氏半群 $P_k(t)$ 或转移概率 $P_k(t, x_k, \cdot)$, $k = 1, 2$, 称乘积空间上的马氏半群 $\widetilde{P}(t)$ 或转移概率 $\widetilde{P}(t; x_1, x_2; \cdot)$ 是 $P_k(t)$ 或 $P_k(t, x_k, \cdot)$ $(k = 1, 2)$ 的耦合, 如下述 (关于过程的) 边缘性成立:

$$
\begin{aligned}
\widetilde{P}(t; x_1, x_2; A_1 \times E_2) &= P_1(t, x_1, A_1), \\
\widetilde{P}(t; x_1, x_2; E_1 \times A_2) &= P_2(t, x_2, A_2), \quad t \geqslant 0, x_k \in E_k, A_k \in \mathscr{E}_k, k = 1, 2.
\end{aligned} \tag{MP}
$$

等价地,

$$
\begin{aligned}
\widetilde{P}(t) f(x_1, x_2) &= P_1(t) f(x_1), & f \in {}_b\mathscr{E}_1, \\
\widetilde{P}(t) f(x_1, x_2) &= P_2(t) f(x_2), & f \in {}_b\mathscr{E}_2, \ t \geqslant 0, \ x_k \in E_k, \ k = 1, 2,
\end{aligned} \tag{MP}
$$

此处 ${}_b\mathscr{E}$ 是有界 $\mathscr{E}$ 可测函数的全体; 在等式的左边, 原为单变量的函数 f 都被视为双变量函数.

上述定义 "(MP)" 实际上没有多少用处, 因为 $P_k(t)$ 或 $P_k(t, x_k, \cdot)$ $(k = 1, 2)$ 都是未知的. 然而, 从它们出发, 自然导出如下关于算子的耦合.

A.3 马氏过程的耦合. 分别以 L_k $(k = 1, 2)$ 和 $\widetilde{L}$ 表示边缘半群 $P_k(t)$ $(k = 1, 2)$ 和耦合半群 $\widetilde{P}(t)$ 的形式无穷小生成元, 在 (MP) 两边关于 t 在 0 处取导数, 得出如下 (关于算子) 的边缘性:

$$
\begin{aligned}
\widetilde{L} f(x_1, x_2) &= L_1 f(x_1), & f \in \mathscr{F}_1, \\
\widetilde{L} f(x_1, x_2) &= L_2 f(x_2), & f \in \mathscr{F}_2, \ x_k \in E_k, \ k = 1, 2;
\end{aligned} \tag{MO}
$$

其中 $\mathscr{F}_k$ 是 ${}_b\mathscr{E}_k$ 的适当子集; 与前面的 (MP) 一样, 等式左边的函数 f 都被视为双变量函数.

现在, 对于马氏过程的马氏耦合, 我们有了算子耦合的可行手段. 例如, 对于 $\mathbb{R}^d$ 上的扩散过程, 我们有二阶微分算子

$$
L = \sum_{i, j=1}^{d} a_{ij}(x) \frac{\partial^2}{\partial x_i \partial x_j} + \sum_{i=1}^{d} b_i(x) \frac{\partial}{\partial x_i}.
$$

为简单计, 写成 $L \sim (a(x), b(x))$. 今给定边缘算子 $L_k \sim (a_k(x), b_k(x))$, $k = 1, 2$, 则由耦合算子的边缘性, 乘积空间 $\mathbb{R}^d \times \mathbb{R}^d$ 上的耦合算子 $\widetilde{L} \sim (a(x, y), b(x, y))$ 应有如下形式:

$$a(x, y) = \begin{pmatrix} a_1(x) & c(x, y) \\ c(x, y)^* & a_2(y) \end{pmatrix}, \qquad b(x, y) = \begin{pmatrix} b_1(x) \\ b_2(y) \end{pmatrix},$$

其中矩阵 $c(x, y)^*$ 是 $c(x, y)$ 的转置, 条件是保证 $a(x, y)$ 非负定. 更具体些, 设 $L_1 = L_2 \sim (a(x), b(x))$, $a(x) = \sigma(x)\sigma(x)^*$, $\det \sigma \neq 0$. 则可取

$$c(x, y) = \sigma(x)[I - 2\bar{u}\bar{u}^*]\sigma(y)^*, \qquad x \neq y,$$

其中 $\bar{u} = (x - y)/|x - y|$. 矩阵 $I - 2\bar{u}\bar{u}^*$ 是反射矩阵 (即行列式为 -1 的正交矩阵). 这个耦合称为反射耦合.

A.4 应用于特征值估计. 回顾 $\{P_t\}_{t \geqslant 0}$ 与自身的耦合 $\{\widetilde{P}_t\}_{t \geqslant 0}$ 满足边缘性: 对于一切 $f \in C_b^2(\mathbb{R}^d)$ 及 (x, y) $(x \neq y)$, 有

$$\widetilde{P}_t f(x, y) = P_t f(x) \ (\text{相应地}, \ \widetilde{P}_t f(x, y) = P_t f(y)), \tag{A1}$$

此处等式的左方还是将 f 视为双变量函数. 我们由此出发来证明特征值估计.

第一步. 设 g 是相应于 λ_1 的算子 $-L$ 的特征函数: $-Lg = \lambda_1 g$. 则由关于半群的标准的微分方程 (即 Kolmogorov 向前微分方程), 我们有

$$\frac{\mathrm{d}}{\mathrm{d}t} P_t g(x) = P_t Lg(x) = -\lambda_1 P_t g(x).$$

固定 g 和 x, 解这个关于函数 $t \to P_t g(x)$ 的常微分方程, 得出

$$P_t g(x) = g(x)\mathrm{e}^{-\lambda_1 t}, \qquad t \geqslant 0. \tag{A2}$$

这个恒等式很漂亮, 它将特征值、特征函数和半群三者统一到一个简洁的公式里. 可惜此刻这个公式无用, 因为三者均未知.

第二步. 幸运的是: 耦合方法使得上述公式变得强有力. 我们所需要的只是关于耦合算子的下述估计:

$$\widetilde{L}\rho(x, y) \leqslant -\alpha\rho(x, y), \qquad x \neq y, \tag{A3}$$

其中 $\alpha > 0$ 为常数. 它等价于

$$\widetilde{P}_t \rho(x, y) \leqslant \rho(x, y)\mathrm{e}^{-\alpha t}, \qquad t \geqslant 0. \tag{A4}$$

今考虑紧空间情形. 此时 g 关于 ρ Lipschitz 连续. 记其 Lipschitz 常数为 c_ρ. 命 $g_1(x, y) = g(x)$, $g_2(x, y) = g(y)$. 那么, 我们有

$$
\begin{aligned}
e^{-\lambda_1 t}|g(x) - g(y)| &= \left| P_t g(x) - P_t g(y) \right| \quad (\text{由(A2)}) \\
&= \left| \widetilde{P}_t g_1(x, y) - \widetilde{P}_t g_2(x, y) \right| \quad (\text{由(A1)}) \\
&= \left| \widetilde{P}_t (g_1 - g_2)(x, y) \right| \quad (\text{因耦合在同一乘积空间上}) \\
&\leqslant \widetilde{P}_t |g_1 - g_2|(x, y) \\
&\leqslant c_g \widetilde{P}_t \rho(x, y) \quad (\text{Lipschitz 性}) \\
&\leqslant c_g \rho(x, y) \mathrm{e}^{-\alpha t} \quad (\text{由(A4)}).
\end{aligned}
$$

因为 g 非常数, 存在 $x \neq y$ 使得 $g(x) \neq g(y)$. 固定这样一对 (x, y), 然后令 $t \to \infty$, 必然得出 $\lambda_1 \geqslant \alpha$. 经过这么简单的两步, 我们就得到了所需的下界估计.

留心上面的紧性假定是可以避免的, 只需使用局部化程序. 因此, 我们的方法适用于非常一般的情形. 作为示例, 考虑 O.U. 过程:

$$
L = \sum_{i=1}^{d} \left(\frac{\partial^2}{\partial x_i^2} - x_i \frac{\partial}{\partial x_i} \right).
$$

取 $\rho(x, y) = |x - y|$ (通常的欧氏距离), 稍作计算, 便可看出条件 (A3) 对于反射耦合及 $\alpha = 1$ 成立, 此时达到精确估计: $\lambda_1 = 1 = \alpha$. 应当指出, 在一般情况下, 由条件 (A3) 可见, 为得到好的下界 α, 不仅需要选择好的耦合, 还需要选取好的距离. 不难想象, 这里有很多故事.

多年前, 我们曾经感到很奇怪, 为什么文献上处理的几乎都是 Dirichlet 边界情形, 后来才明白这种情形等价于极大值原理: 其特征函数在内部为正、在边界上达到最小值 0. 对于 λ_1, 特征函数的零值曲面在区域内部, 极大值原理不适用. 所以, 这里的关键点是用耦合方法这一概率论工具代替了极大值原理.

参考文献

[1] Chen, M.F. (2011). *General estimate of the first eigenvalue on manifolds*. Front. Math. China 6(6): 1025–1043.

[2] Chen, M.F. (2013). *Bilateral Hardy-type inequalities*. Acta Math. Sin., Eng. Ser. 29(1): 1–32.

致谢:　作者感谢位于台北的数学研究所的邀请 (邀请人: 黄启瑞、许顺吉), 感谢黄启瑞、许顺吉、姜祖恕、周云雄和他们夫人们的热情款待. 感谢陈隆奇、徐洪坤、罗梦娜、郭美惠、李育嘉及夫人、许元春和胡殿中等教授及其团队的邀请和热情款待. 乘此机会, 也感谢数学所的其他同仁, 秘书组、图书馆等行政团队所提供的帮助和温暖如家的环境, 感谢陈丽伍助理为整理我的几篇文章所付出的辛劳. 同时, 作者感谢国家自然科学基金重点项目 (No. 11131003) 和教育部 973 项目的资助.

量子力学的数学新视角

摘要: 在研究算法时遇到如下问题:除实对称矩阵或复厄米矩阵之外,何种更大的矩阵类具有实谱? 后者是量子力学的两大特征之一,另一特征是波动性. 闻名于世的量子力学的"百年大战"就是围绕着波动方程的解是否存在"随机性"展开的. 我们将介绍这几年的探索,以一个意外结果打开了一个新视角. 须知,现代数学的多个分支源于量子力学. 可以想象,新视角所触及的绝非仅仅几个小课题.

注: 本文原载于《数学进展》2021,第 50 卷第 3 期,第321-334页. 这是预印本. 在已发表的版本中,略去了三幅照片并补充了一批物理学家的中文译字.

§8.1　背景: 源于算法和量子力学

1.　源于算法的挑战, 实部最大的特征值

记 $\mathrm{Diag}\,(v)$ 为以向量 v 为对角线的对角矩阵. 设:

$$B = \mathrm{Diag}\,(4+3\mathrm{i}, 4-3\mathrm{i}, 3+2\mathrm{i}, 3-2\mathrm{i}, 2+\mathrm{i}, 2-\mathrm{i}, 5+\mathrm{i}),$$

$$
P = \begin{pmatrix}
3 & 5 & 3+\mathrm{i} & 2 & 3 & 1 & 3+\mathrm{i} \\
5 & 4 & 2+\mathrm{i} & 4 & 5 & 1 & \mathrm{i} \\
3-\mathrm{i} & 2-\mathrm{i} & 5 & 1+\mathrm{i} & 2 & 1 & 3+\mathrm{i} \\
2 & 4 & 1-\mathrm{i} & 2 & \mathrm{i} & 1 & 2 \\
3 & 5 & 2 & -\mathrm{i} & 1 & 1 & 2 \\
1 & 2 & 3 & 4 & 5 & 2 & 3 \\
7 & 6 & 5 & 4 & 3 & 2 & 1
\end{pmatrix},
$$

及 $A = P^{-1}BP$. 当然 A 是 B 的相似变换, 从而两者等谱. 我们所关心的是半群 $\{e^{tA}\}_{t \geqslant 0}$ 的指数稳定性. 它由 A 的诸特征值的最大实部决定. 使用带推移的逆迭代(反幂法)

$$v_n = (z_{n-1}I - A)^{-1}v_{n-1}, \qquad n \geqslant 1.$$

初值为 (v_0, z_0), 第 n 步输出为 (v_n, z_n). 留心此法的要点是求得实部最大特征值的特征向量. 特征值的计算是特征向量的副产品(例如使用 Rayleigh 商).

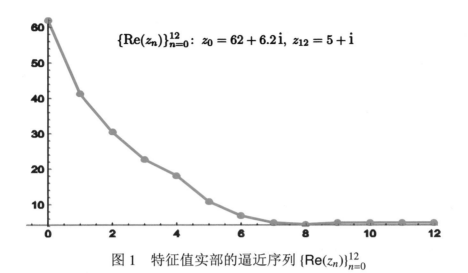

图 1 特征值实部的逼近序列 $\{\mathrm{Re}(z_n)\}_{n=0}^{12}$

图 1 是从 $z_0 = 62 + 6.2\,\mathrm{i}$ 和 $v_0 = \mathbb{1}/\sqrt{7}$ 出发, 此处 $\mathbb{1}$ 为分量为 1 的常值向量而 z_0 取实部较大者以防掉进坑里, 依次所得到的 $\{\mathrm{Re}(z_n)\}_{n=0}^{12}$ 的图像. 由图 1 可以看出: 从 $n = 8$ 开始, $\mathrm{Re}(z_n)$ 就已非常接近于 $\max_j \mathrm{Re}(\lambda_j) = 5$. 因此, 我们当然应有 $v_n \to g_{\max}$.

但图 2 中的 $\{v_n\}_{n=9}^{12}$ 把我们完全搞晕了.

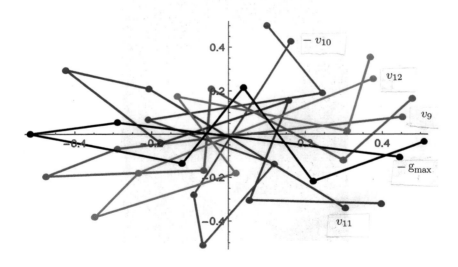

图 2 特征向量 $g_{\max}$ 的逼近序列 $\{v_n\}_{n=9}^{12}$

图中的向量 $g_{\max}$ 加了负号, 是为将它的起点放到右半平面上; 同样地有 $-v_{10}$. 紧靠 $-g_{\max}$ 上方的点是该向量的第 1 个分量, 往左方依逆时钟方向走逐次得出其他分量. 如图 2 所示, v_9 已很接近 $-g_{\max}$; 但 $-v_{10}$ 往上跑; v_{11} 往下掉; v_{12} 再回来一点. 看不出 $v_n \to g_{\max}$! 自然要问: $\{v_n\}$ 收敛吗?

2. 源自量子力学的背景

这一节需要稍长一点篇幅介绍量子力学百年发展史中的几个片段: 矩阵力学、波动力学、两者等价性、源于量子力学的现代数学分支等, 从中可以体会到所研究课题的意义和价值. 本节包含一些历史文献, 作为旁证之用, 无需细读. 事实上, 粗读之后便可进入下一部分.

(1) 矩阵力学

量子力学主要是德国的 Werner Karl Heisenberg 于 1925 年创立的, 当时他不满 24 岁. 他于 7 年后的 1932 年获诺贝尔物理学奖 (后文简称诺奖). 回想 Albert Einstein 年 (1905), 当时 26 岁的他是瑞士伯尔尼专利局一个小职员. 他写了 1 篇博士论文并向德国《物理年鉴》 (Ann. Physik) 提交了 4 篇论文, 这些论文包括现代物理中三项成就: 分子运动论、狭义相对论和光量子假说, 乃划时代文献. 其中"光量子假说"的论文赢得 1921 年诺奖. 讲到这里, 相信大家的心灵都会有所触动. 我们都会期盼在这块土地上出现这样的有史诗般创造的科学家.

图 3   Werner Karl Heisenberg 获 1932 年诺奖

颁奖词称奖励"他对于量子力学的创造, 特别地, 这导致了氢的同素异形形式的发现". 此处及随后的颁奖词见"List of Nobel laureates in Physics", Wikipedia.

图 4 Erwin Rudolf Josef
Alexander Schrödinger

图 5 Paul Adrien
Maurice Dirac

Heisenberg 的诺奖是第二年 (1933) 才颁发的. 同年获奖的是奥地利的 E. R. J. A. Schrödinger 和英国的 P. A. M. Dirac. 颁奖词是"发现原子理论的新的多产形式". 其实, 如同随后很快将要看到: 当年他们也是量子力学的主要贡献者.

量子力学先驱有以下三位:

- Max Planck (诺奖 1918): 于 1900 年提出黑体辐射公式: 辐射频率是 ν 的能量的最小数值 $\varepsilon = \hbar \nu$, 其中 $\hbar$ 为普朗克常数.
- Albert Einstein (诺奖 1921): 于 1905 年提出光量子假说.
- Niels Bohr (诺奖 1922): 于 1913 年提出原子(结构)模型. 他被称为哥本哈根学派的教主.

矩阵力学创立于 1925 年, 参见 [39]. 共有 4 篇论文:

- Heisenberg[21] (诺奖 1932) (1925 年 7 月 29 日投稿).
- Max Born (诺奖 1954) & Pascual Jordan[4] (1925 年 9 月 27 日投稿).
- Paul Adrien Maurice Dirac[17] (诺奖 1933) (1925 年 11 月 7 日投稿).
- Born, Heisenberg and Jordan[3] (1925 年 11 月 16 日投稿).

玻尔模型中许多观点, 如电子的轨道、频率等, 都不是可以直接观察的. 海森堡期望创造一个理论, 只是使用在实验中经常接触到的光谱线的频率、强度、偏极化以及能阶等可观察量. 据说这种想法源于与 Bohr 的一次 3 小时的郊外散步. 第一篇原创论文 [21] 使用的是列表处理. 他将论文送给他的老师 Born, 随后外出访学. Born 苦思多日, 领悟出前者的几个表实际上是矩阵乘法. 他随后与数学家 Jordan 合作, 写出上述第二文[4]. 此文首次使用矩阵. 由此定名为"矩阵力学". 一个多月后, 他们三人合作完成了第四文 [3]. 这三人的快速合作不难理解, 因为都在德国. 但 Dirac 的快速反应(第三文) [17] 令人吃惊.

现有矩阵力学所研究的基本物理单元是厄米矩阵, 这是最基本的具有实谱的复矩阵.

(2) 波动力学

1926 年, E. Schrödinger (诺奖 1933) 在《物理评论》(*Phys. Rev.*) 上发表了"原子和分子力学的波动理论"[34] (1926 年 9 月 3 日投稿), 发现了量子力学的第二种形式——波动力学.

Schrödinger 方程的基本形式为

$$i\hbar\dot{\psi}(t) = (-\gamma\Delta + V)\psi(t),$$

此处 $\dot\psi$ 是 ψ 关于 t 的导数. 常数 $\gamma = \frac{\hbar^2}{2m}$. 为简单计, 如无特别需要, 以下我们常略去此常数 γ 不写. 如果 V 是实的, 很自然可考虑空时分离解:

$$\psi(t, x) = e^{-2\pi i E t/\hbar}\varphi.$$

此时, 原方程变为

$$(-\Delta + V)\varphi = 2\pi E\varphi =: \tilde{E}\varphi,$$

其中 φ 是与时间无关的定态解. 改记 $\tilde{E}$ 为 E_m, 它是第 m 个特征值(能级), 相应的特征向量为 ψ_m. 这给出

$$能量\ (\psi_m, (-\Delta + V)\psi_m) = E_m(\psi_m, \psi_m) = E_m,$$

此处使用了归一化:

$$\int_{\mathbb{R}^d} |\psi_m|^2 \mathrm{d}x = 1.$$

简单地说, 将对应于特征值 E_m 的特征向量的模平方 $|\psi_m|^2$ 视为概率密度. 这相当于使用了随特征值流动的概率空间.

(3) 两种力学的等价性 (1926—1930)

从提出波动力学的当年开始, 就有多人证明了两种力学的等价性[5]:

- Schrödinger[35], 1926;
- Clark Eckart[19] (24 岁), 1926;
- Dirac[18], 1930;
- John von Neumann, 1927—1929 年间的多篇论文及总结性专著 [40].

(4) 百年大战

1926 年 Born 称 ψ_m 为概率幅 (Probability amplitude). 他于 1954 年获诺奖, 颁奖词为: 基于" 他在量子力学方面的基础研究, 特别是对波函数的统计解释". 然而, Schrödinger 从来没有接受如哥本哈根学派所倡导的那样"几乎是精神上的"正统的解释. Einstein 则说: "上帝不掷骰子!" 百年来的研究史证明, 量子力学拥有非常神秘的内蕴, 以至于多位名家都称**无人真懂**量子力学.

- Bohr 说: "如果有人不被量子力学弄晕, 那么他一定不懂量子力学."
- Einstein 说: "我思考量子力学的时间百倍于广义相对论, 但依然不明白."
- Feynman (1918—1988) 因于 1949 年引进非常有用的 Feynman 图而闻名于世 (但至今尚无严格理论), 于 1965 年获诺奖. 他说: "据说世界上只有三个人了解相对论, 我不知道他们是谁. 但是, 我想我可以肯定地说没有人理解量子理论!"

也许, 直至今日, 这种状况并没有改变, 参见 [24].

(5) 量子力学与现代数学

Schrödinger 出身于统计物理, 在文 [36, 37] 中, 他曾试图找到一个由经典概率导出的方程, 该方程的特征尽可能接近他的波动方程. 这引发了大量的后续研究. 例如后面将要提及的可逆马尔可夫过程和狄氏型理论, 还有"Schrödinger 扩散过程", 见 [2, 30, 31] 及书中文献.

与此相关, 还有几类复值随机过程:

- SLE 理论. 一维复值布朗运动 (归功于 P. Lévy). 例如见 [25] 及书中文献.
- 多重次调和函数 (plurisubharmonic functions) 的狄氏型. 参见 [20] 及其中文献.
- 复值马尔可夫链与 Feynman 积分. 参见 [23; 第 9 章] 和 [27] 及书中文献.
- 量子概率, 量子随机分析. 参见 [1, 32] 及书中文献.

在量子力学发展的早期, 人们就摸索比厄米矩阵类更大的对象. 一个典型例子是 1934 年引进的 Jordan 代数, 力图以它代替厄米矩阵类. 有趣的是, 笔者母校的刘绍学老师曾于 1964 年在《数学进展》上发表了一篇关于这种代数的论文. 可见当年 Jordan 代数的活跃程度. 1983 年, Efim Zel'manov 证明: Jordan 代数最多只是 27 维的 Albert 代数, 对于量子力学而言当然太小, 所以这一研究思路被卡住了. 2019 年有位朋友告知, 超弦理论也是卡在 27 维. 不知何因. 也是 Zel'manov, 他应用 Jordan 代数, 解决了 Burnside 问题, 获 1994 年菲尔兹奖. 关于此代数, 笔者共查到 8 本书, 其中有 1 本是关于统计的应用. 较新的一本是 [28].

近年来, 还兴起了非厄米量子力学, 例如 $\mathscr{PT}$ 对称的 Psuedo 量子力学. 参见 [29] 及书中文献.

仔细想想, 便可发现量子力学对现代数学的巨大影响. 下面列出源于量子力学或受其深度影响的一些数学分支.

- Free 概率, 量子逻辑;
- (复) 偏微分方程, Hilbert 空间, 谱理论;
- 算子代数: C^* (W, Weyl, Jordan, von Neumann) 代数等;
- Heisenberg 群, 量子群;
- 非交换几何;
- 量子力学计算;
- 量子+几何: 超对称, 超弦.

关于量子计算, MatLab 最早就是为量子力学设计的. 现在, 差不多每一种重要软件, 如 Mathematica, Maple 等都有专门书籍介绍如何将该软件应用于量子力学. 本文的下一部分将谈到: 现代概率论中的可逆马尔可夫过程及狄氏型理论, 源于 Andrey Nikolayevich Kolmogorov 于 1936 年和 1937 年的工作, 也植根于量子力学.

因为难于计算, 矩阵力学在很长时期内大多处于沉睡状态. 量子力学研究大多集中于波动力学, 后者有强有力的分析工具支撑. 近些年来, 也因为计算的进步, 矩阵力学大有复兴之势. 例如见 [22, 26].

至此, 我们回顾了量子力学对数学的深刻影响, 两学科之间互帮互助、协同发展的历史片段. 笔者学习量子力学只是近两年的事, 受到深深的震撼, 所以记录下这小节以供纪念. 记得 M. Atiyah 以前曾说过: "Quantum"对他来说依然是"a big word (一个很大的、难以捉摸的单词)". 他有一梦想: 建立"量子与数学的联盟".

§8.2   从厄米矩阵到可厄米矩阵, 判准和等谱矩阵

回到摘要讲的问题: 什么矩阵具有实谱? 笔者想到的是作为矩阵算子, $A = (a_{ij})$ 在某 $L^2(\mu)$ 空间上是自伴的, 那它在此空间上的谱就是实的. 也许你对这个解答会感到失望, 因为大家上大学时早就学过. 事实并非如此, 实际上, 没有哪一本书告诉你是否存在及如何找出这个测度 μ.

事实上, 这个发展经历了很长时间:

$$可逆 (reversible, 1936 年) \longrightarrow 可配称 (symmetrizable, 1979)$$

$$\longrightarrow 可厄米 (Hermitizable, 2018).$$

1936 年, A.N. Kolmogorov 首先对有限Markov链 (有限非负矩阵) 引进了可逆性概念. 有趣的是: 该文的开头和结尾都引用了 Schrödinger 1931 年的文章. 1937 年, 他研究扩散过程 (二阶椭圆微分算子) 的可逆性. 这就开辟了现代可逆 Markov 过程 (或更一般的狄氏型) 的新学科分支. 就可数空间情形, 将"可逆"拓广为"可配称"的系统工作, 是笔者与侯振挺老师于 1979 年完成的 [33]. 直至 2018 年, 所有的研究都限于非对角线元素非负的矩阵. 对于离散状态空间的 Markov 过程而言, 此条件是自动满足的. 因此, 是 Kolmogorov 最早将量子力学、确切地说是统计力学引入概率论; 当然, 将概率论与统计力学真正交叉是一直到 1960 年代中叶的事, 参见 [6, 7] 及所引文献. 然而所有这些研究都限于实的情形. 2018 年, 源于算法研究的需要, 笔者引进了可厄米矩阵工具. "可配称"理论 [33] 是我们进入统计力学的敲门砖, 也是我们在国际上立足的第一个成果. 没想到, 后来找到"可厄米"的平行理论, 使我们很自然地进入量子力学.

定义 1 (陈 2018 [10]).　　称复矩阵 $A = (a_{ij})$ 可厄米, 如存在正的 $\mu = (\mu_k)$ 使得对于每一对 (i, j), 有 $\mu_i a_{ij} = \mu_j \bar{a}_{ji}$($\Rightarrow$ 对角线元素为实).

简单地说, 虽然矩阵 (a_{ij}) 非厄米, 但"配上"测度 μ 之后, 矩阵 $(\mu_i a_{ij})$ 就成为厄米矩阵了. 退到实的情形, "可厄米"就成为"可配称". 当 $\mu_k \equiv 1$ (均匀测度) 时退回实对称或复厄米情形, 这相当于处于均匀介质. 对于无穷 (维、阶) 矩阵, 此时不存在 (平衡态) 统计力学. 因为对于统计力学, $\mu =$ Gibbs 态, 必定为概率测度. 同样地, 若 $\mu_k \equiv 1$ 且矩阵无限, 对于马氏过程, 意味着此系统必定走向灭绝, 可见实际应用的价值极为有限, 例如仅限于传染病模型. 如同 Kolmogorov 所说: 概率论的应用都是通过平稳概率分布来实现的. 所以将"厄米"换成"可厄米"有极重要意义. 遗憾的是: 虽然可配称思想我们已经使用了 42 年, 但在矩阵论、泛函分析、计算数学、物理学中好像还几乎没有什么关注. 就我们所知, 可厄米工具在上述各学科中都是新的, 是值得开垦的新领域. 顺便提及: 最近我们对计算的主要贡献之一就是使用可配称和可厄米理论, 例如见 [10, 14, 15].

定理 2 (可厄米判准. 陈 2018 [10]).　　复矩阵 $A = (a_{ij})$ 可厄米, 当且仅当下述两条件同时成立.

(1) 对每一对 (i, j), 或者 a_{ij} 与 a_{ji} 同为零, 或者 $a_{ij} a_{ji} > 0$.

(2) 对每一最小闭路 (也就无往返), 圈形条件成立.

此处需要解释上述 2) 所用到的图结构. 如 $i \neq j$, $a_{ij} \neq 0$, 就记作 $i \to j$. 这样, 就有闭路 $i_0 \to i_1 \to \cdots \to i_n = i_0$. 所谓最小者乃指它不包含任何一个子闭路. "圈形条件"说的是对于每一如上的闭路, 都有

$$a_{i_0 i_1} \cdots a_{i_{n-1} i_n} = \bar{a}_{i_n i_{n-1}} \cdots \bar{a}_{i_1 i_0}.$$

即沿此闭路的一个方向诸项 $a_{i_k i_{k+1}}$ 的连乘积等于沿此路反方向诸项连乘积的共轭. 对于非对角线元素非负的特殊情形, 这个圈形条件归功于 **Kolmogorov (1936)**. 文 [33] 的主要贡献是: 为验证圈形条件, 只需验证"最小闭路", 很多时候, 甚至于只需检查"四边形"或"三角形"的单一闭路便可. 这使我们能够走得很远, 包括可数无穷维. 例如见 [6; 第 7 章、第 11 章及第 14.5 节].

如何算出测度 μ? 先固定参考点 i_0 并设 $\mu_{i_0} = 1$. 然后, 对于每 $j \neq i_0$, 任选一条路 $i_0 \to i_1 \to \cdots \to i_n = j$, 则可取

$$\mu_j = \frac{a_{i_0 i_1}}{\bar{a}_{i_1 i_0}} \frac{a_{i_1 i_2}}{\bar{a}_{i_2 i_1}} \cdots \frac{a_{i_{n-1} i_n}}{\bar{a}_{i_n i_{n-1}}}.$$

我们还有验证圈形条件和求出厄米化测度 μ 的算法, 见 [12; Algorithm 1].

作为定理 2 的直接应用, 我们来看看三对角/生灭矩阵的特殊情形. 设 $E = \{k \in \mathbb{Z}_+ : 0 \leqslant k < N+1\}$ $(N \leqslant \infty)$. 我们定义形式上相同的两个矩阵 T 和 Q (称为生灭矩阵) 如下:

$$
\begin{matrix} T \\ Q \end{matrix} =
\begin{pmatrix}
-c_0 & b_0 & & & & \mathbf{0} \\
a_1 & -c_1 & b_1 & & & \\
& a_2 & -c_2 & b_2 & & \\
& & \ddots & \ddots & b_{N-1} \\
\mathbf{0} & & & a_N & -c_N
\end{pmatrix},
$$

对于 T, (a_k), (b_k), (c_k) 为 3 个复数序列. 对于 Q, 要求: $a_k > 0$, $b_k > 0$, 每行行和为零. 若矩阵有限, 还要求末行行和小于零. 常简记为 T (或 Q) $\sim (a_k, -c_k, b_k)$.

推论 3 (三对角矩阵可厄米化判准. 陈 2018 [10]). 三对角矩阵 $T \sim (a_k, -c_k, b_k)$ 可厄米, 当且仅当下述两条件同时成立.

(1) 对角线元素为实;

(2) 或者 a_{i+1} 与 b_i 同为零, 或其积为正.

此时, 厄米化测度 $\mu = (\mu_n)$ 有如下递推算式

$$\mu_0 = 1, \quad \mu_n = \mu_{n-1} \frac{b_{n-1}}{\bar{a}_n}, \qquad n \geqslant 1.$$

随后, 我们将略去"a_{i+1} 与 b_i 同为零"情形, 因为此时可分块处理.

在继续深入之前, 注意可厄米矩阵 T 与生灭 Q 之间的差别. 粗略地说, T 由 5 个实数列决定, Q 由 2 个正数列 (等价地, 1 个实数列) 决定. 两者相距甚远. 我们之所以把它们放在一起, 是因为发现了两者之间存在"血缘"关系: 每一个可厄米的 T 都与某个生灭 Q 等谱 (有限或无限矩阵), 无妨将后者记作 $\widetilde{Q} \sim (\tilde{a}_k, -\tilde{c}_k, \tilde{b}_k)$. 更"神"的是, 我们可用两个已知的正数列 (c_k) 和 $u_k := a_k b_{k-1} = |a_k b_{k-1}|$ 将 $\widetilde{Q}$ 显式地表示出来. 最关键的是下述的单步迭代:

$$\tilde{b}_k = c_k - \frac{u_k}{\tilde{b}_{k-1}}, \qquad \tilde{b}_0 = c_0.$$

凡单步迭代总是显式. 此处是连分式

$$\tilde{b}_k = c_k - \cfrac{u_k}{c_{k-1} - \cfrac{u_{k-1}}{c_{k-2} - \cfrac{u_{k-2}}{\ddots \cfrac{}{c_2 - \cfrac{u_2}{c_1 - \cfrac{u_1}{c_0}}}}}, \qquad 1 \leqslant k < N.$$

有了序列 $(\tilde{b}_k)$ 之后, 容易完成 $\widetilde{Q}$ 的构造. 这里需要一点条件: 对于每一个 k, $c_k \geqslant |a_k| + |b_k|$. 当矩阵有限时, 只需用 $T + mI (m \gg 1)$ 代替 T. 然后, 命

$$\begin{cases} \tilde{c}_k \equiv c_k; \\ \tilde{a}_k = c_k - \tilde{b}_k, \ k < N; \quad \tilde{a}_N = u_N / \tilde{b}_{N-1} \ \text{如} \ N < \infty, \end{cases}$$

这里, $\tilde{a}_k$ 的取法只是因为 $\widetilde{Q}$ 行和的要求.

下面是本文称之为"新视角"的一个结果.

定理 4 (算法. 陈 2018 [10]). 　对于每一个 $T \sim (a_k, -c_k, b_k)$, 只要 $c_k \geqslant |a_k| + |b_k|$ 对任意 k 成立, 则 T 与如上构造的生灭矩阵 $\widetilde{Q} \sim (\tilde{a}_k, -\tilde{c}_k, \tilde{b}_k)$ 等谱 (对有限矩阵, 即有相同特征值).

此结果似乎简单得让人瞧不起. 是的, 一个好的数学结果不仅需要简洁, 还要求有深刻内涵和根本性 (即处于底层, 从而可扩展). 要看出此结果不简单, 只需想想为何 $\tilde{a}_k$ 和 $\tilde{b}_k$ 为正? 从定义看不出这一点. 此处, 我们再指出一个关键点. 这是笔者和张旭于 2014 年找到的一种 h 变换 [16]. 给定一个复矩阵或二阶微分算子. 比如说 A, 我们要构造一个等谱算子 $\tilde{A}$. 方法是使用几乎处处非零的调和函数 h: $Ah = 0$ 几乎处处, 对

于矩阵情形, 它将 A 的所有行和变为零; 对于微分算子情形 (例如 Schrödinger 算子), 它将位势项化为零. 对于目前的三对角矩阵 T, 调和方程乃相对简单的二阶差分方程. 众所周知, 对于变系数的二阶微分/差分方程, 并无通解. 所能指望的是寻求特解, 这全靠"锦囊妙计". 在 2014—2018 年, 笔者曾做过两次努力, 一直未能找到 h 的较好的表达式. 现在, 使用上述构造的变换 $T \to \widetilde{Q}$, 我们可写出很简单的表达式:

$$h_0 = 1, \quad h_n = h_{n-1} \frac{\tilde{b}_{n-1}}{b_{n-1}}, \qquad n \geqslant 1.$$

等价地,

$$h_0 = 1, \quad h_n = \prod_{j=0}^{n-1} \tilde{b}_j \Big/ \prod_{j=0}^{n-1} b_j, \qquad n \geqslant 1.$$

此式表面上简单, 却是典型的马后炮. 假如把上述的 $\tilde{b}_k$ 代进去, 容易看出 $\{h_n\}$ 与所给定的 T 的关系实质上极为复杂, 所以难怪之前费那么大劲都没能找到现在这么好看的 $\widetilde{Q}$. 应当特别指出: h 变换拥有普适性. 它将给谱理论带来很大困扰的"位势"项排除, 代之以标准的随机过程的生成元或二阶椭圆算子 (参见本文第四部分).

得出这样的结果是非常不容易的. 笔者前后共发表了三个不同证法: 原证 2018 [10]; 两个直接证明 2020 [11].

§8.3　离散谱

量子力学只关心离散谱 (分立谱). 对于有限矩阵, 谱总离散. 因而只需考虑无穷矩阵. 本节给出三对角矩阵离散谱的显式判准. 由等谱性, 只需写出关于 Q 矩阵情形的答案. 使用定理 4, 由它可立即得出可厄米 T 的谱离散性判准.

命 $\mathbb{Z}_+ = \{0, 1, 2, \cdots\}$. 设 $\widetilde{Q} \sim (\tilde{a}_k, -\tilde{c}_k, \tilde{b}_k)$. 定义

$$\tilde{\mu}_0 = 1, \quad \tilde{\mu}_k = \frac{\tilde{b}_0 \cdots \tilde{b}_{k-1}}{\tilde{a}_1 \cdots \tilde{a}_k}, \qquad k \geqslant 1.$$

记 $L^2(\tilde{\mu})$ 为 $\mathbb{Z}_+$ 上关于测度 $\tilde{\mu}$ 平方可积的实函数所构成的空间, 其常用内积记为 $(\cdot, \cdot)_{\tilde{\mu}}$. 由第 2 节已知, $\widetilde{Q}$ 可配称, 这等价于由二次型 $(-\widetilde{Q}f, g)_{\tilde{\mu}}$ 所定义的算子为自伴 (自共轭). 只是此时需要指定算子的定义域. 我们所关心的有两个. 其一为最大者: 它由满足条件 $(-\widetilde{Q}f, f)_{\tilde{\mu}} < \infty$ 的函数 $f \in L^2(\tilde{\mu})$ 构成. 其二是最小者: 它由具有有限支撑的函数扩张而成. 将两个算子分别记为 $\widetilde{Q}_{\max}$ 和 $\widetilde{Q}_{\min}$. 为读者方便, 我们重述取自 [9, 11] 的下述结果.

定理 5 ([9, 11]).

(1) 设 $\sum_{k=0}^{\infty} (\tilde{\mu}_k \tilde{b}_k)^{-1} < \infty$. 则 $\mathrm{Spec}(\widetilde{Q}_{\min})$ (:= $\widetilde{Q}_{\min}$ 的谱) 离散当且仅当

$$\lim_{n \to \infty} \sum_{j=0}^{n} \tilde{\mu}_j \sum_{k=n}^{\infty} (\tilde{\mu}_k \tilde{b}_k)^{-1} = 0.$$

(2) 设 $\sum_{j=0}^{\infty} \tilde{\mu}_j < \infty$. 则 $\mathrm{Spec}(\widetilde{Q}_{\max})$ 离散当且仅当

$$\lim_{n \to \infty} \sum_{j=n+1}^{\infty} \tilde{\mu}_j \sum_{k=0}^{n} (\tilde{\mu}_k \tilde{b}_k)^{-1} = 0.$$

(3) 设 $\sum_{k=0}^{\infty} (\tilde{\mu}_k \tilde{b}_k)^{-1} = \infty = \sum_{j=0}^{\infty} \tilde{\mu}_j$. 则 $\mathrm{Spec}(\widetilde{Q}_{\min}) = \mathrm{Spec}(\widetilde{Q}_{\max})$ 非离散. 特别地, 当

$$\sum_{i=0}^{\infty} \tilde{\mu}_i \sum_{j=i}^{\infty} (\tilde{\mu}_j \tilde{b}_j)^{-1} = \infty$$

时, 结论成立.

通常, 三对角矩阵对应于一维二阶椭圆算子, 两者的故事是平行的. 当然, 使用 h 变换可让我们去掉位势项, 回归通常理论. 所以自然要问, 此时的调和函数 h 是什么? 我们不久前才找到答案. 请容许此处略去答案不提 [13]. 更进一步, 对于矩阵情形, 上述的"三对角"条件可以去掉. 即每一可厄米矩阵等谱于某个生灭矩阵的谱.

引理 6. 复矩阵 $A = (a_{ij})$ 关于 μ 可厄米, 等价地

$$\mathrm{Diag}(\mu)A = A^H \mathrm{Diag}(\mu), \quad A^H := \bar{A}^*$$

当且仅当

$$\mathrm{Diag}(\mu)^{1/2} A \,\mathrm{Diag}(\mu)^{-1/2}$$

为厄米矩阵.

由此得知, 关于厄米矩阵的每一理论/算法均可延拓至可厄米矩阵. 非常可贵的是在文 [10] 中, 我们引进了将两者耦合在一起的算法. 又见 [14]. 更进一步, 还有拟配称化算法 [15].

Householder 变换. 对于每一 $m \times m$ 厄米矩阵 H, 存在一个推广的反射矩阵序列 $\{U_j\}_{j=1}^{m-1}$ 使得 $U := \prod_{j=1}^{m-1} U_j$ 为酉矩阵且 $T := UHU^H$ 变成实的、对称的三对角矩阵.

这样, 我们得到

$$\text{可厄米矩阵 } A \sim \text{厄米矩阵 } H \sim \text{三对角矩阵 } T \sim \text{生灭矩阵 } \widetilde{Q},$$

此处 "~" 为 "等谱". 更多细节见 [12; §4].

生灭矩阵理论有极丰富的积累, 千页的书恐不足以收入完整成果. 例如说笔者这一辈子写的最长一篇文章, 只讨论生灭过程, 发表出来有 137 页 [8].

如果从 C. G. J. Jacobi 1846 年的论文算起, 矩阵的特征问题已经历了 175 年. 2000 年初,《科学与工程计算》(Comput. Sci. Eng.) 刊出由美国物理研究所 (Amer. Inst. Phys.) 和 IEEE 计算机协会 (IEEE Comput. Soc.) 联合评选发布的 20 世纪的 10 大算法. 其中矩阵特征问题的算法占 3 个, 当中的一个就是刚刚讲的 Householder 变换. 因此, 在这方面的任何进步都来之不易. 现在, 我们已经把复可厄米矩阵 A 在复 $L^2(\mu)$ 上的谱等同于某生灭矩阵 $\widetilde{Q}$ 在实 $L^2(|h|^2 dx)$ 上的谱. 因为有了共同的标架, 可以讨论如上面所做过的离散谱的判准等. 更进一步, 我们已经完成可厄米矩阵的前面几个特征值的算法, 并已编程 [12]. 顺便提及, 基于 Schrödinger 方程, 对于量子化学, 量子计算是一个很成熟的领域. 已有 "Density Functional Theory"(获 1998 年诺贝尔化学奖): 有至少 15 种软件 (其中 10 种免费). 我们期盼基于矩阵力学的新想法也能在量子力学计算方面取得更多新进展.

至此, 我们已经做了一件很有意义的工作. 回想前面所述的百年大战, 其实还有 "Schrödinger 的猫" 等故事. 下面是前面已提到的 Schrödinger 所不接受的 Copenhagen 诠释. Bohr 于 1927 年 9 月提出 "互补性原理": "电子具有波粒二重性, 当你观察它们时呈粒子性, 不观察它们时以波的形式存在. 这称为波、粒对偶, 依赖于你以何种方式观察它." 这是至今为止物理学界所接受的传统解释. 如前所述 Schrödinger 至死不能接受, 是因为他觉得这有种心理学的味道. 2019 年笔者见到一篇文章说 "Copenhagen 诠释死掉了". 所以说是 "百年大战", 一点都不假. 大家也已经看到, 按照我们的路子, 波动性源于复结构, 但并非来自随机性. 从这点看, Einstein 是对的. 我们的谱同构, 使用的是某种 "滤波" 技术, 给出了统一的参考标架, 用于观测. 如同照相, 需要寻找好位置、排除障碍. 虽然同样用于观察, 但好像不牵涉波、粒二重性. 似乎也没有多少可争论的.

在最近的新书 [38; p. 71] 再次强调 $|\psi|^2$ 可观察, 但 ψ 不然. 从 ψ 到 $|\psi|$, 只忽略了因子 $e^{i\theta}$.

现在, 我们可以回到一开头所讲的被特征向量迭代 $\{v_n\}_{n=9}^{12}$ 搞晕的问题. 正是因为这个问题笔者才开始认真思考复矩阵及本文所讲的故事. 图 2 显示, 诸向量 $\{\tilde{v}_k\}_{k=9}^{12}$ 是在旋转. 旋转即波动, 不会改变模 $\|e^{i\theta_n}x\| \equiv \|x\|$. 我们现在把旋转去掉: 将每一向量除以它的第一个分量 $\tilde{v} := v/v(0)$. 这样, 5 个向量有共同的起点: 实轴上的 1. 将重整化后的 5 个向量画出来, 得出图 6.

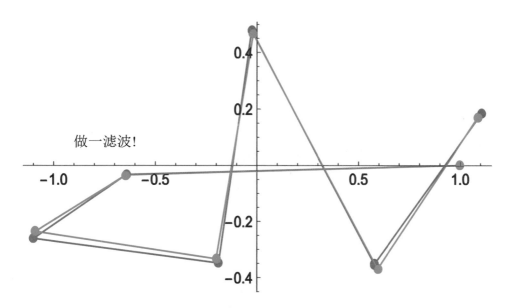

图 6 $\tilde{v}_{10},\tilde{v}_{11},\tilde{v}_{12}$ 及 $\tilde{g}$ 几乎重叠. 稍许偏离者(左边偏上、右边偏下)者为 $\tilde{v}_9$

除了 $\tilde{v}_9$ 稍许偏离而外, 其他的已无可见的差别. 事实上, $\tilde{v}_{12}$ 与 $\tilde{g}$ 相差 10^{-14}. 换言之, 这组向量构成一组近似的保角(共形)变换. 对于给定的 v_{n-1} 和推移 z_{n-1}, 命

$$w = (z_{n-1}I - A)^{-1}v_{n-1}.$$

当然, w 的辐角常不同于 v_{n-1} 的辐角, 从而迭代过程中, 辐角常在变. 然而通常的归一化程序 $v = w/\|w\|$ 不会改变 w 的辐角.

回到前面所述的变换

Hermitizable 矩阵 → Hermite 矩阵 → 实对称矩阵 → 生灭矩阵,

头、尾两步可能改变长度, 但中间一步是酉变换, 不改变长度, 只改变辐角 (反复多次). 到最后当然回到实 L^2 的坐标系.

至此, 我们已经给出了所谓波粒二重性 (也称为波粒二象性) 的一种比较自然的解释. 最后一步在统一的实 $L^2(|h|^2 dx)$ 上, 这与波动力学的流动空间完全不同! 计算生灭矩阵 $\tilde{Q}$ 的谱(观测), 自然无需用到函数 h 的辐角. 然而在复 $L^2(\mu)$ 上观测可厄米矩阵 A, 当然是在复的世界里; 所使用的 Householder 变换也是复的. 尽管这些变换很复杂, 但依然有计算程序, 属可解模型[12]. 因此依然没有随机性. 这样, 我们再一次认定 Einstein 的"上帝不掷骰子"是对的.

作为这部分的结尾, 我们说明这里的"可厄米"与 §8.1、第 2 节第 (5) 条所提及的"非厄米"之间的差别. 如果退到实矩阵情形, "可厄米"即是"可配称", 这对应于平衡态统计力学. 于是"非厄米"对应于非平衡态统计力学. 后者的谱在大多数情况下是复的. 从量子的角度看, 这意味着"非厄米"太大, 需加以限制. 这正是 §8.1、第 2 节第 (5) 条所提及的"$\mathscr{P}\mathscr{T}$"对称性的缘由. 本文所引进的"可厄米", 乃相应于平衡态统计力学, 虽然还不是拥有实谱的最大类, 但可视为"厄米"的最自然的拓广.

§8.4 微分(Schrödinger、等谱)算子

研究 Schrödinger 算子的两种数学方法

1) 研究 Schrödinger 算子 $L = \frac{1}{2}\Delta + V$ (这是数学写法, 与 §8.1、第 2 节第 (2) 条) 的物理写法相差一负号) 的常用方法是 Feynman-Kac 半群:

$$T_t f(x) = \mathbb{E}_x \Big\{ f(w_t) \exp \Big[\int_0^t V(w_s)ds \Big] \Big\},$$

其中 (w_t) 是标准布朗运动, 它常是无界半群. 用它来研究谱性质, 虽有不少工作, 可惜不太成功. 大家知道, Schrödinger 算子为量子力学而生, 今年(2024 年) 已 98 岁. 近百年来, 献给此算子的文献不计其数. 但对于量子力学所关注的谱离散问题, 据我们所知结果并不多. 例如说, 我们没能找到形如定理 5 的判准.

2) 前面已提及的 h 变换提供了研究 Schrödinger 算子的一种新方法:

$$L = \frac{1}{2}\Delta + V \to \widetilde{L} = \frac{1}{2}\Delta + \tilde{b}^h \nabla,$$

其中 h 为调和函数: $Lh = 0, h \neq 0$ (a.e.). 这样, $L^2(dx)$ 上的 L 等谱于 $L^2(\tilde{\mu}) := L^2(|h|^2 dx)$ 上的 $\widetilde{L}$.

现在考虑一般的微分算子. 设 $a_{ij}, b_i, c: \mathbb{R}^d \to \mathbb{C}, V: \mathbb{R}^d \to \mathbb{R}$, 并记 $a = (a_{ij})_{i,j=1}^d$, $b = (b_i)_{i=1}^d$. 定义 $d\mu = e^V dx$ 及 $L = \nabla(a\nabla) + b \cdot \nabla - c$. 首先是可厄米判准.

定理 7. (陈与李金玉 2020 [13]) 考虑 Dirichlet 边界. 算子 L 关于 μ 可厄米当且仅当 $a^H = a$ 及

$$\mathrm{Re}\, b = (\mathrm{Re}\, a)(\nabla V),$$

$$2\,\mathrm{Im}\, c = -((\nabla V)^* + \nabla^*)((\mathrm{Im}\, a)(\nabla V) + \mathrm{Im}\, b).$$

其次是等谱微分算子.

定理 8. (陈与李金玉 2020 [13]) 以 $\mathscr{D}(L)$ 表 L 在 $L^2(\mu)$ 中的定义域, 并设 $h: Lh = 0$, $h \neq 0$ (a.e.). 则 $(L, \mathscr{D}(L))$ 与 $(\widetilde{L}, \mathscr{D}(\widetilde{L}))$ 等谱:

$$\begin{cases} \widetilde{L} = \nabla(a\nabla) + \tilde{b} \cdot \nabla, \\ \mathscr{D}(\widetilde{L}) = \{\tilde{f} \in L^2(\tilde{\mu}): \tilde{f}h \in \mathscr{D}(L)\}; \end{cases}$$

其中

$$\tilde{b} = b + 2\operatorname{Re}(a)\mathbb{1}_{[h\neq 0]}\frac{\nabla h}{h}, \qquad \tilde{\mu} := |h|^2 \mu.$$

文 [11, 13] 分别给出了复三对角矩阵和一维二阶复微分算子的谱离散判准. 显而易见, 此方向上有大量工作等待完成.

结束语 本文将量子力学的基本物理单元从厄米拓展到可厄米 (矩阵或算子), 为观测 (谱) 提供了统一的标架 (生灭矩阵), 这些属量子力学的底层结构. 使用调和函数将带位势项的矩阵或算子的谱转化为不带位势项者, 这为研究带位势项的矩阵或算子的谱理论提供了新途径. 相应地产生了新算法 [12]. 简而言之, 本文提供了可能会有更多应用的量子力学的新架构、新谱论和新算法.

参考文献

[1] Accardi, L., Lu, Y.G., Volovich, I. (2002). *Quantum Theory and Its Stochastic Limit*. Springer, Berlin Heidelberg GmbH.

[2] Aebi, R. (1996). *Schrödinger Diffusion Processes*. Birkhäuser Verlag, Basel.

[3] Born, M., Heisenberg, W., and Jordan, P. (1926). *Zur Quantenmechanik*. II [矩阵力学 II]. Zeitschrift für Physik vol. 35: 557–615 (in German).

[4] Born, M. and Jordan, P. (1925). *Zur Quantenmechanik* [矩阵力学]. Zeitschrift für Physik [物理学杂志] 34: 858–888.

[5] Casado, C.M.M. (2008). *A brief history of the mathematical equivalence between the two quantum mechanics*. Latin-Amer. J. Phys. Educ. 2(2): 152–155.

[6] Chen, M.F. (2004). *From Markov Chains to Nonequilibrium Particle Systems*, 2nd ed. World Sci., Singapore.

[7] Chen, M.F. (2005). *Eigenvalues, Inequalities, and Ergodic Theory*. Springer, London.

[8] Chen, M.F. (2010). *Speed of stability for birth–death processes*. Front. Math. China 5(3): 379–515.

[9] Chen, M.F. (2014). *Criteria for discrete spectrum of* 1D *operators*. Commu. Math. Stat. 2(3/4): 279–309.

[10] Chen M.F. (2018). *Hermitizable, isospectral complex matrices or differential operators*. Front Math China 13(6): 1267–1311.

[11] Chen M.F. (2020). *On spectrum of Hermitizable tridiagonal matrices*. Front. Math. China 15(2): 285–303.

[12] Chen, M.F., Jia, Z.G., Pang, H.K. (2021). *Computing top eigenpairs of Hermitizable matrix*. Front. Math. China 16(2): 345–379.

[13] Chen, M.F. and Li, J.Y. (2020). *Hermitizable, isospectral complex second-order differential operators*. Front. Math. China 15(5): 867–889.

[14] Chen, M.F., Li, Y.S. (2019a). *Development of powerful algorithm for maximal eigenpair*. Front Math China 14(3): 493–519.

[15] Chen, M.F., Li, Y.S. (2019b). *Improved global algorithms for maximal eigenpair*. Front. Math. China 14(6): 1077–1116.

[16] Chen, M.F. and Zhang, X. (2014). *Isospectral operators*. Commu Math Stat 2(1): 17–32.

[17] Dirac, P.A.M. (1925). *The fundamental equations of quantum mechanics*. Proceedings of the Royal Society of London A109: 642–653.

[18] Dirac, P.A.M. (1930 — 1981). *The Principles of Quantum Mechanics*. Oxford Univ Press, 1st 1930, 4th 1958, New as paperback 1981.

[19] Eckart, C. (1926). *Operator Calculus and the Solution of the Equation of Quantum Dynamics*. Physical Review 28(4): 711–726.

[20] Fukushima, M. and Okada, M. (1987). *On Dirichlet forms for plurisubharmonic functions*. Acta Math. 159(3/4): 171–213.

[21] Heisenberg, W. (1925). *Über quantentheoretische Umdeutung kinematischer und mechanischer Beziehungen* [关于运动学和动力学关系的量子论解释]. Zeitschrift für Physik 33: 879–893 (in German).

[22] Jordan, T.F. (1985). *Quantum Mechanics in Simple Matrix Form*. Wiley-Interscience, New York. Also Dover Publications (2005).

[23] Kolokoltsov, V.N. (2011). *Markov Processes, Semigroups and Generators*. Walter De Gruyter GmbH, Berlin/New York.

[24] Laloë, F. (2019). *Do We Really Understand Quantum Mechanics?* 2012 1st ed., 2019 2ed ed. Cambridge Univ. Press, New York.

[25] Lawler, G.F. (2005). *Conformally Invariant Processes in the Plane*. Amer. Math. Soc. USA.

[26] Ludyk, G. (2018). *Quantum Mechanics in Matrix Form* (Undergraduate Lecture Notes in Physics). Springer, Berlin.

[27] Maslov, V.P. (1976). *Complex Markov Chains and Functional Feynman Integral* (in Russian). Nauka, Moscow.

[28] McCrimmon, K. (2004). *A Taste of Jordan Algebra*. Springer, New York.

[29] Moiseyev, N. (2011). *Non-Hermitian quantum mechanics*. Cambridge Univ. Press, New York.

[30] Nagasawa, M. (1993). *Schrödinger Equations and Diffusion Theory*. Birkhäuser, Basel.

[31] Nagasawa, M. (2000). *Stochastic Processes in Quantum Physics*. Springer, Basel AG.

[32] Parthasarathy, K.R. (1992). *An Introduction to Quantum Stochastic Calculus*. Springer, Basel AG.

[33] 钱敏, 侯振挺等著 (1979). 可逆马尔可夫过程 (也见本人主页专著栏). 长沙: 湖南科技出版社.

[34] Schrödinger, E. (1926). *An undulatory theory of the mechanics of atoms and molecules*. Phys. Rev. 28(6): 1049–1070. [乃当年作者几篇文章的综述]

[35] Schrödinger, E. (1926). *Über das Verhältnis der Heisenberg-Born-Jordanschen Quanten-mechanik zu der meinen* [关于 Heisenburg-Born-Jordan 的量子力学与 Schrödinger 的之间的关系]. Annalen der Physik 384(8): 734–756 (in German).

[36] Schrödinger, E. (1931). *Über die Umkehrung der Naturgesetze. Sitzungsberichte der preussis-chen Akad. der Wissenschaften Physicalisch Mathematische Klasse*, 144–153 (in German). [关于自然规律的逆转. 普鲁士科学院会议报告. 物理数学科学]

[37] Schrödinger, E. (1932). *Sur la théorie relativiste de l'électron et l'interprétation de la mécanique quantique*. Ann. Inst. H. Poincaré 2(4): 269–310 (in French). [关于电子的相对论和量子力学的解释. H. Poincaré 研究所纪事]

[38] Shabnam, S. (2019). *Quantum Mechanics: a Simplified Approach*. Boca Raton: CRC Press.

[39] Van Waerden, B.L. (1968). *Sources of Quantum Mechanics*. Dover Publ. Inc., New York.

[40] Von Neumann, J. (1932—2018). *Mathematical Foundations of Quantum Mechanics*. German edition 1932, English edition 1955, New TeX-edition, 2018. Princeton Univ. Press.

The author's papers (since 1993) are collected in the collections vols. 1—4 at the home-page http://math0.bnu.edu.cn/~chenmf (留心此处的 ～ 是键盘左上角上的 ～.)

后记 许多朋友可能会感到奇怪, 为何笔者关心起远非本行的量子力学. 其实, 笔者几十年的工作有两条主线: 一是寻找刻画相变的数学工具 (由此进入特征值估计), 源于概率论与统计力学的交叉; 二是华罗庚经济最优化理论的随机模型. 前者可参见 [6, 7], 后者可参见 [7; 第 10 章] 及其中所引文献. 就个人所知, Roland L'vovich Dobrushin 团队是国际上数学从公理化运动回归自然的开拓者 (1960 年代中叶. 参见本书文 [5; §5.2], 文 [11; §11.2]), 我一直非常敬佩他们的胆略. 在我们与统计力学 (着重于非平衡态) 的交叉研究方向做了 10 年之后 (1988 年冬), 当有机会首次访问他们的时候, 我忍不住当面向他请教: 你们开始的时候, 是不是学了许多统计力学. 他一听就笑了, 说: "不是的. 因为我们的目标是重新建立统计力学的数学基础, 所以不需要学很多统计力学. 当然, 辛钦的《统计力学的数学基础》小册子对我们帮助很大. 还有, 现在国际上已有不少物理学家也懂数学, 所以也给我们很大的帮助." 可能许多人不知道 Dobrushin, 但或许有不少人知道 Yakov Grigor'evich Sinai, 他后来也加入此团队. 本人有幸两次 (1988, 1997) 在莫斯科大学演讲, 分别由他们两个人主持. 他们后来也都当选为美国科学院的外籍院士 (Dobrushin: 1993, Sinai: 1997).

2020 年的 Abel 奖使我联想到随机数学近些年所获得的重大奖项: IMU 将首届应用数学 Gauss 奖颁发给 K. Itô (2006); Abel 奖先后三次颁发给本领域学者

Sathamangalam Ranga Iyengar Srinivasa Varadhan (2007), Ya.G. Sinai (2014) 和 Hillel Furstenberg & Grigoriĭ Margulis (2020). 后两人分别于 1989 和 2001 年当选美国科学院院士. 该奖至今共颁奖 18 次. 本领域学者占 1/6. 讲到这里, 我特别感激这五位中的前四位, 他们都曾帮过我. 同时, 不禁想起当年交往的同行中, 已有多位当选美国科学院院士. 这次在网上仔细查证了一下, 除上段所述的两位俄罗斯数学家之外, 在美国的竟还有 6 位之多. Varadhan 和他的好友 Daniel W. Stroock (我当年访美的导师)于同年 (1995) 当选, Rick Durrett (2007) (曾为我的两本英文专著写过书评, 并曾和我申报过美中合作项目 (1987)), Thomas M. Liggett (2008) (曾为我的第一本英文专著写过书评), Frank L. Spitzer (1981) 和 Harry Kesten (1983). Dobrushin 和 Spitzer 是俄、美两学派的领袖. Dobrushin 和我合作申请了俄中合作项目 (1995 年申报; 1998—1999 年执行). 上述 8 人中有 7 人访问过北京师大: Spitzer (1984, 45 天), Dobrushin (1988, 45 天), 仅有 Sinai 未能成行. 前四位美国院士访问过我国多次. 我曾写过一篇"感谢老师"的文章, 发表于"百年院庆感怀", 两文均可在我的主页中找到; 在专著 [6, 7] 中还可找到我们之间交往合作的诸多例证. 这些文章追忆了本人在国内外许多老师和朋友们那里所受到的熏陶. 我对这些师友们当然感激不尽.

致谢: 笔者以此题应邀在以下单位报告过: 江苏师大 (2019 年 6 月), 北京师大第十一届优秀大学生数学暑期夏令营 (2019 年 7 月), 中科院数学所 (2020 年 9 月). 笔者衷心感谢谢颖超、苗正科、刘伟、王恺顺、唐仲伟、许孝精、张平等教授的邀请和热情接待. 同时感谢以上各单位的资助. 作者还感谢本刊编辑的许多宝贵建议, 提升了本文的可读性.

本项研究得到国家自然科学基金委 (项目号: 11771046, 12090011)、国家重点研发计划 (项目号: 2020YFA0712900)、教育部"双一流"建设学科和江苏高校优势学科建设工程的资助.

第四部分

随机数学专题演讲

本文由如下两部分构成:

§9.1　概率与物理——从跳过程到无穷质点马氏过程

§9.2　概率与分析、几何——Malliavin 随机变分学

注: 本文为中国数学会成立 50 周年纪念大会邀请报告 (1985,
上海). 原载于《数学季刊》1986, 第 1 卷 1(1), 第 104–117 页.

近十年来, 概率论发展的主要特点是: 它与物理 (特别是统计物理)及数学其他分支之间的相互渗透. 下面的看法也许有一定的代表性:

"利用 Gibbs 态概念将抽象概率引进统计力学和材料力学, 将动态系统理论和遍历性理论应用于湍流的研究, 这是新近数学进入物理学的两个重要例子. 这些现象表明, 抽象数学和应用数学正在相互接近, 两者之间的相互作用正在产生着丰硕的成果."——摘自 "美国数学研究评审小组报告", 第 1 节, 数学研究中的某些进展. 1982.

"概率的技巧出现于越来越多的分支; 当然有统计学, 还有偏微分方程, 泛函分析与 Banach 空间的几何, 微分几何与流形上的分析, 动力系统……"——摘自法国国家科研中心 1981 年形势报告: "数学与数学模型", 第二部分.

(以上两文见《数学译林》1985, 第 4 卷, 第 1-2 期.)

目前, 国内概率论方面正在开展工作的就有近 20 个不同的方向, 涉及面很广. 我们不可能逐一介绍: 下面仅就笔者较为熟悉的两个侧面, 提供一些情况. 作为概率与物理相互渗透的例子, 我们将介绍无穷质点马氏过程; 作为概率与分析、几何相互渗透的例子, 我们将介绍 Malliavin 随机变分学. 当然, 我们将尽力避免过于专门的语言.

§9.1   概率与物理——从跳过程到无穷质点马氏过程

跳过程又称纯间断型马氏过程或 q 过程. 我们从最简单的例子谈起.

1. 简单例子

考虑一个粒子, 它有两个状态 ±1 (例如磁单子有南、北极). 假设粒子从 −1 变为 +1 的速率为 $b > 0$. 即在时间 $(t, t + \Delta t)$ 内, 从状态 −1 转到状态 +1 的概率为 $b\Delta t + o(\Delta t)$. 类似地, 从 +1 变为 −1 的速率为 $a > 0$. 再假定发生两次或两次以上变化的概率为 $o(\Delta t)$. 那么, 我们可以形式地写出无穷小算子:

$$\Omega f(x) = \sum_{y \in E} q(x, y)(f(y) - f(x)),$$

此处 $E = \{-1, 1\}$, f 为定义在 E 上的有界实函数, 而

$$Q := (q(x, y)) = \begin{bmatrix} -b & b \\ a & -a \end{bmatrix}$$

称为 Q 矩阵 (非对角线元素非负, 行和 $\leqslant 0$ 的矩阵). 当然, Ω 唯一决定一个马氏半群:

$$P(t) := \mathrm{e}^{tQ} = \begin{bmatrix} \frac{1}{a+b}(a + b\mathrm{e}^{-(a+b)t}) & \frac{b}{a+b}(1 - \mathrm{e}^{-(a+b)t}) \\ \frac{a}{a+b}(1 - \mathrm{e}^{-(a+b)t}) & \frac{1}{a+b}(b + a\mathrm{e}^{-(a+b)t}) \end{bmatrix}.$$

事实上, 它有平稳分布 $\mu = \left(\frac{a}{a+b}, \frac{b}{a+b}\right)$, 即满足

$$\mu = \mu P(t), \ t \geqslant 0; \qquad \sum_{x \in E} \mu(x) = 1.$$

而且, 若记 $\mathscr{I}$ 为 $P(t)$ 的一切平稳分布的全体, $|\mathscr{I}|$ 表示集合 $\mathscr{I}$ 的势, 那么 $|\mathscr{I}| = 1$. 即平稳分布只有一个.

这个平凡的例子已经反映出一般的情况. 在实际中, 譬如说物理、生物、化学和公用服务事业中, 我们首先知道的并非 $P(t)$, 而是 Ω. 因此, 对于给定的 Ω, 自然问

(I). 何时 Ω 唯一决定马氏半群 $P(t)$?

进一步问

(II). 何时 $P(t)$ 有平稳分布, 何时该分布唯一? 何时非唯一?

这两个问题是这一部分讨论的中心. 我们将逐步深入.

2. 跳过程

我们给出上例的一种抽象化. 设 $(E, \mathscr{E})$ 是任意一个可测空间, $\mathscr{E}$ 包含 E 中的一切单点集. 给定 $(E, \mathscr{E})$ 上的次马氏转移函数 $P(t, x, A)$ $(t \geqslant 0, x \in E, A \in \mathscr{E})$, 即它关于 x 可测, 关于 A 为非负测度, 满足压缩性: $P(t, x, E) \leqslant 1$ (此处允许"$\leqslant 1$", 所以称为"次马氏") 和 K-C 方程:

$$P(t + s, x, A) = \int P(t, x, \mathrm{d}y)P(s, y, A), \qquad s, t \geqslant 0, \ x \in E, \ A \in \mathscr{E}.$$

如果 $P(t, x, A)$ 还满足

$$\text{跳条件:} \quad \lim_{t \to 0} P(t, x, \{x\}) = 1, \qquad x \in E.$$

那么, 先是 A. N. Kolmogorov (1951), 后是 D. G. Kendall (1955) 证明了极限

$$\lim_{t \to 0} \frac{P(t, x, B) - \delta(x, B)}{t} \equiv q(x, B) - q(x)I_B(x), \qquad B \in \mathscr{R},$$

$$\mathscr{R} := \left\{ A \in \mathscr{E} : \lim_{t \to 0} \sup_{x \in A} (1 - p(t, x, \{x\})) = 0 \right\}$$

必定存在, 此处 $\delta(x, B) = I_B(x)$ 为示性函数, $q(x)$ 和 $q(x, \cdot)$ 关于 x 为 $\mathscr{E}$ 可测, $q(x, \cdot)$ 为 $\mathscr{R}$ 上的测度, 而且

$$0 \leqslant q(x, B) \leqslant q(x) \leqslant +\infty \ (\text{严格地讲, 在} \infty \text{ 前不用写 +, 写出有强调之意}).$$

由于 $q(x) = \infty$ 情形所知结果不多, 我们只限于 $q(x) < \infty \, (x \in E)$ 情况. 此时, $q(x, \cdot)$ 可唯一地扩张成 $\mathscr{E}$ 上的有限测度. 称如上的族 $q(x) - q(x, \cdot)$ 为 $(E, \mathscr{E})$ 上的 q 对, 而称相应的 $P(t, x, A)$ 为跳过程 (或 q 过程, 或 q 半群).

这样, 我们的问题 (I) 成为: 对于给定的 q 对, 何时存在跳过程 $P(t, x, A)$, 何时唯一? 这个问题最早是 W. Feller (1940) 提出的. 存在性由他本人 (1940) 和 J. Doob (1945) 解决. 但唯一性却要困难得多. 退到 E 为可列集情形, 就曾有过大量的研究. 我们国内有相当的基础. 已出版的研究专著有王梓坤 [44], 侯振挺和郭青峰 [20], 侯振挺 [17] 及杨向群 [47]. 可列情形的完全解答是侯振挺 [16] 得到的. 这是大家比较熟悉的获奖结果. 对于一般抽象空间, 胡迪鹤 [21] 和 [22] 得到部分的答案. 完全的解答是由笔者和郑小谷 [10] 得到的.

3. λ_π 不变测度猜想

比平稳分布更一般的概念是不变测度:

$$\mu = \mu P_t, \qquad t \geqslant 0,$$

此处不假定 μ 为概率测度. 不变测度的存在性始终是概率论、位势理论和遍历理论研究的重要课题之一. 人们早就知道, 非平凡不变测度可以不存在.

今设 $(E, \mathscr{E})$ 为 "较好" 的拓扑空间, $P(t, x, A)$ 是 " 较好" 的马氏转移函数. 定义

$$\lambda_\pi = \inf\{\lambda \in \mathbb{R} : \exists \text{非零 Radon 测度 } \mu, \text{ 使得 } \mu P_t \text{ 也是 Radon 测度且}$$

$$\mathrm{e}^{\lambda t} \mu \geqslant \mu P(t), \quad t \geqslant 0\}.$$

此处 $P(t)$ 是由 $P(t, x, A)$ 所决定的半群. 那么, 可证存在一实数 $\lambda_\pi \in (-\infty, 0]$, 它是 $P(t)$ 某种意义下常返性与非常返性的分界点. 当 $P(t)$ 为自共轭时, λ_π 是它的最小特征根. 基于分析和几何的考虑, D. Sullivan 和 D. W. Stroock [42] 提出如下猜想: 在相当一般的条件下, 一定存在非平凡的 Radon 测度 μ, 使

$$\mathrm{e}^{\lambda_\pi t} \mu = \mu P(t), \qquad t \geqslant 0.$$

此时称 μ 为 λ_π 不变测度. 当然, 这个猜想在许多情况下是正确的 (见 [42]). 如果这个猜想能够成立, 那么, 我们可以建立起比通常位势理论漂亮得多的新的位势理论——λ_π 位势理论.

　　1982 年, 笔者构造出一些反例, 说明这一猜想在一般情况下可能不成立. 更进一步, 我们构造出 $P(t)$ 的某种对偶半群 $\tilde{P}(t)$, 使得关于 $P(t)$ 的 λ_π 不变测度的存在性等价关于 $\tilde{P}(t)$ 的普通不变测度的存在性. 这样, 我们就把新理论归结到旧理论的框架中去 [9].[24]

4.　Ising 模型

让我们再回到前面的简单例子.

如果考虑有限多个粒子, 每个粒子也取 ±1 两种状态, 那么, 状态空间成为 $E = \{-1, +1\}^N (N < \infty)$. 若设每一粒子与前例有一样的变化率 $b_i > 0$ 和 $a_i > 0$, $i = 1, 2, \cdots, N$. 那么, 我们也有相同的结论: Ω 唯一决定马氏半群, 而且 $|\mathscr{I}| = 1$.

　　如果考虑无穷多个粒子, 情况又怎么样呢?

　　让我们先交代几个记号. 假定每个粒子位于 d 维空间的格子点 $\mathbb{Z}^d$ 上. 那么, 状态空间就是 $E = \{-1, +1\}^{\mathbb{Z}^d}$. 赋紧乘积拓扑. 设 $\eta = (\eta(u) : u \in \mathbb{Z}^d) \in E$, 定义 $_u\eta \in E$ 如下:

$$_u\eta(v) = \begin{cases} \eta(v), & v \neq u, \\ -\eta(u), & v = u, \end{cases}$$

这里, η 表示这个无穷粒子系统的一个状态, 而 $_u\eta$ 表示仅有位于 u 位置的粒子状态 $\eta(u)$ 变为它相反的状态 $-\eta(u)$. 我们用 $c(u, \eta)$ 表示这一变化的变化率. 那么, 我们可以写出算子

$$\Omega f(\eta) = \sum_{u \in \mathbb{Z}^d} c(u, \eta)[f(_u\eta) - f(\eta)],$$

此处 f 为 E 上的某种连续函数. 称由 Ω 所决定的过程为自旋变相过程. 特别地, 取

$$c(x, \eta) = \exp\left[-\beta \sum_{u,v \in \mathbb{Z}^d : |u-v|=1} \eta(x)\eta(x+u)\right], \qquad x \in \mathbb{Z}^d, \ \eta \in E,$$

我们便得到 Ising 模型. 此处 $|\cdot|$ 表示欧式范数, $\beta > 0$ 是反温度.

---

[24] 又见 [7], §13.4 及后来出版的研究专著 Chen, M.F. (第一版 1992, 第二版 2004): "From Markov Chains to Nonequilibrium Particle Systems", World Sci. Singapore. 定理 4.70.

对于 Ising 模型, 出现了与有限粒子情形完全不同的现象! 例如说 $d = 2$ 时, 我们有(本书所用的 log 乃国际上通用的以 e 为底的对数, 国内教材常写成 ln)

$$|\mathscr{I}|\begin{cases} = 1, & \text{如 } \beta < \beta_2 := \frac{1}{2}\log(1 + \sqrt{2}) \approx 0.44, \\ > 1, & \text{如 } \beta > \beta_2, \end{cases}$$

当 $d \geqslant 3$ 时, 也存在临界值 β_d (但精确值尚未找到). 当 $d = 1$ 时, $|\mathscr{I}| = 1$. 换言之, $\beta_1 = +\infty$.

这种临界现象物理学家称之为 "相变". 通俗地说, 水在常温下为液态, 而在温度 0°C 时为固态, 在 100°C 时变为气态, 这就是相变. 此时 0°C 与 100°C 都称为临界值.

Ising 模型是 E. Ising 1925 年提出来的. 物理学家和数学物理学家作了大量的研究. 现在依然很热闹. 就说二维 Ising 模型, 就有一本专著 [31]. 李政道、杨振宁 (1952) 曾有重要贡献. 物理学家使用的是 "热力学极限", 他们首先算出了 β_2 的值.

1965 年, R. L. Dobrushing 使用概率论工具, 严格地证明了当 $d \geqslant 2$ 时, 相变必定存在, 诞生了 "随机场" 的新的概率论分支. 作为姐妹分支的 "无穷交互作用粒子系统" (又称 "无穷质点马氏过程") 也相继出现了, 两者的主要区别在于前者是静态的, 后者是动态的 (即含有时间参数 $t \geqslant 0$); 我们上面所使用的语言属于后者.

过去, 随机过程研究较多的是单个粒子运动, 例如随机游动、生灭过程和布朗运动等. 上面, 我们已经看到, 有限个粒子系统不会有相变. 因此, "无穷质点" 和以往的随机过程论所研究的对象就有着本质的区别. 另一方面, 局部地看, Ising 模型是一个简单的跳过程, 因此, "无穷质点" 的研究以跳过程为必要基础. 这正好反映了我们工作的特点: 从 "跳过程" 到 "无穷质点".

5. 有势性与可逆性

对于 Ising 模型, 之所以能够得到这么好的结果, 主要有两个原因:

(i) 状态空间 $E = \{-1,\ +1\}^{\mathbb{Z}^d}$ 是紧的; 从而 $|\mathscr{I}| \geqslant 1$;

(ii) $P(t)$ (等价地, Ω) 关于概率测度 μ 是可逆的, 即它是 $L^2(\mu)$ 上的自共轭算子.

关于跳过程的可逆性, 国内有不少工作. 早在 1979 年, 我们就出版过研究专著 [36]. 特别地, 侯振挺和笔者 [18] 把分析中的古典场论引入跳过程, 把跳过程的可逆性归结为判断一个场的有势性. 使我们能够使用像 " 路径无关性" 等场论的思想. 随后, 严士健、丁万鼎、唐守正和笔者等以场论作为基本工具, 给出了自旋变相过程和其他一些过程的可逆性判准. 这些判准十分简洁而有效. 而且, 我们证明了 Gibbs 态就是可逆测度. 关于这方面, 国内有很多工作 (见 [5]~[7], [11], [12], [28], [36], [37], [43], [46], [48] 和 [49]).[25]

如果过程不是可逆的, 那么情况更为复杂. 为说明这一点, 我们介绍一个十多年来一直未能解决的重要猜想.

6. 正速度猜想[29]

这是一维的自旋变相过程. 假设 $c(x, \eta)$ 满足

(i) 正性: $c(x, \eta) > 0, x \in \mathbb{Z} = \mathbb{Z}^1, \eta \in E = \{-1, +1\}^{\mathbb{Z}}$.

(ii) 平移不变性: $c(x + y, \eta(\cdot + y)) = c(x, \eta), x, y \in \mathbb{Z}, \eta \in E$.

(iii) 有限程: 存在 $L \in (0, \infty)$, 使 $c(x, \eta)$ 只依赖于 $\{y \in \mathbb{Z} : |x - y| \leqslant L\}$.

那么 $|\mathscr{I}| = 1$.

为说明这一猜想的难度, 让我们看看最简单的情况:

$$c(x, \eta) = 1 + a\,\eta(x) + b\,\eta(x + 1) + c\,\eta(x)\eta(x + 1), \quad x \in \mathbb{Z}, \eta \in E.$$

此处 a, b 和 c 取为保证 $c(x, \eta) > 0$ 的非零常数. 依这三个参数的正、负, 可分为八种情况. 虽经 R. Holley 和 D. W. Stroock, L. Gray 和 T. M. Liggett 等人的努力, 这个猜想也只是解决了 $\frac{6}{8} + \varepsilon$ (八种情形有六种已经解决, 结果稍许多点), 并没能完全解决.

顺便指出, 在 "无穷质点马氏过程" 中, 存在着大量的未解决问题. 刚刚出版的第一本系统的专著 [29] 中, 就列举了约 60 个未解决问题, 普遍的看法是: 这里的问题在数学上都有相当的难度.

直到目前为止, 国外的工作基本上都还是处理经典的统计物理, 那么, 能否使用这套理论处理现代统计物理呢? 我们知道, 当今统计物理最活跃的是非平衡相变. 典型例子如下.

7. Schlögl 模型 [32]

状态空间是 $E = \{0, 1, 2, \cdots\}^{\mathbb{Z}^d}$, 算子 (略有简化) 是

$$\Omega f(\eta) = \sum_{x \in \mathbb{Z}^d} [(\lambda_1 \eta(x) + b)[f(\eta + e_x) - f(\eta)] + \lambda_2 \eta(x)^2 [f(\eta - e_x) - f(\eta)]]$$

$$+ \sum_{x \in \mathbb{Z}^d} \lambda_3 \eta(x) \sum_{y \in \mathbb{Z}^d} p(x, y)[f(\eta - e_x + e_y) - f(\eta)],$$

---

[25]场论工具已拓广到复矩阵或微分算子, 并应用于量子力学. 参见本文集中的综述报告 "量子力学的数学新视角" 及其中所引文献.

此处 $\lambda_1, \lambda_2, \lambda_3, b > 0$, $p(x,y)$ 是 $\mathbb{Z}^d$ 上的转移概率矩阵, 而 e_x 表示在 x 处为 1、其余地方为 0 的 E 中的单位向量. 此模型的直观解释是: 把每一个位置 $u \in \mathbb{Z}^d$ 想象成一个小盒子, 在这个盒子里有化学反应. 我们所关心的是每一个盒子中粒子的个数. 右方第一项表示生一个粒子, 第二项表示死一个; 第三项表示不同位置之间的扩散 (迁移).

我们注意, 这个状态空间 E 依乘积拓扑既非局部紧也非 σ 紧, 从而 Ω 谈不上局部有界. 事实上, Ω 也不是可逆的. 由此可见, Ising 模型的两条好性质 (紧性和可逆性) 它都不满足, 因而要困难得多. 早在 1979 年年初, 我们就关心这个问题, 但一直一筹莫展. 真正的进展开始于 1983 年秋季. 先是严士健和笔者 [45] 完成了有限维情形, 然后郑小谷和丁万鼎完成了无穷维线性情形 [51], 同时做了相变问题 [13].

现在, 我们已经有了较一般的存在定理 [3, 8], 它包括了 Schlögl 模型 (非线性) 等已有的全部结果. 我们综合使用了美、苏学者的方法, 但更重要的是我们完成了跳过程耦合 (Coupling) 这一基本工具 [4], 而这得益于我们先前关于跳过程的研究工作.

回到 Schlögl 模型, 我们已经证明 $|\mathscr{I}| \geqslant 1$. 我们也能够证明在某些情况下有 $|\mathscr{I}| = 1$, 详见 [7]. 为了证明相变的存在性, 我们还需要证明存在 $|\mathscr{I}| > 1$ 的情形. 我们坚信如此, 但还未完成证明. [26]

8. 几点说明

(1) 如果状态空间 E 可列, 那么 $P(t)$ 是一个有限或可数矩阵. 看看矩阵论的著作, 就会知道跳过程的研究对于矩阵论的影响. 下面是一个较近的有趣例子.

任给非负矩阵 A, 则必定存在对角矩阵 V, 使得 $A - V =: Q$, Q 是一个保守矩阵 (非对角线元素非负、行和为 0). 以下也把 V 理解为向量. 作为新近发展起来的 Donsker-Varadhan 大偏差理论 (Large deviations)[27]的直接理论, 我们得到矩阵 A 的最大特征根的如下表示:

$$\lambda_{\max}(A) = \lambda_{\max}(Q+V) = \max_{\substack{\alpha:\,\alpha_j \geqslant 0 \\ \sum_{k=1}^n \alpha_k = 1}} \left\{ \sum_{i=1}^n \alpha_i V(i) + \inf_{u:\,u_j > 0} \sum_{i,j=1}^n \alpha_i \frac{q_{ij}u_j}{u_i} \right\},$$

此处 $(q_{ij}) = Q$. 这就是用概率方法得到矩阵论的一个新结果. 那么, 能否不用大偏差理论直接证明这个公式呢? M. Kac [24] 说为回答他 1979 年在 Berkeley 提出的这一挑

---

[26]以 Schlögl 模型为代表的"无穷维反应扩散过程"乃是笔者所在团队研究非平衡统计物理的重心, 在本文发表后的 35 年间, 已逐步趋于成熟. 与此同时, "耦合与概率距离方法"得以很大发展, 并成功地应用于多个数学领域. 例如见笔者的另一部研究专著: "Eigenvalues, Inequalities, and Ergodic Theory", Springer, 2005.

[27]因为对此理论所作出的贡献, S.R.S. Varadhan 于 2007 年荣获 Abel 奖. 详见本文集中的"概率论的进步".

战, 一年之后, P. Chernoff 和 I.M. Singer, D. Friedan 找到了直接证明.

　　上面括号内的第二项的反号在大偏差理论中称为 rate function. 它实质上相应于统计物理中的 Boltzmann 熵. 这就把大偏差理论与研究统计力学的随机场和无穷质点过程联系了起来, 详见新著 [23].

(2) 当然, q 半群理论应该算作是半群理论的一部分. 也许这使我们首先想到的是著名的 Hille-Yosida 定理. 然而, 虽然我们的唯一性准则的证明从形式上看是纯分析的, 但却与 Hille-Yosida 定理无关.

(3) 跳过程与微分方程的联系是通过 Kolmogorov 向后微分方程

$$\frac{\mathrm{d}}{\mathrm{d}t}P(t,x,A) = \int q(x,\mathrm{d}y)P(t,y,A) - q(x)P(t,x,A)$$

和向前微分方程

$$\frac{\mathrm{d}}{\mathrm{d}t}P(t,x,A) = \int P(t,x,\mathrm{d}y)q(y,A) - \int_A P(t,x,\mathrm{d}y)q(y)$$

来实现的 (这是后一部分所讨论的问题的出发点). 然而, 即使 E 为可列的情形, 我们所得到的也是无穷多个微分方程, 不属于通常微分方程所讨论的范围.

　　虽然有些跳过程并不满足这两个方程. 但何时有满足这两个方程(或其一)的解的存在性和唯一性的充要条件都已经得到 (见 [19] 和 [50]).

(4) 应当指出: 对于 Ising 模型等统计物理模型的研究, 有许多不同的数学方法. 例如说, 对于 Schlögl 模型, 我们考虑的是粒子的个数. 如果考虑粒子的密度, 作为一种近似, 我们将得到一个非线性微分方程—— 反应扩散方程.

(5) 介绍几本有代表性的专著. 除了上面已经提到的 T. M. Liggett [29] 之外, 还有 H.O. Georgii [14], D. Griffearh [15] 和 D.W. Stroock [41]. 我们没有涉及的关于随机场的著作有 R.S. Ellis [23], C.H. Preston [34, 35], D. Ruelle [38, 39], Ya.G. Sinai [40]. 关于渗流理论有 H. Kesten [25]. 与此有关的还有 "随机环境中的随机过程", "多参数(多指标)随机过程"等, 目前都十分活跃.

　　关于概率与物理的另一个值得注意的方向是量子概率. 它已不是 Kolmogorov 公理意义下的概率论了.

　　这一部分内容取材于笔者的 [7].

§9.2 概率与分析、几何——Malliavin 随机变分学

1. 偏微分方程与随机微分方程

熟知, 方程

$$\begin{cases} \dfrac{\partial u}{\partial t} = \dfrac{1}{2}\Delta u \\ \lim_{t\downarrow 0} u(t,x) = \varphi(x), \quad x \in \mathbb{R}^n,\ \varphi \in \mathscr{C}^2(\mathbb{R}^n) \end{cases}$$

有唯一解

$$u_\varphi(t,x) = \int \varphi(y)P(t,x,\mathrm{d}y), \tag{1}$$

此处

$$P(t,x,\mathrm{d}y) = \frac{1}{(2\pi t)^{n/2}}\exp\left[-\frac{|x-y|^2}{2t}\right]\mathrm{d}y,$$

它是 n 维布朗运动的转移概率函数. 这是把微分方程与概率论联系起来的原始出发点. 实际上, 如写成积分形式, 上面的热方程相应于关于布朗运动、上节提到过的 Kolmogorov 向后方程. 我们留意, 对于每个 $t > 0$, 这个 $P(t,x,\cdot)$ 关于 Lebesgue 测度有光滑密度.

布朗运动的数学描述如下: 记 Θ 为定义在 $(0,\infty)$ 上取值于 $\mathbb{R}^n$ 的连续函数的全体, 初值为零. 在 Θ 上赋紧集上一致收敛拓扑, 它产生 σ 代数 $\mathscr{B}$. 再设 $\mathscr{B}_t$ 是由 $\theta(s)(0 \leqslant s \leqslant t)(\theta \in \Theta)$ 生成的 σ 代数. 定义 $(\Theta, \mathscr{B})$ 上的 Wiener 测度 $\mathscr{W}$ 如下:

$$\mathscr{W}[\theta(t+h)\in\Gamma|\mathscr{B}_t] = \frac{1}{(2\pi h)^{n/2}}\int_\Gamma \mathrm{e}^{-|y-\theta(t)|^2/(2h)}\mathrm{d}y, \quad t \geqslant 0,\ h > 0,\ \Gamma \in \mathscr{B}(\mathbb{R}^n).$$

我们称 $(\{\theta\}_{t\geqslant 0}, \{\mathscr{B}_t\}_{t\geqslant 0}, \mathscr{W})$ 为布朗运动. 定义布朗运动的泛函 (又称 Wiener 泛函)

$$X(t,x,\theta) = x + \theta(t), \tag{2}$$

则 (1) 成为

$$u_\varphi(t,x) = \mathbb{E}^{\mathscr{W}}\varphi(X(t,x)),$$

此处 $\mathbb{E}^{\mathscr{W}}$ 表示关于 Wiener 测度 $\mathscr{W}$ 的数学期望. 这样, 我们就用泛函 $X(t,x,\cdot)$ 表示了方程的解. 再与 (1) 比较, 我们导出如下基本关系:

$$P(t,x,\cdot) = \mathscr{W} \circ X^{-1}(t,x),$$

此处 $\mathscr{W} \circ f^{-1}(B) = \mathscr{W}[f \in B]$. 当然, 因为算子是 Δ, 在目前的情况下, 上式是平凡的.

一般地, 代替 (2), 我们考虑随机积分方程

$$X(T, x) = x + \int_0^T \sigma(X(t, x))\mathrm{d}\theta(t) + \int_0^T b(X(t, x))\mathrm{d}t \qquad (3)$$

(取 $\sigma =$ 单位矩阵 I, $b = 0$, (3) 便化成 (2)). 那么,

$$u_\varphi(t, x) = \mathbb{E}^{\mathscr{W}} \varphi(X(t, x))$$

将给出方程

$$\begin{cases} \dfrac{\partial u}{\partial t} = Lu, \\ \lim_{t\downarrow 0} u(t, x) = \varphi(x), \quad x \in \mathbb{R}^n, \ \varphi \in \mathscr{C}^2(\mathbb{R}^n) \end{cases}$$

的解, 此处

$$L = \frac{1}{2} \sum_{i,j=1}^n a^{ij}(x) \frac{\partial^2}{\partial x^i \partial x^j} + \sum_{i=1}^n b^i(x) \frac{\partial^2}{\partial x^i},$$

而 $a(x) = \sigma(x)\sigma(x)^*$ 非负定. 与前面一样, 我们也得到 (3) 式.

我们注意, 在这种较一般的情况下, (3) 式的左方是一个比较抽象的量, 没有解析表达式. 而其右方可以用迭代法得到: 命

$$X^{(0)}(T, x) = x,$$

$$X^{(n+1)}(T, x) = x + \int_0^T \sigma(X^{(n)}(t, x))\mathrm{d}\theta(t) + \int_0^T b(X^{(n)}(t, x))\mathrm{d}t, \quad n \geqslant 1, \qquad (4)$$

则 $\lim_{n\to\infty} X^{(n)}(T, x) = X(T, x)$. 这表明了用概率方法研究微分方程更具体和更直观. 这正是引进 Itô 积分的原始观点.

2. Itô 积分

方程 (4) 中含有 $\mathrm{d}\theta(t)$. 它不是普通的积分. 事实上, 布朗运动是几乎处处不可微的, 而且被积函数也是随机的. 区别于 Riemann-Stieltjes 积分, Itô 取左端点. 例如对于一维布朗运动,

$$\int_0^1 \theta(t)\mathrm{d}\theta(t) := \lim_{n\to\infty} \sum_{k=0}^{2^n-1} \theta\left(\frac{k}{2^n}\right)\left[\theta\left(\frac{k+1}{2^n}\right) - \theta\left(\frac{k}{2^n}\right)\right]$$

$$= \frac{1}{2}\theta(1)^2 - \frac{1}{2}\theta(0)^2 - \frac{1}{2}.$$

极限是在 L^2 意义下取的.

相应于微积分基本公式, 我们有 Itô 公式 (一维情形):

$$f(\theta(t)) - f(0) = \int_0^t f'(\theta(s)) \mathrm{d}\theta(s) + \frac{1}{2} \int_0^t f''(\theta(s)) \mathrm{d}s.$$

这里, 与通常微分基本公式相比, 右方增加了二阶项. [28]

我们已经从分析的角度看出了 Itô 积分与通常积分的不同之处. 如果用几何的语言来说, 为描述随机曲面, 用一阶切向量去逼近是不够的; 换言之, 随机微分几何本质上应当是 "二阶微分几何". 这是它区别于通常微分几何 (无妨称为 "一阶微分几何") 的主要标志.

相应于微积分另一基本公式—— 分部积分公式, 我们也有随机积分的分部积分公式. 不过, 应把对布朗运动的随机积分改成对半鞅的随机积分, 此公式才能得到较好的描述. 然而, 困难得多的是另一种意义下的分部积分公式. 这是下节的主题.

3.   Malliavin 微分

P. Malliavin 通过对泛函 $X(t, x)$ 的某种微分引出 Wiener 空间上的一个分部积分公式. 以此来研究 $P(T, x, \cdot) = \mathscr{W} \circ X^{-1}(T, x)$ 的密度的光滑性.

先看密度函数的存在性. 由经典的 Sobolev 空间理论知道: 如果 μ 是 $\mathbb{R}^n$ 上的一个概率测度, 对于每个 k, 存在 $\psi_k \in L^1(\mu)$ 使

$$\int \frac{\partial \varphi}{\partial x_k} \mathrm{d}\mu = - \int \varphi \psi_k \mathrm{d}\mu, \qquad \varphi \in \mathscr{C}_0^\infty(\mathbb{R}^n),$$

则 μ 有密度 f. 即 $\mu(\mathrm{d}x) = f(x)\mathrm{d}x$. 这实质上是一种分部积分公式. 把 μ 换成 $P(t, x, \cdot)$, 我们需要求 $\psi_k(t, x, \cdot) \in L^1(P(t, x, \cdot))$, 使得

$$\int \frac{\partial \varphi}{\partial x_k}(y) P(t, x, \mathrm{d}y) = - \int \varphi(y) \psi_k(t, x, y) P(t, x, \mathrm{d}y), \qquad \varphi \in \mathscr{C}_0^\infty(\mathbb{R}^n),$$

更进一步, 由于 $P(t, x, \cdot) = \mathscr{W} \circ X(t, x)^{-1}$, 我们要做的就是寻求 $\psi_k(t, x, X(t, x)) \in L^1(\mathscr{W}), 1 \leqslant k \leqslant n$, 使得

$$\mathbb{E}^{\mathscr{W}}\left[\frac{\partial \varphi}{\partial x_k} \circ X(t, x)\right] = -\mathbb{E}^{\mathscr{W}}[\varphi \circ X(t, x) \psi_k(t, x, X(t, x))], \qquad \varphi \in \mathscr{C}_0^\infty(\mathbb{R}^n).$$

这是 Wiener 空间 $(\Theta, \mathscr{B}, \mathscr{W})$ 上的分部积分公式.

当然, ψ_k 应当由关于 $X(t, x)$ 的某种微分运算得到. 问题在于: $X(t, x)$ 关于 Θ 上的任何一种 Banach 范数都不连续, 更谈不上使用 Banach 空间上的微分法. Malliavin 的

---

[28] K. Itô 因这一贡献于 2006 年荣获首届 Gauss 应用数学奖. 见本文集"概率论的进步".

主要贡献之一是引进算子 L——它是无穷维 Ornstein-Uhlenbeck 过程的无穷小算子, 来刻画上述的 ψ_k. 这种方法经过 D.W. Stroock 的发展而称为 Malliavin-Stroock 方法. 它的优点是比较自然和直观. 第二种方法是使用 Fréchet 导数. 这种方法使用较多的泛函分析, 更为直接, 称为 Meyer-Shigckawa 方法. 第三种方法是直接的概率方法, 属于 J.M. Bismut. 前两种方法实质上是等价的. 后一种方法有所不同.

理解这些方法最好的途径是考察有限维空间. 例如说对于第二种, 取 $\Theta = \mathbb{R}^N$,

$$\mathscr{W}(\mathrm{d}\theta) = (2\pi)^{-N/2} \exp\left[-|\theta|^2/2\right] \mathrm{d}\theta,$$

此处 $|\cdot|$ 为通常的欧氏范数. 为了与后面一致, 我们也用 H 表示 $\mathbb{R}^N$, 并用 $(\cdot,\cdot)_H$ 表示通常的欧氏内积. 对于任给的 $\Phi \in \mathscr{C}_\uparrow^\infty(\mathbb{R}^N) = \mathscr{C}_\uparrow^\infty(\mathbb{R}^N, \mathbb{R})$ (表示 $\mathbb{R}^N$ 上光滑实函数、函数本身及各阶偏导数均为多项式所控制), 定义 $D\Phi : \Theta \to H$ 如下:

$$(D\Phi(\theta), h)_H = \frac{\mathrm{d}}{\mathrm{d}\xi}\Phi(\theta + \xi h)|_{\xi=0}.$$

显然, $D\Phi$ 是通常的 $\mathrm{grad}\,\Phi$. 其次, 设 $\psi \in \mathscr{C}_\uparrow^\infty(\mathbb{R}^N, H)$, 定义

$$\partial\psi(\theta) = \sum_\mu \left[-(D\psi(\theta), h_\mu \otimes h_\mu)_{H\otimes H} + (\theta, h_\mu)_H(\psi(\theta), h_\mu)_H\right],$$

此处 $\{h_\mu\}$ 为 H 中的标准正交基. 如使用通常记号, 则

$$\partial\psi = -\mathrm{div}\,\psi + \theta \cdot \psi.$$

现在, 由分部积分立得

$$\int (D\Phi, \psi)_H \mathrm{d}\mathscr{W} = \int \Phi \partial\psi \mathrm{d}\mathscr{W}.$$

其次, 记 $A = (D\Phi, D\Phi)_H$, 并设 $\varphi \in \mathscr{C}_0^\infty(\mathbb{R}^1)$, 如果 $A \geqslant \varepsilon > 0$, 那么, 我们将立即得到

$$\mathbb{E}^{\mathscr{W}}[\varphi' \circ \Phi] = -\mathbb{E}^{\mathscr{W}}[\varphi \circ \Phi \psi],$$

这里

$$\psi = A^{-2}(DA, D\Phi)_H - A^{-1}\partial D\Phi.$$

这便导出所需的结果.

在这种简单情形下, 对 Φ 已提出了两个要求: Φ 的光滑性及 A 的正性. 把这一手法推广到 Wiener 空间, 要点是: 以 Sobolev 光滑性代替 $\mathscr{C}_\uparrow^\infty$, 而用 $1/A$ 的可积性代替 $A \geqslant \varepsilon$.[29]

---

[29]本节的余下部分涉及许多技术性细节, 要求一定的数学基础. 如无特别需要, 可略去. 在本文发表后的 35 年来, 此方向已有很多发展, 也已经出版许多论著.

现在, 考虑一般情况. 不失一般性, 可把前面的 Θ 改为

$$\Theta = \left\{ \theta \in \mathscr{C}([0,\infty); \mathbb{R}^n) : \theta(0) = 0, \ \lim_{t\to\infty} \frac{|\theta(t)|}{1+t} = 0 \right\},$$

它是以

$$\|\theta\|_{\Theta} = \sup_{t\geqslant 0} \frac{|\theta(t)|}{1+t}$$

为范数的 Banach 空间. 再记

$$\mathbf{H} = \{h \in \Theta : h \text{ 绝对连续且导函数 } \dot{h} \in L^2([0,\infty); \mathbb{R}^n)\},$$

那么, $\mathbf{H}$ 是以

$$\|h\|_{\mathbf{H}} = \|\dot{h}\|_{L^2([0,\infty), \mathbb{R}^n)}$$

为范数的 Hilbert 空间. $\mathbf{H}$ 可连续地嵌入 Θ, 而且在 Θ 中稠. 我们有

$$\Theta^* \subset \mathbf{H}^* = \mathbf{H} \subset \Theta.$$

取定 $\mathbf{H}$ 中的标准正交基 $\{h_\mu : \mu \geqslant 1\} \subset \Theta^*$. 定义坐标函数

$$x_\mu(\theta) = \langle h_\mu, \theta \rangle, \qquad \theta \in \Theta.$$

记 $\mathscr{P}$ 为 x_μ 的多项式函数的全体, 即形如 $\{x_{\mu_1}^{k_1} \cdots x_{\mu_n}^{k_n} : k_1, \cdots, k_n \geqslant 1, \ n \geqslant 0\}$ 的线性组合. 给定实可分 Hilbert 空间 $\mathbf{E}$, 设 $\mathscr{P}(\mathbf{E})$ 为 Φ_e ($\Phi \in \mathscr{P}$, $e \in \mathbf{E}$) 的线性扩张, 称 $\mathscr{P}(\mathbf{E})$ 中的元素为定义在 Θ 上、取值于 $\mathbf{E}$ 的多项式. 对于每 $q \in [1, \infty)$, $\mathscr{P}(\mathbf{E})$ 是

$$L^q(\mathscr{W}; \mathbf{E}) := \left\{ \Phi : \Phi \text{ 是从 } \Theta \text{ 到 } \mathbf{E} \text{ 的可测映射且 } \|\Phi\|_q \equiv \left(\int \|\Phi\|_{\mathbf{E}}^q \, \mathrm{d}\mathscr{W} \right)^{1/q} < \infty \right\}$$

的稠子集. 再则, 定义

$$\mathscr{H}^0(\mathbf{E}) = \mathbf{E}, \qquad \mathscr{H}^{m+1}(\mathbf{E}) = \mathscr{H} \otimes \mathscr{H}^m(\mathbf{E}), \qquad m \geqslant 0.$$

简记 $\mathscr{H}(\mathbf{E}) = \mathscr{H}^1(\mathbf{E})$, $\mathscr{H} = \mathscr{H}(\mathbb{R}^n)$. 给定 $\Phi \in \mathscr{P}(\mathbf{E})$, 定义 $D\Phi : \Theta \to \mathscr{H}(\mathbf{E})$ 如下:

$$(D\Phi(\theta), h \otimes e)_{\mathscr{H}(\mathbf{E})} = \frac{\mathrm{d}}{\mathrm{d}\xi}(\Phi(\theta + \xi h), e)_{\mathbf{E}}|_{\xi=0}, \qquad h \in \mathbf{H}, \ e \in \mathbf{E}.$$

对于 $\psi \in \mathscr{P}(H(\mathbf{E}))$, 我们定义 $\partial\psi : \Theta \to \mathbf{E}$ 如下:

$$(\partial\psi(\theta), e)_{\mathbf{E}} = \sum_\mu [-(D\psi(\theta), h_\mu \otimes h_\mu \otimes e)_{\mathscr{H}^2(\mathbf{E})} + x_\mu(\theta)(\psi(\theta), h_\mu \otimes e)_{\mathscr{H}(\mathbf{E})}].$$

那么, $D\Phi \in \mathscr{P}(\mathscr{H}(\mathbf{E}))$, $\partial\psi \in \mathscr{P}(\mathbf{E})$, 而且

$$\int (D\Phi, \psi)_{\mathscr{H}(\mathbf{E})} \mathrm{d}\mathscr{W} = \int (\Phi, \partial\psi)_{\mathbf{E}} \mathrm{d}\mathscr{W},$$

这与有限维空间情形完全一样. 固定 $p \in (1, \infty)$, 不难证明

$$D : L^p(\mathscr{W}; \mathbf{E}) \to L^p(\mathscr{W}; \mathscr{H}(\mathbf{E}))$$

是可闭算子, 记其闭扩张为 $\bar{D}^p$. 由它导出伴随算子

$$(\bar{D}^p)^{*p} : L^{p'}(\mathscr{W}; \mathscr{H}(\mathbf{E})) \to L^{p'}(\mathscr{W}; \mathbf{E}),$$

此处 p' 为 p 的共轭指数: $\frac{1}{p} + \frac{1}{p'} = 1$. 关于 ∂ 也有类似的断言. 这方面最深刻的结果之一 (主要归功于 P.A. Meyer) 是: $(\bar{D}^p)^{*p} = \bar{\partial}^{p'}$, 即

$$\mathbb{E}^{\mathscr{W}}[(D\Phi, \psi)_{\mathscr{H}(\mathbf{E})}] = \mathbb{E}^{\mathscr{W}}[(\Phi, \partial\psi)_{\mathbf{E}}], \quad \Phi \in \mathrm{Dom}(\bar{D}^p; \mathbf{E}), \ \psi \in \mathrm{Dom}(\bar{\partial}^{p'}; \mathscr{H}(\mathbf{E})).$$

其证明类似于 Sobolev 空间的构造方法, 然而, 在经典的 Sobolev 空间理论中, 使用的是 $\mathbb{R}^n$ 上的 Fourier 分析. 在那里 Lebesgue 测度的平移不变性起着决定性作用. 但在这里, 即在 Wiener 空间上, $\mathscr{W}$ 并非平移不变的, 而只是拟不变的, 因而要困难得多. 实际上, 最近才搞得比较清楚.

类似地, 对于每个 $m \geqslant 1$, 我们定义 $D^m : \mathscr{P}(\mathbf{E}) \to \mathscr{P}(\mathscr{H}^m(\mathbf{E}))$ 和 $\partial^m : \mathscr{P}(\mathscr{H}^m(\mathbf{E})) \to \mathscr{P}(\mathbf{E})$ 及它们的闭扩张 $\bar{D}^{m,p}$ 等. 记

$$\mathbf{W}_p^m(\mathbf{E}) = \mathrm{Dom}(\bar{D}^{m,p}; \mathbf{E}),$$

$$\mathbf{T}(\mathbf{E}) = \bigcap_{p \in (1, \infty)} \bigcap_{m=1}^{\infty} \mathbf{W}_p^m(\mathbf{E}).$$

在 $\mathbf{W}_p^m(\mathbf{E})$ 上定义范数

$$\|\|\Phi\|\|_p^{(m)} = \left[\sum_{\mu=0}^{m} \|D^\mu \Phi\|_{L^p(\mathscr{W}; \mathscr{H}^\mu(\mathbf{E}))}^p \right]^{1/p}.$$

关于由这一族范数所决定的 $\mathbf{T}(\mathbf{E})$ 上的拓扑, $\mathbf{T}(\mathbf{E})$ 是一个可分的 Fréchet 空间. $\mathbf{T}(\mathbf{E})$ 中的元素称为光滑的, 它就是我们前面所述的 Sobolev 光滑性.

Malliavin 的基本定理. 设 $\Phi \in \mathbf{T}(\mathbb{R}^n)$ 并置 $A = ((D\Phi_i, D\Phi_j)_{\mathbf{H}})_{1 \leqslant i,j \leqslant n}$, $\Delta = \det A$. 如果 $1/\Delta \in \cap_{p=1}^{\infty} L^p(\mathscr{W})$, 则对于每一个 $\psi \in \mathbf{T}(\mathbb{R}^1)$ 和 $\varphi \in \mathscr{C}_{\uparrow}^{\infty}(\mathbb{R}^n)$, 我们有

$$\mathbb{E}^{\mathscr{W}}\left[\left(\frac{\partial\varphi}{\partial x_i} \cdot \Phi\right)\psi\right] = -\mathbb{E}^{\mathscr{W}}[(\varphi \circ \Phi)(R_i\psi)], \quad 1 \leqslant i \leqslant n,$$

此处

$$-R_i\psi = \sum_{j=1}^{\infty} \left(\psi[(D(A^{-1})^{ij},\ D\Phi_j)_{\mathcal{H}} + (A^{-1})^{ij}\partial D\Phi_j] + (A^{-1})^{ij}(D\psi,\ D\Phi_j)_{\mathcal{H}} \right).$$

4. 亚椭圆性

将上述结果应用于 $\Phi = X(t,x)$ (它是前面所述随机积分方程的解), 关键在于估计 Malliavin 协方差矩阵 $A = [(DX_i(t,x), DX_j(t,x))_{\mathcal{H}}]_{1\leqslant i,j\leqslant n}$. 这之所以可能, 是因为后者仍然是某个随机积分方程的解. 显然, 如果 $X(t,x)$ 所对应的扩散过程的随机性越大 (即协方差阵 A 的 det 越大), 那么, $1/\Delta$ 的可积性越好, 进而 $P(t,x,\cdot) = \mathcal{W} \circ X(t,x)^{-1}$ 的光滑性也就越好. 这样, 矩阵 A 是微分方程基本解 $P(t,x,\cdot)$ 光滑性的一种非常精细的刻画—— 轨道观点的刻画.

熟知, 对于二阶椭圆型微分算子 L,

$$椭圆性 \Rightarrow 次椭圆性 \Rightarrow 亚椭圆性.$$

L. Hörmander (1967) 对于形如

$$L = \frac{1}{2}\sum_{j=1}^{r} X_j^2 + X_0 + c$$

(此处 $X_i, c \in \mathscr{C}_{\uparrow}^{\infty}(\mathbb{R}^n)$) 的算子, 证明了: 只要 $\mathrm{Lie}\,(X_0,\cdots,X_r)$ (它表示由 $\{X_0,\cdots,X_r\}$ 生成的 Lie 代数) 在开集 $G \subset \mathbb{R}^n$ 上满秩, 那么 L 在 G 上就是亚椭圆的. 他实际上证明了次椭圆性. Hörmander 的估计是如此之精确, 以至于人们能够证明: 若 X_i, c 为实解析的, 那么, 为保证 L 的次椭圆性, 满秩性条件也是必要的. 然而, 早就有反例 (参见 [33]) 表明这个条件对于亚椭圆性并非必要.

Malliavin 随机变分学最先的应用是亚椭圆性研究. 新近, S. Kusuoka 和 D. W. Stroock 在他们的长篇论文 [27] 中对于 Hörmander 算子, 给出了至今为止最一般的亚椭圆性的充分条件. 对于一种特殊情况, 他们得到了充要条件.

5. 指标定理

使用 Malliavin calculus, J. M. Bismut [1] 给出了 Atiyah-Singer 指标定理和 Lefschetz 不动点公式的概率证明. 新近, 他在 [2] 中给出了 Witten 和 Atiyah 关于 Dirac 算子指标的轨道积分表现想法的严格证明. 还讨论了陈省身示性类的某种推广.

第一部分里, 我们考虑的是 "离散"的状态空间 $\{-1,+1\}^{\mathbb{Z}^d}$ 或 $\{0,1,2,\cdots\}$. 如果考虑 "连续"的状态空间 $\mathbb{R}^{\mathbb{Z}^d}$, 我们自然导出另一类无穷质点马氏过程—— 无穷维扩散过程. Holley 和 Stroock 曾使用 Malliavin 随机变分学, 研究了连续型 Ising 模型有限维分布的密度的存在性. 这是 Malliavin 随机变分学对于统计物理的应用. 这一工具也已应用于量子场论. 关于 Malliavin 随机变分学对于分析、几何和随机控制等的众多的应用, 请参考他本人的综合报告 [30].

参考文献

[1] Bismut. J.M. (1984). *The Atiyah-Singer theorems: A probabilistic approach. I. The index theorem.* J. Funct. Anal. 57: 56–99; *II. The Lefschetz fixed point formulas.* J. Funct. Anal. 57: 329–348.

[2] Bismut, J.M. (1985). *Index theorem and equivariant cohomologeyy on the loop space.* Commun. Math. Phys. 98: 213–237.

[3] Chen, M.F. (1985). *Infinite dimensional reaction–diffusion processes.* Acta Math. Sin. New Ser. 1(3): 261–273.

[4] Chen, M.F. (1986). *Coupling for jump processes.* Acta Math. Sin. New Ser. 2(2): 123–136.

[5] 陈木法 (1980). 抽象空间中的可逆马尔可夫过程. 数学年刊 1: 437–451.

[6] 陈木法 (1982). 有限流出有势 Q 过程. 数学学报 25(2): 136–166.

[7] 陈木法 (1986). 跳过程与粒子系统. 北京: 北京师大出版社(可从作者主页下载).

[8] Chen, M.F. (1987). *Existence theorems for interacting particle systems with non-compact state space.* Sci. Sin. 30A(2): 148–156.

[9] Chen, M.F.. Stroock. D.W. (1983). *λ_π-invarant measures.* LNM 986: 205–220.

[10] 陈木法, 郑小谷 (1982, 1983). (抽象空间中) q 过程的唯一性准则. 中国科学. 中文版 4: 298–308; 英文版 26A(1): ll–24.

[11] 戴永隆 (1986). Gibbs 态与可逆随机场. 数学学报 29(1): 103–111.

[12] 丁万鼎, 陈木法 (1981). 紧邻速度函教的拟可逆测度. 数学年刊 2(1): 47–59.

[13] Ding, Wen-ding, Zheng, Xiao-gu (1989). *Ergodic theorems for linear growth processes with diffusion.* Chin. Ann. Math. 10(B)(3): 386–402.

[14] Georgii, H.O. (1979). Canonical *Canonical Gibbs States.* LNM 761. Springer.

[15] Griffeath, D. (1979). *Additive and Cancellative Interacting Particlc Systems.* LNM 724. Springer.

[16] 侯振挺 (1974). Q 过程的唯一性准则. 中国科学. 中文版 2: 115–130; 英文版 15: 141–159.

[17] 侯振挺 (1982). Q 过程的唯一性准则. 长沙: 湖南科学技术出版杜.

[18] 侯振挺, 陈木法 (1980). 马尔可夫过程与场论. 科学通报. 中文版 20: 913–916; 英文版 10: 807–811.

[19] 侯振挺, 郭青峰 (1976). 齐次马可列夫过程构造论中的定性理论 4: 239–262.

[20] 侯振挺, 郭青峰 (1978). 齐次可列马尔可夫过程. 北京: 科学出版杜.

[21] 胡迪鹤 (1966). 抽象空间中 q 过程的构造理论. 数学学报 2: 150–165.

[22] 胡迪鹤 (1980). 抽象空间中 q 过程的唯一性准则. 数学学报 5: 750–757.

[23] Ellis, R.S. (1985). *Entropy. Large Deviations. and Statistical Mechanics*. Grundlehren der Mathematischen Wissenchaften 271. Springer-Verlag, New York.

[24] Kac, M. (1980). *Integration in Function Spaces*. Fermi Lectuqes. Academia Nazionale dei Lincei Scuola Normale Superiore, Pisa.

[25] Kesten, H. (1982). *Percolation Theory for Mathematicians*. Birkhauser, Boston.

[26] Kusuoka, S. and Stroock. D.W. (1984). *The partial Malliavin and its application to non-linear filtering*. Stochastics 12(2): 83–142.

[27] Kusuoka, S. and Stroock. D.W. (1985). *Applications of the Malliavin calculus. II*. J. Fac. Sci. Univ. Tokyo Sect. IA Math. 32(1): 1–76.

[28] 李世取 (1983). 混合型无穷质点马氏过程的有势性和可逆性. 数学年刊 6: 773–780.

[29] Liggett, T.M. (1985). *Interacting Particle Systems*. Springer-Verlag, New York.

[30] Malliavin, P. (1983). *Analyes differentielle sur léspace de Wiener*. In Proc. Intern. Congress Math. Warsaw PWN, Warszawa (1984): 1089–1096. (严加安译. 数学译林 4:3 (1985)).

[31] Mccoy, D.M. and Wu Tai Tsun (1973). *The Two-Dimensional Ising Model*. Harvard Univ. Press, Cambridge. Massachustts.

[32] Nicolis, G. and Prigogine, I. (1977). *Self-Organization in Nonequilibrium Systems*. John Wiley & Sons.

[33] Oleinik, O.A.. and Radkevic. E.V. (1973). *Second Order Equations With Nonnegative Characteristic Form.*. Plenum Press, New York.

[34] Preston, C. (1974). *Gibbs States on Countable Sets*. Combridge Tracts in Maths. 68. Cambribge Univ. Press, London.

[35] Preston, C. (1976). *Random Fields*. LNM 534. Springer (严士健, 陈木法, 丁万鼎译: 随机场. 北京: 北京师大出版社 1982).

[36] 钱敏, 侯振挺等著 (1979). 可逆马尔可夫过程. 长沙: 湖南科技出版社.

[37] 任开隆 (1983). *Potentiality and reversibility for the N-Spin-flip processes*. Acta Math. Sci. (China) 3: 300–320.

[38] Ruelle, D. (1969). *Statistical Mechanics. Rigorous Results*. Benjamn Reading, New York.

[39] Ruelle, D. (1978). *Thermodynamic Formalism*. Mass. Addison-Wesley. Reading.

[40] Sinai, Ya.G. (1982). *Theory of Phase Transitions, Rigorous Results*. Pergamon, Oxford.

[41] Stroock, D.W. (1978). *Lectures on Infinite Interacting Systems*. Lectures in Math. Kyoto Univ. 11.

[42] Stroock, D.W. (1981). *On the spectrum of Markov semigroups and the existencae of invariant measures* in "Functional Analysis in Markov Processes". Proceedings Edited by M. Fukushima. Springer-Verlag: 287–307.

[43] 唐守正 (1982). 自旋变相过程的可逆性. 数学学报 25: 306–314.

[44] 王梓坤 (1980). 生灭过程与马尔可夫链. 北京: 科学出版社.

[45] 严士健, 陈木法 (1986). *Multidtimensional Q-processes*. Chin. Ann. Math. 7(B)(1): 90–110.

[46] Yan, S.J., Chen. M.F. and Ding, W.D. (1982). *Potentiality and reversibilily for general speed functions*. Chin. Ann. Math.(I) 5: 572–586; (II) 6: 705–720.

[47] 杨向群 (1981). 齐次可列马尔可夫过程构造论. 长沙: 湖南科技出版社.

[48] 曾文曲 (1983). 两类无穷质点马氏过程的可逆性. 数学年刊 6: 763–772.

[49] 郑小谷 (1981, 1983). 抽象空间中的有势马尔可夫过程. 北京师大学报 (I). 4:15–32; (II) 4:1–10.

[50] 郑小谷 (1982). *Qualitative theory for q-processes in abstract space*. Acta Math. Phys. 2(1): 63–80.

[51] 郑小谷, 丁万鼎 (1987). 广义线性增长过程的存在定理. 数学物理学报 7(1): 25–42.

谈谈概率论与其他学科的若干交叉

摘要: 近一二十年以来, 概率论获得了很大发展, 特别是与其他学科交叉融合, 形成了一些新的学科分支和学科生长点. 我们首先从 2002 年国际数学家大会 (ICM2002) 所反映的情况予以说明. 作为这种交融的一个侧面, 也概述我们研究群体的三项成果. 最后介绍取得这些成果的一种数学工具及其与线性规划和非线性偏微分方程等学科的联系.

注: 本文原载于《数学进展》2005, 第 34 卷第 6 期, 第 661–672 页. 扩充版载于《数学传播》2013, 第 37 卷第 4 期, 第 16–32 页.

§10.1 从 ICM 2002 看概率论

1. 概述

在 ICM 2002 的开幕式上, 就可以感受到概率论的气息. 作为 Nevalinna 奖的获奖人, M. Sudan 的两项主要贡献中的第一项就是关于 NP 类的概率特征的刻画.

在 20 个一小时报告中, 有 6 个涉及概率论的. 名单及所代表的领域列表如下:

A. Alon	离散数学
L. A. Caffarelli	偏微分方程
U. Haagerup	算子代数
S. Goldwasser	计算机科学
H. Kesten	概率
D. Mumford	认知科学

第一个报告介绍两种方法, 其一是概率方法 (随机图论), 另一是代数方法. 最后一个报告贯穿了概率方法. 我们将在本文之末说明第二个报告与概率论之间的联系. 对于其他三个报告, 将在这一部分的随后几节中予以说明.

在 19 组 45 分钟报告中, 除数学教育、数学普及和概率统计 3 组而外, 有 6 组都涉及概率论. 其中"计算机科学中的数学"一组, 6 个报告中有 5 个与概率论有关, 而"算子代数与泛函分析"一组, 6 个报告中有两个"自由概率", 一个"高斯测度不等式", 即有 3 个报告属概率论的交叉学科方向.

2. 概率与随机算法和计算复杂性

NP 问题的典型例子是

<u>货郎担问题</u>: 给定全国 144 个城市, 找出一条经过所有城市而又不迂回的最短闭路.

　　总共 144 个城市, 这个数字并不大, 但它经组合起来的闭路则有 143! 条. 即使是每秒计算一亿亿 (10^{16}) 条路的计算机, 也需要 10^{222} 年, 因而是一个典型的 NP 问题. 在组合最优化领域里, 存在大量的这类问题.

　　如何处理 NP 问题, 自然是一个严峻的挑战! 似乎无路可循. 正是在这个人们以为"山重水复疑无路"的地方, 随机的思想给我们带来了"柳暗花明又一村". 想法是: 如果允许算法以小概率犯错误, 则可将一些 NP 问题转化为 P 多项式问题. 针对货郎担问题, 有一种模拟退火算法 (又称为马尔可夫链 Monte-Carlo 方法). 目标是求一个函数的最小值. 其原理为

(1) 依函数值的大小确定一个概率分布 μ: 函数值越小, 取值越大. 此即是 Gibbs 分布原理.

(2) 构造一马尔可夫链, 以 μ 为极限分布, 即当时间趋于无穷大时, 这个马尔可夫链趋于取值为 μ 的分布.

留心通常的算法是"哪里小就往哪里走", 因而容易掉进局部陷阱(见图1). 此法的特点是要到处看看.

马尔可夫链 Monte-Carlo 方法

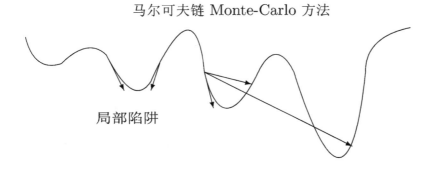

图 1　马尔可夫链 Monte-Carlo 的局部陷阱示意

　　当然, 仍然有一些细节需要处理. 例如, 需要"退火", 即随时间的发展, μ 越来越集中于整体最小值等等. 对于上述货郎担问题, 利用这种方法找到一条长为 30421 公里的闭路. 这与目前所知的最好结果 30380 公里相差无几. 而真正的全局最优解依然是人们力所不能及的 [4].

　　我们指出, 这种算法的有效性取决于马尔可夫链收敛于平稳分布 μ 的速度. 这个速度由马尔可夫链转移概率矩阵的第一个非平凡特征值所决定. 更详细的内容可参考 R. Kannan 的 45 分钟报告.

人们常说, 概率论是研究大量偶然现象中的必然性规律. 然而, 这里的研究对象却完全是确定性的, 毫无随机性可言. "随机性"思想的主动出击, 在这里得以充分体现. 这也是现代概率论研究的典型特征之一.

3. 自由概率论 (Free Probability)

U. Haagerup 的一小时报告的题目是"Random matrices, free probability and the invariant subspace problem relative to a non Neumann algebra". 我们先从随机矩阵谈起. 设 $A_N = (a_{ij}^{(N)})$ 是 N 阶 Hermite 方阵, 假定

$$\left(a_{ii}^{(N)}\right)_i, \qquad \left(\sqrt{2}\ \mathrm{Re}\ a_{ij}^{(N)}\right)_{i<j}, \qquad \left(\sqrt{2}\ \mathrm{Im}\ a_{ij}^{(N)}\right)_{i<j}$$

为独立同分布随机变量, 服从均值为零、方差为 $1/\sqrt{N}$ 的正态分布. 命

$$\sigma(x, A_N) = \frac{1}{N} \#\{\text{特征值 (可重复)} \leqslant x\},$$

其中 #{} 表集合 {} 中元素的个数, 则有优美的 **E. Wigner 半圆律** (1955—1965): 随机变量 $\sigma(x, A_N)$ 弱收敛于一个非随机的函数 $\sigma_W(x)$, 其密度为

$$\sigma_W(x) = \begin{cases} \dfrac{1}{2\pi}\sqrt{4 - x^2}, & \text{若 } |x| \leqslant 2, \\ 0, & \text{若 } |x| > 2. \end{cases}$$

随机矩阵理论有两个重要来源, 一是矩阵力学, 另一是多元统计. 我国概率统计的前辈许宝騄先生是这一理论的早期开拓者之一 (1939). 这个理论甚至紧密联系于 Riemann 猜想.

若将复共轭视为 * 运算, 则随机矩阵自然构成典型的 C^* 代数. 欲将上述半圆律拓广到 C^* 代数上, 首先需定义 C^* 代数上的独立性. 这就引进了自由概率的概念: 换言之, 这里的"自由"即是通常概率论中的"独立性". 这个概念及"自由熵"等首先由 D. Voiculescu (1985) 引入 (获 2004 年美国国家科学院奖), 并成功地应用于 von Neumann 代数的分类问题, 导出了"若干革命性成果", 引发了大量的研究. 矩阵论作为非交换数学的基本工具是天然的. 然而随机矩阵论作为算子代数的基本工具则多少令人吃惊.

4. 概率论与物理

四十年来, 概率论与物理 (特别是统计物理) 的交融汇合, 产生出若干新的分支学科. 最具代表性的有随机场、交互作用粒子系统、渗流理论和测度值随机过程.

(1) 渗流理论 (Percolation Theory)

1982 年, H. Kesten 出版了专著 *Percolation Theory for Mathematicians*, 从数学上系统总结了已有的 (特别是物理学家) 所取得的成果. 自此以后, 渗流理论成了概率学家的一个专门的发展领域. 20 世纪末, 渗流理论作为一个基本工具, 解决了交互作用粒子系统的一个著名难题.

渗流理论特别像数论, 问题很好懂、但却很难做. 还是从一个基本模型开始.

考虑 d 维的格子图(参见本文集第 2 文的图 9). 给定每条边开的概率为 p (闭的概率为 $1 - p$). 各边开或闭相互独立. 如果一条路的依次相互连接的边都是开的, 则称为一个开串. 显然, 若 $p = 1$, 则所有的边都是开的, 因而存在无限长的开串. 反之, 若 $p = 0$, 则不存在开串. 这就引出临界值 p_c 的定义

$$p_c = \inf\{p : \text{存在包含原点的无穷开串的概率大于零}\}.$$

对于二维 ($d = 2$) 情形, 已知 $p_c = 1/2$. 但当 $d \geqslant 3$ 时, p_c 却是至今无人能够确定的. 若把边的开、闭换成格点的开、闭, 则上述边模型就变成点模型. 此时, 仅当两顶点均开时, 所联结的边才是开的. 对于二维三角形点渗流, 已知 p_c 也等于 $1/2$. 通常, 物理学家知道得更多. 例如, 他们不仅知道三角形点渗流的 $p_c = 1/2$, 还知道下式中的临界指数 $\alpha = 5/36 + o(1)$:

$$\text{当 } p \downarrow p_c \text{ 时, } \quad \text{原点属于无穷开串的概率} = (p - p_c)^{\alpha}.$$

这是一种统计物理所研究的普适常数. 然而, 长时期以来, 数学家对普适常数束手无策, 研究状况处于完全真空的状态. 直到 2001 年, 才由 S. Smirnov 取得突破 (解决了物理学家 J. L. Cardy (1992) 基于共形场论的猜想). 他于同年荣获 Clay 研究奖 (颁布百万美元奖金的 7 大数学难题的研究所). 所使用的工具是布朗运动与共形映照. 这一点又很像解析数论, 使用复分析 (连续) 来处理数论问题 (离散). 这是 H. Kesten 的一小时报告和 G. F. Lawler 的 45 分钟报告的主题.

(2) 研究相变的一种新方法

相变现象是统计物理的中心课题之一. 作为无穷维的数学, 研究相变现象的数学工具并不多. 十几年来, 逐步形成了一种新方法, 即以第一 (非平凡) 特征值来刻画相变. 例如对格气模型 (Ising 模型), 一维情形无相变. 事实上, 对于算子

$$Lf(\sigma) = \sum_{x \in \mathbb{Z}^d} c(x, \sigma)[f(\sigma^x) - f(\sigma)], \qquad \sigma \in \{-1, 1\}^{\mathbb{Z}^d},$$

其中 σ^x 表示在 x 处的自旋,

$$c(x, \sigma) = 1 \Big/ \Big\{1 + \exp\Big[\beta\sigma(x) \sum_{|x-y|=1} \sigma(y)\Big]\Big\}, \qquad x \in \mathbb{Z}^d, \ \sigma \in \{-1, 1\}^{\mathbb{Z}^d},$$

而 $\beta > 0$ 为反温度, R. A. Minlos 和 A. G. Trishch (1994) 甚至算出了第一特征值的精确值 $1 - \tanh\beta > 0$. 文章只有两页, 但使用了第二量子化的漂亮技术, 构造此模型的 L^2 空间与圆周上的 L^2 空间所生成的反对称 Fock 空间之间的酉同构.

对于高维情形, 随着温度的下降, 人们普遍认为第一特征值应由正变为零. 目前已证出: 当温度足够高时, 第一特征值为正; 而当温度足够低时, 第一特征值为零. 关于后者, 事实上知道得更多. 当温度充分低时, 对于边长为 L 的正方体的格子区域内的 Ising 模型, 当 L 趋于无穷时, 其第一特征值有渐进式 $\exp[-c(\beta)L^{d-1}]$, 其中 $c(\beta)$ 是与维数 d 无关的常数 [5, 7, 8].

从这一节可以看出物理学对于当代概率论的深刻影响.

§10.2   特征值估计与遍历性

众所周知, 谱理论在数学各分支和物理学中均有重要地位. 第一特征值乃是谱的主阶, 因而无疑有重要价值. 上述的随机算法和相变刻画, 也已显示其重要性.

1.   问题与难度

考虑如下无限矩阵

$$Q = (q_{ij}) = \begin{pmatrix} -b_0 & b_0 & 0 & 0 & \dots \\ a_1 & -(a_1+b_1) & b_1 & 0 & \dots \\ 0 & a_2 & -(a_2+b_2) & b_2 & \dots \\ \vdots & \ddots & & \ddots & \ddots \end{pmatrix},$$

其中 $a_k, b_k > 0$. 因为仅有处于对角线附近的三条线的元素非零, 故称为三对角阵. 有限情形是计算数学处理矩阵特征值计算的最主要对象. 注意矩阵 Q 的每一行和为零, 因此它与元素恒为 1 的常值列向量 $\mathbb{1}$ 的乘积为元素恒为零的列向量 $\mathbb{0}$: $Q\mathbb{1} = \mathbb{0} = 0 \cdot \mathbb{1}$. 即矩阵 Q 有平凡特征值 $\lambda_0 = 0$. 其次, 若考虑它的前 n 阶子矩阵 Q_n, 则 $-Q_n$ 有 n 个特征值: $0 = \lambda_0 < \lambda_1 \leqslant \dots \leqslant \lambda_{n-1}$. 我们所关心的是 λ_1, 即第一个非平凡特征值.

为使大家对于此问题的难度有点具体的感受, 让我们看看一些简单例子. 先看四阶情形 Q_4, 此时有 6 个参数: $b_0, b_1, b_2, a_1, a_2, a_3$. Q_4 的末行为 $(0, 0, a_3, -a_3)$. 此时, 第一特征值是

$$\lambda_1 = \frac{D}{3} - \frac{C}{3 \times 2^{1/3}} + \frac{2^{1/3}(3B - D^2)}{3C},$$

其中 D, B, C 三个量的表达式并不复杂:

$$D = a_1 + a_2 + a_3 + b_0 + b_1 + b_2,$$

$$B = a_3 b_0 + a_2 (a_3 + b_0) + a_3 b_1 + b_0 b_1 + b_0 b_2 + b_1 b_2 + a_1 (a_2 + a_3 + b_2),$$

$$C = \left(A + \sqrt{4(3B - D^2)^3 + A^2} \right)^{1/3},$$

但

$$
\begin{aligned}
A =\ & -2 a_1^3 - 2 a_2^3 - 2 a_3^3 + 3 a_3^2 b_0 + 3 a_3 b_0^2 - 2 b_0^3 + 3 a_3^2 b_1 - 12 a_3 b_0 b_1 + 3 b_0^2 b_1 \\
& + 3 a_3 b_1^2 + 3 b_0 b_1^2 - 2 b_1^3 - 6 a_3^2 b_2 + 6 a_3 b_0 b_2 + 3 b_0^2 b_2 + 6 a_3 b_1 b_2 - 12 b_0 b_1 b_2 \\
& + 3 b_1^2 b_2 - 6 a_3 b_2^2 + 3 b_0 b_2^2 + 3 b_1 b_2^2 - 2 b_2^3 + 3 a_1^2 (a_2 + a_3 - 2 b_0 - 2 b_1 + b_2) \\
& + 3 a_2^2 [a_3 + b_0 - 2 (b_1 + b_2)] \\
& + 3 a_2 [a_3^2 + b_0^2 - 2 b_1^2 - b_1 b_2 - 2 b_2^2 - a_3(4 b_0 - 2 b_1 + b_2) + 2 b_0(b_1 + b_2)] \\
& + 3 a_1 [a_2^2 + a_3^2 - 2 b_0^2 - b_0 b_1 - 2 b_1^2 - a_2(4 a_3 - 2 b_0 + b_1 - 2 b_2) \\
& + 2 b_0 b_2 + 2 b_1 b_2 + b_2^2 + 2 a_3(b_0 + b_1 + b_2)].
\end{aligned}
$$

这样, 诸参数对于 λ_1 的贡献就完全糊涂(即看不懂)了. 当然, 对于 6 阶或 6 阶以上的情形 (因 $\lambda_0 = 0$ 而多一阶), 根据伽罗瓦理论, 根本不可能写出显式解. 因此, 不可能指望把 λ_1 准确地算出来.

既然如此, 我们退而求其次, 即尝试估计 λ_1. 现在考虑无限矩阵. 以 Degree (g) 表示 λ_1 的特征向量 g 的主阶(如 g 为多项式). 下表的三个例子显示了 λ_1 和 Degree (g) 的摄动情况.

$b_i \, (i \geqslant 0)$	$a_i \, (i \geqslant 1)$	λ_1	Degree (g)
$i + c \, (c > 0)$	$2i$	1	1
$i + 1$	$2i + 3$	2	2
$i + 1$	$2i + (4 + \sqrt{2})$	3	3

表中的第一行是著名的线性模型, $\lambda_1 = 1$ 与常数 $c > 0$ 无关, 相应的特征向量 g 是一次多项式函数. 其次, 保持 $b_i = i + 1$ 不变. 那么, 当 a_i 从 $2i$ 变到 $2i + 3$ 再变到 $2i + (4 + \sqrt{2})$ 时, λ_1 依次从 1 跳到 2 再跳到 3. 更奇妙的是特征向量依次从一次跳到二次再跳到三次多项式. 至于 a_i 取值介于 $2i, 2i + 3$ 和 $2i + (4 + \sqrt{2})$ 之间时, 情况更糟糕, 我们根本不知道 λ_1 为何值, 因为此时特征向量 g 并非多项式而不知如何计算. 这样, 在一般情况下, λ_1 及其特征向量都是极为敏感的, 要估计 λ_1 也是极端艰难的.

2.　特征值估计

很幸运, 我们能够在此专题上取得一些进展. 为陈述三对角矩阵情形的主要结果, 需引进几个记号. 命

$$\mu_0 = 1, \quad \mu_i = \frac{b_0 \cdots b_{i-1}}{a_1 \cdots a_i}, \quad i \geqslant 1, \qquad Z := \sum_{i \geqslant 0} \mu_i,$$

$$\mathscr{W}'' = \{w : w_0 = 0, \ w_i \ \text{为} \ i \ \text{的严格增函数}\},$$

$$\mathscr{W}' = \{w : w_0 = 0, \text{存在} \ k : 1 \leqslant k \leqslant \infty \ \text{使得} \ w_i = w_{\min\{i, k\}}$$

$$\text{且} \ w \ \text{在} \ [0, k] \ \text{上严格增}\},$$

$$I_i(w) = \frac{1}{\mu_i b_i (w_{i+1} - w_i)} \sum_{j=i+1}^{\infty} \mu_j w_j,$$

这里本质上只有两个记号 $\mathscr{W}''$ 和 $I(w)$, $\mathscr{W}'$ 只是将 $\mathscr{W}''$ 中的函数(数列)从后面拉平. 记 $\bar{w}_i = w_i - \sum_{i \geqslant 0} \mu_i w_i / Z, i \geqslant 0$. 那么, 我们有如下结果:

定理 1 (陈: 1996—2001).　假定半群唯一:

$$\sum_{k=0}^{\infty} \frac{1}{b_k \mu_k} \sum_{i=0}^{k} \mu_i = \infty \qquad \text{以及} \qquad Z = \sum_{i=0}^{\infty} \mu_i < \infty.$$

则有

(1)　对偶变分公式: $\displaystyle\inf_{w \in \mathscr{W}'} \sup_{i \geqslant 1} I_i(\bar{w})^{-1} = \lambda_1 = \sup_{w \in \mathscr{W}''} \inf_{i \geqslant 0} I_i(\bar{w})^{-1}.$

(2)　显式估计: $Z\delta^{-1} \geqslant \lambda_1 \geqslant (4\delta)^{-1}$, 其中 $\delta = \displaystyle\sup_{i \geqslant 1} \sum_{j \leqslant i-1} (\mu_j b_j)^{-1} \sum_{j \geqslant i} \mu_j.$

(3)　逼近程序: 可构造出显式序列 $\{\eta'_n\}$ 和 $\{\eta''_n\}$ 使得 $\eta'^{-1}_n \downarrow \geqslant \lambda_1 \geqslant \eta''^{-1}_n \uparrow \geqslant (4\delta)^{-1}.$

容易看出, 第一条中 λ_1 的左、右两端分别用于上、下界估计: 对于每一个严格增的正数列 $w_i (w_0 = 0)$, 代入 (1) 式的右端, 便可得出 λ_1 的一个下界估计 $\inf_{i \geqslant 0} I_i(\bar{w})^{-1}$. 这就是"变分"一词的含义. "对偶"一词意指: 若交换 "sup" 和 "inf", 则上、下界的表达式互换, 只是 $\mathscr{W}'$ 和 $\mathscr{W}''$ 略有差别. 留意此公式与古典变分公式

$$\lambda_1 = \inf \left\{ \sum_{i \geqslant 0} \mu_i b_i (f_{i+1} - f_i)^2 : \sum_{i \geqslant 0} \mu_i f_i = 0, \ \sum_{i \geqslant 0} \mu_i f_i^2 = 1 \right\}$$

完全不同, 因而先前从未出现过. "显式"一词意指表达式只依赖于系数 a_k 和 b_k. 将此定理与上面所举的例子作一对比, 很难想象能够得到这样简洁和彻底的解答[30].

---

[30]此结果后来有一系列发展, 形成了相当完整的理论. 参见综述文章: Chen, M.F., "Unified speed estimation of various dtabilities", Chinese J. Appl. Probab. Statis. 2016, 32(1): 1–22.

对于直线上的椭圆算子, 结果是平行的. 下界变分公式也适用于高维情形. 作为一个代表, 这里陈述紧黎曼流形情形的一个结果. 分别以 d、D、K 表示流形的维数、直径和 Ricci 曲率的下界, 则 Laplace 算子的第一特征值的下界有如下通用结果.

定理 2 (变分公式) (陈、王凤雨: 1997).

$$\lambda_1 \geqslant 4 \sup_{f \in \mathscr{F}} \inf_{r \in (0,D)} \frac{f(r)}{\int_0^r C(s)^{-1} \mathrm{d}s \int_s^D f(u)C(u)\mathrm{d}u},$$

这里用到两个记号: $C(r) = \left(\cosh\left[\frac{r}{2}\sqrt{\frac{-K}{d-1}}\right]\right)^{d-1}$, $\mathscr{F}$ 为 $[0,D]$ 上正的连续函数的全体.

此公式不仅完全统一、而且把几何学家 (包括 A. Lichnerowicz 和丘成桐等在内) 四十年来所得到的八种著名估计 (五种是最优的) 全部改进. 例如取 $f(r) = \sin\left(\frac{r\pi}{2D}\right)$ 便可改进 Li-Yau 估计和钟家庆–杨洪苍最佳估计[31] $\frac{\pi^2}{D^2}$. 我们还确定了最佳线性下界: $\frac{\pi^2}{D^2} + \frac{K}{2}$ (K任意)[32]. 又见本文集的文 7, §7.3, 特别是其中的图 3. 我们的所有结果都适用于带边界流形. 但对于后者, 即使是钟–杨估计也未被证明, 更不用说新估计了.

这个变分公式是使用概率方法证明的. 这可视为概率论对于谱理论的应用. 我们将在第三部分以分析的语言介绍所使用的数学工具. 在以下两小节, 先简要介绍一下两个进一步的研究课题和进展.

3. 遍历性关系图

考虑一般的概率空间 $(E, \mathscr{E}, \mu)$, 以 $L^p(\mu)$ 表通常的实 L^p 空间, 其范数记为 $\|\cdot\|_p$. 我们需要用到对称型 $(D(f), \mathscr{D}(D))$. 对于流形 M 上的拉氏算子, 对称型是

$$D(f) := D(f,f) = \int_M \|\nabla f\|^2, \qquad f \in C^\infty(M).$$

一般的 $D(f,g)$ 由四边形法则给出: $D(f,g) = [D(f+g) - D(f-g)]/4$. 对于欧氏空间 $\mathbb{R}^d$ 中的自共轭二阶椭圆算子 (二阶系数为 $a(x)$), 对称型是

$$D(f) = \int_{\mathbb{R}^d} a|\nabla f|^2 \mathrm{d}\mu, \qquad f \in C_K^\infty(\mathbb{R}^d).$$

---

[31] 丘成桐获 Fields 奖的六项成就中的第四项是给出了第一特征值的 Li-Yau 下界估计 $\frac{\pi^2}{2D^2}$, 后经钟家庆和杨洪苍改进为 $\frac{\pi^2}{D^2}$ (当曲率 $K = 0$ 时达到最优). 后者是公认的精深结果, 也是钟获首届陈省身奖的两项主要成果之一. 使用变分公式再改进为 $\frac{\pi^2}{D^2} + \max\left\{\frac{\pi}{4d}, 1 - \frac{2}{\pi}\right\}K$ (均指 $K \geqslant 0$ 情形).

[32] 陈、E. Scacciatelli 和姚亮: 2001.

而对于对称测度 $J(\mathrm{d}x, \mathrm{d}y)$, 我们有积分算子的对称型

$$D(f) = \frac{1}{2} \int_{E \times E} J(\mathrm{d}x, \mathrm{d}y)(f(y) - f(x))^2, \qquad f \in L^2(\mu).$$

第一特征值 λ_1 的古典变分公式可改写成下述的 Poincaré 不等式,

$$\|f - \mu(f)\|_2^2 \leqslant CD(f), \qquad f \in L^2(\mu),$$

其中 $\mu(f) = \int f \mathrm{d}\mu$, 最佳常数 $C_{\min} = 1/\lambda_1$. 这样, 自然要研究其他重要不等式. 于是我们就进入了一个范围更广的研究层次. 首先是比上式更强些的 L. Gross (1976) 的对数 Sobolev 不等式

$$\int_E f^2 \log \frac{f^2}{\|f\|_2^2} \mathrm{d}\mu \leqslant CD(f), \qquad f \in L^2(\mu).$$

这是通常的 Sobolev 不等式在无穷维空间的替代物, G. Perelman 在他的著名论文 (2002, arXiv:math.DG/0211159) 中也用到. 其次是著名的 J. Nash (1958) 不等式

$$\|f - \mu(f)\|_2^2 \leqslant CD(f)^{1/p} \|f\|_1^{1/q}, \quad 1/p + 1/q = 1, \qquad f \in L^2(\mu).$$

我们使用几何方法 (拓广的 Cheeger 不等式、等周不等式等) 研究了这些不等式的最佳常数的估计.

这些不等式的重要性在于: 它们刻画了相应的马尔可夫半群的某种遍历性. 例如, 若对称型对应于半群 $\{T_t\}_{t \geqslant 0}$, 则 Poincaré 不等式等价于 L^2 指数式收敛性 ($\varepsilon_2 = \lambda_1$, $C_2 = 1$):

L^p 指数式收敛性: $\qquad \|T_t f - \mu(f)\|_p \leqslant C_p \|f - \mu(f)\|_p \, \mathrm{e}^{-\varepsilon_p t}, \quad t \geqslant 0, \qquad f \in L^p(\mu).$

由此进入更广的研究层次, 即研究马尔可夫半群 (过程) 的各种遍历性. 在传统的马尔可夫过程理论的研究中, 有以下三种遍历性.

$$\begin{aligned}
\text{通常遍历性}: \quad & \lim_{t \to \infty} \|p_t(x, \cdot) - \pi\|_{\mathrm{Var}} = 0, \\
\text{指数遍历性}: \quad & \|p_t(x, \cdot) - \pi\|_{\mathrm{Var}} \leqslant C(x) \mathrm{e}^{-\alpha t}, \quad \alpha > 0, \\
\text{强遍历性}: \quad & \lim_{t \to \infty} \sup_x \|p_t(x, \cdot) - \pi\|_{\mathrm{Var}} = 0 \\
& \Longleftrightarrow \lim_{t \to \infty} \mathrm{e}^{\beta t} \sup_x \|p_t(x, \cdot) - \pi\|_{\mathrm{Var}} = 0, \quad \beta > 0,
\end{aligned}$$

此处 $p_t(x, \mathrm{d}y)$ 是马尔可夫过程的转移概率函数, 而 $\|\cdot\|_{\mathrm{Var}}$ 是全变差范数. 问题是: 所有这些收敛性和遍历性之间有何联系? 下述结果给出了完整的解答.

定理 3 (陈: 1999, 2002; 毛永华: 2002).　考虑对称 (细致平衡) 马尔可夫过程, 若其转移概率函数关于对称概率分布有密度, 则下述蕴涵关系成立.

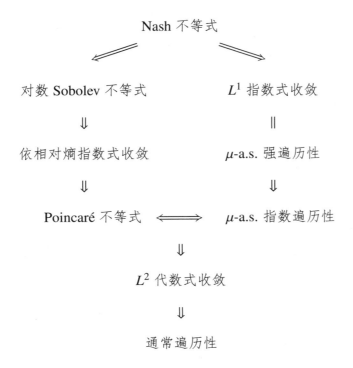

图中的 "=" 表示两者等价.

　　此图是完备的. 有反例表明, 所有单方向的蕴涵关系都不可逆, 而无蕴涵关系者不可比较. 此图的价值是显然的. 例如利用等价关系, 可由 Poincaré 不等式的判准得出指数遍历性准则, 还可以得出遍历性速度估计, 后者先前所知的结果甚少. 另一方面, 利用等同性, 可由强遍历性推出关于 L^1 指数式收敛的各种性质, 后者是 Banach 空间, 其谱性质不易直接处理.

4.　判准 (与显式估计)

接下来的问题是: 对于这些遍历性 (不等式), 能否给出判准? 下面仅就三对角阵情形, 将 10 个显式判准列出如下页的表. 记 $\mu[i, k] = \sum\limits_{i \leqslant j \leqslant k} \mu_j$. 表中的 "(*) & $\cdots$" 表示第一行中的唯一性条件加上条件 "$\cdots$". 而最后一行中的 "(ε)" 表示还存在小空隙有待解决[33].

---

[33]此小空隙已被王健排除, 见 Wang, J. (2009), Criteria for functional inequalities for ergodic birth-death processes [Acta Math. Sin. 2012, 28:2, 357–370].

性质	判准
唯一性	$\displaystyle\sum_{n\geqslant 0}\frac{1}{\mu_n b_n}\mu[0,n]=\infty$ $(*)$
常返性	$\displaystyle\sum_{n\geqslant 0}\frac{1}{\mu_n b_n}=\infty$
遍历性	$(*)\ \&\ \mu[0,\infty)<\infty$
指数遍历 L^2 指数式收敛	$(*)\ \&\ \displaystyle\sup_{n\geqslant 1}\mu[n,\infty)\sum_{j\leqslant n-1}\frac{1}{\mu_j b_j}<\infty$
离散谱	$(*)\ \&\ \displaystyle\lim_{n\to\infty}\sup_{k\geqslant n+1}\mu[k,\infty)\sum_{n\leqslant j\leqslant k-1}\frac{1}{\mu_j b_j}=0$
对数 Sobolev 不等式	$(*)\ \&\ \displaystyle\sup_{n\geqslant 1}\mu[n,\infty)\log\left[\mu[n,\infty)^{-1}\right]\sum_{j\leqslant n-1}\frac{1}{\mu_j b_j}<\infty$
强遍历 L^1 指数式收敛	$(*)\ \&\ \displaystyle\sum_{n\geqslant 0}\frac{1}{\mu_n b_n}\mu[n+1,\infty)=\sum_{n\geqslant 1}\mu_n\sum_{j\leqslant n-1}\frac{1}{\mu_j b_j}<\infty$
Nash 不等式	$(*)\ \&\ \displaystyle\sup_{n\geqslant 1}\mu[n,\infty)^{(q-2)/(q-1)}\sum_{j\leqslant n-1}\frac{1}{\mu_j b_j}<\infty$ (ε)

此表的前三个结果是经典的, 其余都是新的 (陈: 2000—2002; S.G. Bobkov 和 F.Götze: 1999; 毛永华: 2002; L.Miclo: 1999; 张余辉: 2001), 解决了长期未果难题. 这里的"离散谱"意指谱集仅有有限重的特征值. 此表得益于调和分析中的加权 Hardy 不等式. 类似结果适用于一维椭圆算子. 使用容度理论, 我们也给出了高维情形的判准 (可惜常常非显式). 使用 Orlicz 空间理论, 还可给出更为广泛的、统一的判准.

§10.3 一个数学工具: 概率距离与耦合方法

这一部分介绍得出上述第一特征值变分公式的数学工具以及与线性规划、偏微分方程等学科的联系.

1. 定义

给定距离空间 (E,ρ) 上的两个概率测度 μ_1 和 μ_2, 可构造一个概率空间上的两个随机变量 ξ_1 和 ξ_2 使得 ξ_i 的分布为 $\mu_i (i=1,2)$. 于是可定义 ξ_1 和 ξ_2 的通常的 L^p $(p\geqslant 1)$

距离: $(\mathbb{E}\rho(\xi_1, \xi_2)^p)^{1/p}$. 上述概率空间的构造实质上就是选择 ξ_1 和 ξ_2 的一个联合分布, 即 μ_1 和 μ_2 的一种耦合 $\tilde{\mu}$, 它是乘积空间上的概率测度, 两个边缘分别是 μ_1 和 μ_2: 对于每一可测集 B, 有 $\tilde{\mu}(B \times E) = \mu_1(B)$, $\tilde{\mu}(E \times B) = \mu_2(B)$ (最简单的是独立乘积 $\tilde{\mu} = \mu_1 \times \mu_2$). 为脱离参考标架 (概率空间), 自然取 inf, 即定义

$$W_p(\mu_1, \mu_2) = \inf_{\tilde{\mu}} \left(\int_{E \times E} \rho(x_1, x_2)^p \, \tilde{\mu}(\mathrm{d}x_1, \mathrm{d}x_2) \right)^{1/p},$$

其中 $\tilde{\mu}$ 跑遍 μ_1 和 μ_2 的耦合, 当 $p = 1$ 时, 称 W_1 为 Wasserstein 距离. 这是 L. N. Wasserstein 在研究随机场时提出来的 (1969).

2. 概率论

上述距离是 R. L. Dobrushin 于 1970 年命名的. 他还详细研究了这种距离的拓扑性质 (完备性、可分性和紧性) 及与弱收敛拓扑之间的关系等. 对于概率学家, 这个概率距离已经使用了 35 年.

这个距离拥有内在的几何特征. 例如在欧氏空间 $\mathbb{R}^d$ 中, 取 ξ_2 为 ξ_1 的平移: $\xi_2 = \xi_1 + a$, 那么两者分布的 W_p 距离恰好等于平移的长度 $|a|$.

3. 线性规划

大约十年之后 (1980 年前后), 人们发现若将 ρ 改为费用函数, 那么这个距离就变成 L. Kantorovich (1942) 所提出的最优运输问题, 他给出了强有力的对偶表示并和 G. Sh. Rubinshtein (1957) 作过深入研究, 只是限于紧空间情形. 因此, 有时也将上述距离称为 Kantorovich-Rubinshtein-Wasserstein 距离. 大家知道, 基于对线性规划所作出的贡献, L. Kantorovich 获 1989 年度诺贝尔(Nobel) 经济学奖. 其实, Kantorovich 本人(1948) 已经注意到, 他的问题可以追溯到 G. Monge (1781). Monge 的目标是寻求运输映射 $\Phi : \mathbb{R}^d \to \mathbb{R}^d$, 使得 $\mu_2 = \mu_1 \circ \Phi^{-1}$ 及运费达到最小

$$\inf_{\Phi} \int_{\mathbb{R}^d} |x - \Phi(x)| \mu_1(\mathrm{d}x).$$

这样的 Φ 若存在, 此即化为 Wasserstein 距离. 但一般情况下可能不存在. 换言之, Monge 问题乃是 Kantorovich 问题的加强形式. 百年之后 (1885), 巴黎科学院曾设奖征求 Monge 问题的解答. 特殊情形由 P. Appell (1887) 解决. 然而, 即使对于 W_1, 其解答也只是在 200 年之后由 V. N. Sudakov (1979) 完成 (长达 178 页的论文).

4. 偏微分方程

1990 年前后, 对于 $E = \mathbb{R}^d$, $p = 2$ 情形, 下述数学家独立地证明了在适当的条件下, 存在凸函数 Ψ (常常非唯一), 使得运输映射 $\Phi = D\Psi$ (常常几乎处处唯一):

Y. Brenier (1987, 1991),

S.T. Rachev 和 L. Rüschendorf (1990, 1995),

C. Smith 和 M. Knott (1987).

随后, L. C. Evans 和 W. Gangbo (1999) 证明了 Φ 满足下述的非线性 Monge-Ampère 方程 (弱解) $f_2(D\Psi)\det D^2\Psi = f_1$, 其中 f_i 为 μ_i 关于 Lebesgue 测度的分布密度函数 (假定存在). 等价地, $f_2(\Phi)\det D\Phi = f_1$. 形式上看, 这只是 "体积元" 的变量替换 $(x \to \Phi(x))$ 公式. 我们回到了原始的 Monge 问题. 这些新发展引发了大量文献, 也构成了 L. A. Caffarelli 的一小时报告和 L. Ambrosio 的 45 分钟报告的主要内容.

现在, 人们常常把这一研究专题统称为 Monge-Kantorovich (运输) 问题, 而依然把 W_1 称为 Wasserstein 距离.

5. 统计

耦合 (coupling) 方法在统计中也有广泛的应用. 已出版的专著有 R. B. Nelssen (1999). 统计学家也常常使用 "copulas" 代替 "coupling".

6. 动态系统

至今为止, 所讨论的都是静态系统, 即不含时间 t. 然而, 我们所走的是另一条路线, 研究动态系统, 即由某种算子生成的动态系统. 这里, 已知的是所给定的算子 (例如行和为零、非对角线元素非负的矩阵或二阶椭圆算子等). 问题是: 对于给定的两个算子 L_1 和 L_2, 如何定义它们之间的 Wasserstein 距离? 结果是, "距离" 失去意义, 但可以定义最优耦合. 设 L_k 为 E_k 上的算子 ($k = 1, 2$). 一个乘积空间 $E_1 \times E_2$ 上的算子 $\tilde{L}$ 称为 L_1 和 L_2 的耦合, 如果将单变量 (有界) 函数 $f(x_1)$ 视为双变量函数 $\tilde{f}(x_1, x_2) = f(x_1)$, 则对于一切 $x_1 \in E_1$ 和 $x_2 \in E_2$, 有 $\tilde{L}f(x_1, x_2) = L_1 f(x_1)$. 简记为 $\tilde{L}\tilde{f} = L_1 f$. 类似地, $\tilde{L}\tilde{f} = L_2 f$. 一个耦合算子 $\tilde{L}$ 称为 ρ 最优 (陈: 1994), 如果 $\tilde{L}\rho = \inf_{\tilde{L}} \tilde{L}\rho$, 此处 $\tilde{L}$ 跑遍一切 L_1 和 L_2 的耦合.

有了这一概念之后, 便可陈述第一特征值下界估计的耦合方法: 若存在耦合算子 $\tilde{L}$, 距离 $\bar{\rho}$ 和常数 $\alpha \geqslant 0$ 使得 $\tilde{L}\bar{\rho} \leqslant -\alpha\bar{\rho}$, 则第一特征值 $\geqslant \alpha$ (陈、王凤雨: 1994). 由此可见 ρ 最优耦合算子 $\tilde{L}$ 给出相对于 ρ 的最优估计. 我们完成了若干最优耦合算子的具体构造. 这是第一特征值变分公式证明的第一个要点. 另一个要点是需要变换距离 $\bar{\rho}$ (事实上使用了一族距离), 因为收敛速度和 Wasserstein 距离都不是拓扑概念, 自然非常依赖于距离的选取.

结束语 一方面, 随机数学是在其他数学分支 (特别是分析) 的哺育下成长壮大的. 最近一个历史时期的代表性工作有 P. Malliavin (1977) 的 Malliavin 分析, S. Smale (1981) 等的概率计算复杂性和上述 D. Voiculescu (1985) 的自由概率论等. 这些原创者均非概率论出身. 另一方面, 人们常常误认为只是在说不清楚的地方才需要使用随机数学. 上面所介绍的几个方面, 展示了随机数学有时比决定性数学更精细, 也显示出随机性思想的重要性和威力. 概率论对于其他领域有重要影响的工作有大家比较熟悉的狄氏型理论, 还有关于完全非线性方程的 N. V. Krylov 和 M. V. Safonov (1979) 估计, 关于期权定价的 F. Black 和 M. Scholes (1973) 公式, 等等. 随机数学与其他学科之间的广泛的交叉渗透, 是一种很健康的现象, 不足为怪. 因为从理论上讲, 哲学的三大要素 (对立统一、量变质变、偶然与必然) 之一、物理学的两大理论 (相对论和量子论)[34] 之一都包含随机性; 从实践中看, 如同许多人都深有感触地说, 数学的各分支和理论物理乃是一个统一的整体.

为节省篇幅, 凡如下文集 [1] 已包含的文献不再列入参考文献.

参考文献

[1] *Proceedings of "ICM 2002" I, II III* (2002), Higher Education Press, Beijing.

[2] Chen, M.F. (2005). *Eigenvalues, Inequalities and Ergodic Theory*. Springer, London.

[3] Conrey, J.B. (2003). *The Riemann hypothesis*. Notices of AMS 50(3): 341–353.

[4] 康立山等著 (1994). 非数值并行算法(第一册). 北京: 科学出版社.

[5] Martinelli, F. (1999). *Lectures on Glauber Dynamics for Discrete Spin Models*. LNM 1717: 93–191, Springer.

[6] Minlos, R.A. and Trishch, A.G. (1994). *Complete spectral decomposition of the generator for one-dimensional Glauber dynamics* (in Russian). Uspekhi Matem. Nauk 49: 209–211.

[7] Schonmann, R.H. (1994). *Slow drop-driven relaxation of stochastic Ising models in the vicinity of the phase coexistence region*. Commun. Math. Phys. 161: 1–49.

[8] Sokal, A.D. and Thomas, L.E. (1988). *Absence of mass gap for a class of stochastic contour models*. J. Statis. Phys. 51 (5/6): 907–947.

---

[34]笔者关于量子力学的新认识见本书目录中的文 [8].

[9] Wang, F.Y. (2004). *Functional Inequalities, Markov Processes, and Spectral Theory*. Sci. Press, Beijing.

致谢: 本文是在第十二次院士大会、数学物理学部的学术报告 (2004 年 6 月 5 日). 国家自然科学基金会创新研究群体项目 (编号 10121101)、973 项目和教育部博士点基金项目资助.

概率论的进步

摘要: 本文是笔者关于概率论进展专题所写的第 4 文. 前 3 文分别是本书前面已讲过的、目录中的文 [9] 和文 [10], 及本文参考文献中的文 [1]. 这里, 先简要介绍十年来概率论走向成熟的若干标志性事件; 介绍这个相对年轻数学学科的成长点滴. 然后结合个人经历, 着重介绍十年来概率论与统计物理及数学其他学科分支的交叉渗透的若干成果. 本文并非学科综述, 而只是希望通过一两个侧面, 展示概率论的发展和进步.

注: 本文原载于《应用概率统计》2017, 第 33 卷第 5 期, 第 538–550 页.

§11.1   概率论的成熟与成长

作为概率论成熟的标志, 这里列出三个奖项.

Gauss 奖   2006 年, 日本概率学家 Kiyoshi Itô (伊藤清: 1915—2008) 荣获首届 Carl Friedrich Gauss (高斯) Prize, 这是由国际数学家联盟 (IMU) 和德国数学会联合设立的应用数学大奖.

获奖颂词: The prize honors his achievements in **stochastic analysis**, a field of mathematics based essentially on his groundbreaking work.

图 1   当年 IMU 主席 J. Ball 到日本亲手将奖牌送到正在住院的 K. Itô 手中

大家知道, 一个随机变量的最简单的刻画是其平均值与反映随机波动的方差. 在非随机情形, 对于普通函数 $b(s)$, 微积分的基本公式给出

$$\int_0^t b(s)\mathrm{d}b(s) = \frac{1}{2}[b(t)^2 - b(0)^2].$$

但若将 $b(s)$ 换成布朗运动 $\{B(s)\}_{s\geqslant 0}$, 则基本公式多出一项:

$$\int_0^t B(s)\mathrm{d}B(s) = \frac{1}{2}[B(t)^2 - B(0)^2] - \frac{1}{2}\,t.$$

右方的第二项来源于布朗运动的二次变差. 这是 Itô 于 1942 年首先给出的公式. 他的奠基作发表在日本的一份油印的数学杂志上. 到 2006 年获奖, 期间经历了 64 年. 他对我国非常友好, 1980 年前后, 不仅他本人、而且还派他的好几位"大将"来华讲学. 应当说, 我国概率论能有今天, 他是功不可没的. 记得当年 (大约 1983 年) 我曾有一机会向他汇报工作, 讲完之后, 他跟我要抽印本, 我很惭愧地说, 我的文章大多是中文. 他表示很可惜, 说: 要尽量用英文写, 以便于交流, 我觉得你用英文写不会有太多困难. 自此以后, 我的大部分学术著作都是英文了. 他还跟我们说过: 我们东方人别像西方人那样, 写作很粗, 喜欢跳, 我们要一步一步写清楚.

Abel 奖 2007 年, 印度裔美国概率学家 Srinivasa S. R. Varadhan (1940—) 荣获 Niels Henrik Abel 奖(挪威王室授).

获奖颂词: Fundamental contributions to **probability theory** and in particular for creating a unified **theory of large deviations**.

图 2 Srinivasa S. R. Varadhan 在讲课

在 1975—1983 年, 他与 M. D. Donsker 一起, 以"Asymptotic evaluation of certain Markov process expectations for large time" 为总标题, 连续发表了 4 篇长文, 奠定了大偏差理论的基础, 随后大偏差理论得到非常广泛的应用. 简单地说, 大偏差理论的目标是刻画指数式收敛的收敛指数. 从理论的提出到 2007 年获奖, 期间经了 42 年.

Varadhan 多次访问我国, 与我国学者有很多交往. 我曾于 1984 年收到他所赠送的当年出版的名著 *Large Deviations and Applications* 记忆很深的是他曾跟我讲起当年他们 4 位研究生同学一起组织讨论班的事情. 非常震惊这些人都成了当代的一流科学家 (我与他们 4 人中的 3 人交流过). 关于他的更多故事, 可参见台北数学研究所的《数学传播》所作的专访 (32 卷 1 期, 2008).

留意这两个奖项都是纯概率的; 下一个奖项大多属于概率论与其他学科的交叉.

Fields 奖   在国际数学家大会 (ICM) 上所颁发的 Fields 奖, 是奖励年轻数学家 (40 岁以下) 的一项大奖. 2006 年之前, 就我们所知, 无概率论学者获此殊荣. 自 2006 年开始, 每届都有概率论学者获奖. 下表中 $x/4$ 表示 4 位获奖人中有 x 人是概率学者.

ICM 年份	概率学者获奖比例
ICM 2006	2.5/4
ICM 2010	2.5/4
ICM 2014	1/4

这些故事都发生在最近十年, 也许有点奇怪, 因为概率论的起源 (如赌博) 已有很长的历史. 然而, 概率论成为数学家族的正式成员却是很晚的事. 这期间, William Feller 的两卷本名著 *An Introduction to Probability Theory and its Application* 发挥了巨大作用. 如同他多次所指出的那样, 在他的著作问世之前, 概率论除在苏联之外, 尚未被数学界普遍认可.

图 3   William Feller (1906—1970)'s vivid lecturing at IBM (在 IBM 动人演讲的瞬间)

Preface to the Third Edition (of Volume 1):

WHEN THIS BOOK WAS FIRST CONCEIVED (MORE THAN 25 YEARS AGO) few mathematicians outside of the Soviet Union recognized probability as **legitimate [合法的, 正当的] branch** of mathematics······1967.

Preface to the First Edition (of Volume 2):

AT THE TIME THE FIRST VOLUME OF THIS BOOK WAS WRITTEN (BETWEEN 1941 AND 1948) the **interest in probability was not yet widespread [流行; 普遍的]**······1965.

这两本专著都有中译本:《概率论及其应用》. 卷 1: 胡迪鹤译; 卷 2: 郑元禄译 (记得先前还有刘文的译本). 1966 年春, 严士健老师就让我自学胡先生所译的卷 1 的上半部. Feller 的研究成果对我们有很大影响. 本人 1986 年出版的研究专著《跳过程与粒子系统》(北京师大出版社), 书中第 8 章的标题就是 Feller 边界.

图 4　Andrei Nikolaevich Kolmogorov 1903—1987

其实, 当代概率论应当从 1933 年算起, 当年 A. N. Kolmogorov 创建了概率论的第一个公理系统 (德文版); 其英译 (1950 1st ed, 1956 2nd ed) 书名为 *Foundations of the Theory of Probability*. 中译本《概率论基本概念》(1952), 王寿仁译.

我至今依然十分惋惜没能见到这位伟人, 我首访莫斯科大学是他过世一年后的 1988 年.

20 世纪以来的现代数学, 可以粗略地分为前半世纪的 Hilbert 公理化时代和后半世纪的 Poincaré 回归自然时代. 对于概率论而言, 前一时代大体上为 1933—1965 年. 这期间形成了概率论的三大学科分支, 这里列举几位代表性概率学家 (挂一漏万).

- **极限理论**. B. Gnedenko and A.N. Kolmogorov (1954); 许宝騄.
- **平稳过程**. A.N. Kolmogorov (1941); 江泽培.
- **马氏过程**. J. Doob (1953); K.L. Chung (1960); E.B. Dynkin (1965); 王梓坤 (1965) 等.

如华罗庚先生所说, 许宝騄先生是中国概率统计的"总司令". 他在统计、概率极限理论和马氏过程等多方面都有不朽的贡献. 本人 1986 年关于跳过程转移函数的可微性就是他 1958 年文章的继续. 江泽培先生和王梓坤先生分别是我国平稳过程和马氏过程之父. 他们两位都是 1950 年代在苏联获得副博士学位. 王先生的导师就是 Kolmogorov, 具体指导的是马上要讲到的 Dobrushin.

§11.2　概率论与统计物理的交叉渗透

概率论回归自然的标志应当是 R. L. Dobrushin 的三项工作.

- The existence conditions of the configuration integral of the Gibbs distribution, 1964.
- Methods of the theory of probability in statistical physics, 1964, Winter School.
- Existence of a phase transition in the two-dimensional and three-dimensional Ising models, 1965.

图 5　Roland Lvovich Dobrushin 1929—1995
1988 年参观长城和十三陵时的留影

笔者对于当年他们创建概率论与统计物理的交叉学科——随机场非常敬佩, 因为这两个学科毕竟相距甚远. 我不知道他们花费了多少年的摸索. 1988 年, 我曾询问 Dobrushin, "你们开始时是否学了许多统计物理?" 没想到他的回答是否定的: "我们的目标是重新建立统计力学的数学基础, 因此并不需要太多的物理准备. 当然, A. Khinchin 的小册子 *Mathematical Foundations of Statistical Mechanics* 很有帮助, 还有国外的一些现代物理学家也给了我们很多帮助." 可想而知, 当年 Khinchin 写他的小册子时是花了功夫的. 由此联想到科学的传承. 苏联的许多数学杂志, 几乎每期都有纪念他们资深数学家的文章. 刚刚查到包括 Itô 著名论文的油印杂志 "全国纸上数学談話会"(这是原文, 简体为 "全国纸上数学谈话会")(1934—1949) 都已扫描放到网上, 网址为 http://www4.math.sci.osaka-u.ac.jp/shijodanwakai/ (2024 年 10 月 1 日核查过), 波兰的许多数学杂志也如此. 然而, 今天你如果问一问我国数学系的学生, 有谁知道 "优选法", 回答近乎为零. 我们相信, 科学传承的丧失不仅可悲而且对未来会有极大影响. 在与 Dobrushin 的好友 Robert A. Minlos 共同回顾他们当年的历程时, 他不无自豪地说: "开始时仅有一个结果已知, 即自由能总存在."

1995—1997 年, 我和 Dobrushin 共同组织了由两国自然科学基金资助的研究项目, 双方曾有很多交往. 我在莫斯科大学作过两次演讲. 1997 年由 Ya.G. Sinai 主持. 1988 年由 Dobrushin 主持. 我的第一本英文专著也是当年由后者推荐出版的. 当年秋天, 他访问南开大学和北京师大共 45 天. 我于 12 月回访他. 记得他在冰天雪地里带我跑了莫斯科的许多书店, 买了不少旧俄文数学书, 然后带我去一家餐厅吃午饭. 他很高兴地告诉我, 这是莫斯科的第一家私人餐厅. 在我的主页上, 可找到我对他的一篇纪念文章及相关附件.

自 1964 年概率论回归自然之后, 出现了许许多多新的学科分支. 例如有

- Random fields (1964).
- Interacting particle systems. R. L. Dobrushin, F. Spitzer (1970), R. Holley, R. Durrett, T. M. Liggett, D. W. Stroock et al.
- Percolation. H. Kesten (1982): Percolation Theory for Mathematicians. Birkhäuser Verlag, Boston.
- Large deviations, Malliavin calculus, stochastic differential geometry, quantum probability, Euclidean quantum field theory, free probability, Dirichlet forms, mathematical finance, stochastic PDE, etc.

Random fields (随机场) 和 Interacting particle systems (交互作用粒子系统) 是两个姐妹学科, 前者时间离散, 后者时间连续; 这好比差分方程与微分方程之间的联系. 关于随机场, 有以 Dobrushin 为首的俄罗斯学派, 关于交互作用粒子系统, 有以

Spitzer 为首的美国学派, 其主要成员是上面 Spitzer 及之后所列的 5 位. 我从他们那里得到过难以一一描述的巨大帮助. 应当特别指出的是: 从 1981 年底至 1983 年春, 我有幸访问 Colorado 大学的 Stroock 和 Holley 两位教授, 跟 Stroock 学习了 Malliavin calculus 和 Large deviations 这两个刚兴起不久的新研究方向. 回国后在我们的讨论班上讲了连续三个学期, 对于我们学科发展产生了深远的影响. 与此紧密相关的有 Measure-valued processes, 这是我们概率论研究团队的主攻方向之一, 在国际上有以加拿大 D.A. Dawson 为首的多国研究团队.

在 1977 年之前, (经典) 统计物理研究的主要是平衡态 (所谓平衡态, 有点像演电影, 往前放映或往后倒都行). 典型的是 Ising 模型. 大约 1978 年(当年 I. Prigogine 获 Nobel 奖) 之后, 统计物理进入非平衡态研究 (人体是非平衡态的一个代表; 除了内部的运动之外, 它与外部有能量交换: 既要进、又要出). 从 1977 年开始, 在北京师大组织起了非平衡统计物理的数、理、化联合讨论班. 我的导师严士健教授是此研究小组的成员之一. 基于这个基础与我在这之前跟随我的另一位导师侯振挺教授研究马尔可夫链的经历, 1988 年夏, 在我研究生面试前夕, 严老师跟我商量开展这个新方向的研究. 从那时候起, 我们开始一起探讨非平衡统计物理的数学机制.

从数学上讲, 平衡态系统对应于自共轭算子. 这样, 非平衡态系统对应于非自共轭算子. 众所周知, 统计物理的核心课题是相变现象. 如水在常温下是液态, 低温下变固态, 高温下变气态. 为研究这个课题, 需要研究无穷维数学模型, 因为有限维系统不可能产生相变. 粗略地讲, 我们的无穷维数学模型是由无穷多个方程组成的方程组. 各方程之间有交互作用, 我们的"无穷"含有几何结构. 而研究无穷维的典型手法是通过有限维逼近. 然而, 即使是二维情形, 概率论中已有的存在唯一性判准不可用, 这就带来了巨大的挑战.

概率论与非平衡统计物理的交叉　我们在此方向上工作了 15 年.

- 有限维模型解的存在唯一性. 从 1978 年到 1983 年, 经历了 5 年才解决.
- 为从有限维过渡到无穷维, 使用并发展了耦合 (coupling) 方法. 形成了耦合三部曲: 马氏耦合、最优马氏耦合、距离关于耦合的优化.
- 完成了保序性 (随机可比性) 判准.
- 形成了无穷维反应扩散过程这一典型的非平衡系统的较完整的理论, 构成了专著 [2] 的第 IV 部分 (顺便指出, 这类随机过程是笔者于 1985 年命名的).

其后的发展见 [3]. 文献 [6] 基于一位荷兰学者的工作, 得出笔者 1986 年所发表的抽象空间上的 Q 过程唯一性的强有力的、实用的充分条件在离散空间的特殊情形下也是必要的.

§11.3 概率论与其他数学分支的交叉渗透

大约 1988 年, 我们获悉可用第一非平凡特征值来刻画相变. 如图 6 所示, 曲线下方该特征值为正, 即是指数遍历 (当然无相变) 区域; 曲线上方的该特征值为零, 存在多相, 因而是相变了的区域.

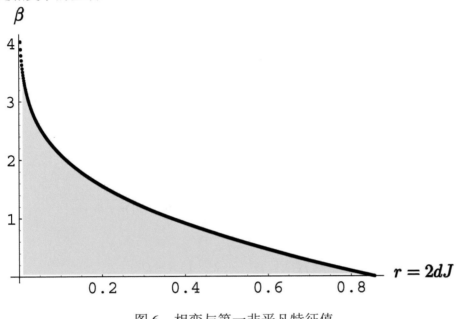

图 6   相变与第一非平凡特征值

想当年, 得到这个想法时很激动. 因为研究无穷维数学缺少工具. 以为有了特征值工具, 就可以做许多事情. 可惜, 事情远非如此简单. 让我们从简单情形开始, 考虑三对角矩阵

$$Q = \begin{pmatrix} -b_0 & b_0 & 0 & 0 & \cdots \\ a_1 & -(a_1+b_1) & b_1 & 0 & \cdots \\ 0 & a_2 & -(a_2+b_2) & b_2 & \cdots \\ \vdots & \vdots & & \ddots & \ddots & \ddots \end{pmatrix},$$

其中 $a_i > 0$, $b_i > 0$. 显见 $Q\mathbb{1} = \mathbb{0} = 0 \cdot \mathbb{1}$, 这里 $\mathbb{1}$ 为元素均为 1 的列向量. 于是有平凡特征值: $\lambda_0 = 0$. 问题是: Q 的下一个特征值为何, 即 $\lambda_1 =?$

人们常说"实践出真知", 要"在游泳中学会游泳". 我们觉得, 学数学的最好方法是做数学. 我习惯于从最简单情形开始. 为给大家一个具体的印象, 这里复述本人在 ICM 2002 上报告过的四个例子 (也见 [3]).

例 1: 平凡情形(两点). 两参数 $a, b > 0$.

$$\begin{pmatrix} -b & b \\ a & -a \end{pmatrix}, \qquad \lambda_1 = a + b.$$

此时 λ_1 很好, 它随每一参数的增加而增加! 然而, 这么漂亮的东西仅此而已, 三点就不对了.

例 2: 三点. 四参数: b_0, b_1, a_1, a_2.

$$\begin{pmatrix} -b_0 & b_0 & 0 \\ a_1 & -(a_1 + b_1) & b_1 \\ 0 & a_2 & -a_2 \end{pmatrix},$$

$$\lambda_1 = 2^{-1} \Big[a_1 + a_2 + b_0 + b_1 - \sqrt{(a_1 - a_2 + b_0 - b_1)^2 + 4 a_1 b_1} \Big].$$

例 3: 四点. 六参数: $b_0, b_1, b_2, a_1, a_2, a_3$.

$$\lambda_1 = \frac{D}{3} - \frac{C}{3 \cdot 2^{1/3}} + \frac{2^{1/3} \left(3B - D^2 \right)}{3C},$$

其中

$$D = a_1 + a_2 + a_3 + b_0 + b_1 + b_2,$$
$$B = a_3 b_0 + a_2 (a_3 + b_0) + a_3 b_1 + b_0 b_1 + b_0 b_2$$
$$\quad + b_1 b_2 + a_1 (a_2 + a_3 + b_2),$$
$$C = \left(A + \sqrt{4(3B - D^2)^3 + A^2} \right)^{1/3},$$

$A = -2 a_1^3 - 2 a_2^3 - 2 a_3^3 + 3 a_3^2 b_0 + 3 a_3 b_0^2 - 2 b_0^3 + 3 a_3^2 b_1 - 12 a_3 b_0 b_1 + 3 b_0^2 b_1 + 3 a_3 b_1^2 + 3 b_0 b_1^2 - 2 b_1^3 - 6 a_3^2 b_2 + 6 a_3 b_0 b_2 + 3 b_0^2 b_2 + 6 a_3 b_1 b_2 - 12 b_0 b_1 b_2 + 3 b_1^2 b_2 - 6 a_3 b_2^2 + 3 b_0 b_2^2 + 3 b_1 b_2^2 - 2 b_2^3 + 3 a_1^2 (a_2 + a_3 - 2 b_0 - 2 b_1 + b_2) + 3 a_2^2 [a_3 + b_0 - 2 (b_1 + b_2)] + 3 a_2 [a_3^2 + b_0^2 - 2 b_1^2 - b_1 b_2 - 2 b_2^2 - a_3(4 b_0 - 2 b_1 + b_2) + 2 b_0(b_1 + b_2)] + 3 a_1 [a_2^2 + a_3^2 - 2 b_0^2 - b_0 b_1 - 2 b_1^2 - a_2(4 a_3 - 2 b_0 + b_1 - 2 b_2) + 2 b_0 b_2 + 2 b_1 b_2 + b_2^2 + 2 a_3(b_0 + b_1 + b_2)]$.

现在, 这六个参数对于 λ_1 的贡献就完全糊涂了. 众所周知, 多于五个点时, 就无解析解了. 因此, 在一般情况下, 没有指望得到 λ_1 的显式解!

下面转入 λ_1 的估计, 我们考察简单的线性情形的摄动.

例 4: 无穷三对角矩阵 (生灭过程).

$b_i\,(i \geqslant 0)$	$a_i\,(i \geqslant 1)$	λ_1	特征函数 g 的阶
$i + \beta$ $(\beta > 0)$	$2\,i$	1	1
$i + 1$	$2\,i + 3$	2	2
$i + 1$	$2\,i + (4 + \sqrt{2}\,)$	3	3

这里, 特征函数都是多项式, 其阶即是其度数. 由此例可见, 一般而言, 要估计 λ_1 太难! 那真是走投无路、寸步难行! 所以我们开始访问其他数学分支: 矩阵特征值计算、分析、黎曼几何等等. 我关于此课题的第一篇文章 (1991) 针对这类生灭过程, 证明了这里的 λ_1 重合于指数遍历性速度, 而关于后者已知有两个半经典模型, 可算出精确的 λ_1. 大约在 1992 年, 我们发现黎曼几何关于 λ_1 有很漂亮的成果, 又发现使用我们的概率方法, 也可以研究同一问题, 所以很快做出成果. 但真正对几何作出贡献是在 3 年之后, 发现了全新的变分公式 (与王凤雨合作). 在 2000 年, 使用调和分析中的 Hardy 不等式, 我们首次得出包括这里的三对角矩阵的一维情形 λ_1 正性的判准. 反过来, 我们真正对 Hardy 不等式的贡献要等到 13 年之后的 2013 年. 由此不难想象, 为寻求这个问题的理论解答, 我们经历了漫长的岁月. 在介绍理论结果之前, 让我们看看最新的数值结果.

在计算数学里, 计算矩阵 (非对角线元素非负) 的最大特征对 (特征值及所对应的特征函数) 有两种算法.

- 幂法 (Power iteration). 给定 v_0, 假定它在 g 方向上的投影非 0, 定义

$$v_k = \frac{Av_{k-1}}{\|Av_{k-1}\|}, \qquad z_k = v_k^* A v_k,$$

此处 v^* 是 v 的转置向量, $\|v\|$ 为 v 的 ℓ^2 距离.

- Rayleigh 商迭代 (quotient iteration). 给定 $(g, \lambda_{\max}(A))$ 的近似值 (v_0, z_0), 定义

$$v_k = \frac{(A - z_{k-1}I)^{-1}v_{k-1}}{\|(A - z_{k-1}I)^{-1}v_{k-1}\|}, \qquad z_k = v_k^* A v_k;$$

则 $v_k \to g$ 且 $z_k \to \lambda_{\max}(A)$.

例 5: 在上述 Q 矩阵中, 取 $a_{k+1} = b_k = (k+1)^2$ 并取 8 阶主对角子矩阵, 则使用幂法需要 990 次迭代, 才能达到 0.525268 的精度. 下面转用 Rayleigh 迭代法. 下表的数值计

算是我的一名硕士生 (李月爽) 使用 MatLab 在笔记本电脑上完成的, 它完全超乎了我的想象. 所有的计算都是两步迭代完成, 计算时间都不超过 30 秒 (详见 [8]).

矩阵的阶	z_0	z_1	$z_2 = \lambda_0$	λ_0 的上、下界之比
8	0.523309	0.525268	0.525268	$1 + 10^{-11}$
100	0.387333	0.376393	0.376383	$1 + 10^{-8}$
500	0.349147	0.338342	0.338329	$1 + 10^{-7}$
1000	0.338027	0.327254	0.327240	$1 + 10^{-7}$
5000	0.319895	0.308550	0.308529	$1 + 10^{-7}$
7500	0.316529	0.304942	0.304918	$1 + 10^{-7}$
10^4	0.31437	0.302586	0.302561	$1 + 10^{-7}$

此表表明, 对于各种阶数的矩阵, 甚至于达到一万阶, 使用 Rayleigh 迭代法从第二步开始, 输出结果就都一样了. 这可从表中的第一行看出. 那里的计算实际上可在第一步结束. 然而, 这种迭代法实际上非常危险: 倘若初值偏了一小点, 就可能掉入陷阱 (N 阶方阵可能有 $N-1$ 个陷阱). 表中的最后一列是根据第二步输出的 v_2, 从理论上算出其特征值估计的上、下界之比, 精确度达到 10^{-7}. 这不仅说明我们倒数第二列的结果是可靠的, 而且六位小数全部是精确的. 关于此专题的最新进展, 可在笔者的主页上找到.

在这里, 关键是我们有高效的理论初值 (v_0, z_0), 其中 z_0 取为

$$z_0 = \frac{7}{8} \delta_1^{-1} + \frac{1}{8} v_0^*(-Q) v_0,$$

而右方的关键一项是下面马上要讲到的 δ_1^{-1}, 它是 λ_0 的下界估计, 为得到这个估计, 我们事先找到其特征向量的模拟 v_0. 可惜这里限于篇幅, 我们不能一一写出完整的显式表达式.

下述结果开始于 1988 年, 完成于 2010—2014 年.

定理 6 (非正式! 详见 [7]). 对于有限或无限的非对角线元素非负的三对角矩阵, 可分为 20 种情形. 在每一种情况下, 都存在 $\delta, \delta_1, \delta_1'$ (然后依次有 δ_n 和 δ_n') 使得 $\delta_n \downarrow, \delta_n' \uparrow$ 而且

$$(4\delta)^{-1} \leqslant \delta_n^{-1} \leqslant \lambda_0 \leqslant \delta_n'^{-1} \leqslant \delta^{-1}, \qquad n \geqslant 1.$$

此外, $1 \leqslant \delta_1'^{-1} / \delta_1^{-1} \leqslant 2$.

上述数值例子所用到的 δ_1 只是这里的 20 种情形中的一种. 这个定理对于一维二阶椭圆算子完全平行. 现在, 我们简略谈谈椭圆算子情形此定理的部分解答.

考虑直线上的区间 $E = (-M, N)$, $M, N \leqslant \infty$. 对于给定的二阶微分算子 L, 有

$$\textbf{特征方程}: Lg = -\lambda g, \qquad g \neq 0.$$

为方便起见, 定义编码 D 和 N:

D: Dirichlet (吸收) 边界 $g(-M) = 0$, 　 N: Neumann (反射) 边界 $g'(-M) = 0$.

当然, 如果 $M = \infty$, 则 $g(-M) := \lim_{M \to \infty} g(-M)$. 使用这两个编码, 可将边界分为四类. 于是我们就有四类特征值问题.

- λ^{NN}: 在 $-M$ 和 N 处均为 Neumann 边界.
- λ^{DD}: 在 $-M$ 和 N 处均为 Dirichlet 边界.
- λ^{DN}: 在 $-M$ Dirichlet 而在 N 处 Neumann.
- λ^{ND}: 在 $-M$ Neumann 而在 N 处 Dirichlet.

为陈述我们的基本定理, 还需定义两个测度. 假设所给定的算子是

$$L = a(x)\frac{\mathrm{d}^2}{\mathrm{d}x^2} + b(x)\frac{\mathrm{d}}{\mathrm{d}x}, \qquad a > 0.$$

命 $C(x) = \int_\theta^x \frac{b}{a}$, 其中 $\theta \in (-M, N)$ 为参考点, 测度 $\mathrm{d}x$ 略去不写. 所需的两个测度是 μ 和 $\hat{v}$, 分别定义为:

$$\frac{\mathrm{d}\mu}{\mathrm{d}x} = \frac{\mathrm{e}^C}{a}, \qquad \frac{\mathrm{d}\hat{v}}{\mathrm{d}x} = \mathrm{e}^{-C}.$$

定理 7 ([5], 定理 1.5). 对于上述四种边界条件的每一种 #, 我们都有统一的估计: $(4\kappa^{\#})^{-1} \leqslant \lambda^{\#} \leqslant (\kappa^{\#})^{-1}$, 其中 $\mu(\alpha, \beta) = \int_\alpha^\beta \mathrm{d}\mu$,

$$(\kappa^{NN})^{-1} = \inf_{x < y} \{\mu(-M, x)^{-1} + \mu(y, N)^{-1}\}\hat{v}(x, y)^{-1},$$

$$(\kappa^{DD})^{-1} = \inf_{x \leqslant y} \{\hat{v}(-M, x)^{-1} + \hat{v}(y, N)^{-1}\}\mu(x, y)^{-1},$$

$$\kappa^{DN} = \sup_{x \in (-M, N)} \hat{v}(-M, x)\mu(x, N),$$

$$\kappa^{ND} = \sup_{x \in (-M, N)} \mu(-M, x)\hat{v}(x, N).$$

特别地, $\lambda^{\#} > 0$ 当且仅当 $\kappa^{\#} < \infty$.

也许不是一眼就能看出来, 这条定理确有美感. 首先, 共有的因子 4 是普适的, 与模型无关; 所有常数都只用两个测度 μ 和 $\hat{\nu}$ 表示出来; 前两个常数关于它的左、右边界对称; 四个常数之间拥有简明的对偶法则: 如同时将两编码 D 和 N 对换, 相应的常数表达式中只需将两个测度 μ 和 $\hat{\nu}$ 对换; 如将前两个常数的表达式右方的加项去掉第二项, 便可得出后两个常数. 应当说, 这四个断言中仅有前两个是新的, 后两个则是已知的. 例如第三个, 从 Hardy 1920 开始, 这里的答案是半个世纪之后的 1972 年才找到的; 而要得到前两条, 差不多又等待了 40 年. 为证明第一项断言, 我们使用了现代概率论的三个重要工具 (耦合方法、对偶技术和容度理论), 经过 5 步论证才完成的. 毫无疑问, 这个成果是十分珍贵的.

让我们再重复一遍, 对于上述的三对角矩阵情形, 结果是完全平行的. 为说明我们研究这个主题的原始动机, 我们需要一点抽象概念. 首先是 L^2 指数稳定性. 设 π 为某可测空向上的概率测度, $L^2(\pi)$ 为 π 平方可积的实函数的全体, 其范数和内积分别记为 $\|\cdot\|$ 和 $(\cdot,\cdot)$. 假定 L 自共轭: $(f, Lg) = (Lf, g)$. 其半群可形式上写成 $P_t = \mathrm{e}^{tL}$. 下式表示 L^2 指数稳定性:

$$\|P_t f - \pi(f)\| \leqslant \|f - \pi(f)\| \, \mathrm{e}^{-\varepsilon t}, \qquad \pi(f) := \int f \mathrm{d}\pi,$$

那么, $\varepsilon_{\max} = \lambda^{\mathrm{NN}} := \lambda_1$. 与此紧密相关的是**关于相对熵的指数稳定性**.

$$\mathrm{Ent}\,(P_t f) \leqslant \mathrm{Ent}\,(f)\, \mathrm{e}^{-2\sigma t}, \qquad t \geqslant 0,$$

此处

$$\mathrm{Ent}\,(f) := H(\mu\|\pi) = \int_E f \log f \mathrm{d}\pi, \quad \text{若} \ \frac{\mathrm{d}\mu}{\mathrm{d}\pi} = f.$$

为简单记, 以后就用 σ 表示使前一式子成立的最大者 $\sigma_{\max}$.

我们要研究的是 $\boldsymbol{\varphi^4}$ **Euclidean quantum field on the lattice**. 考虑格子 $\mathbb{Z}^d$ 上的自旋系统: 其组态为 $\{x_i \in \mathbb{R} : i \in \mathbb{Z}^d\}$. 在每一位置 $i \in \mathbb{Z}^d$ 上, 有一自旋, 其势为 $u(x_i) = x_i^4 - \beta x_i^2$, 交互作用势为紧邻的: $H(x) = -2J \sum_{\langle ij \rangle} x_i x_j$, $J, \beta \geqslant 0$, $\langle ij \rangle$ 表 $\mathbb{Z}^d$ 上的紧邻边. 这样, 这个无穷维随机过程的算子可写成

$$L = \sum_{i \in \mathbb{Z}^d} [\partial_{ii} - (u'(x_i) + \partial_i H)\partial_i].$$

我们以 $\Lambda \Subset \mathbb{Z}^d$ 表 Λ 为 $\mathbb{Z}^d$ 的有限子集. 下面是我们的主要结果.

定理 8 ([4], 命题 1.4)**.** 关于 $\beta \gg 1$, 我们有如下关于有限盒子 Λ 和边界条件 ω 一致的渐近性质

$$\inf_{\Lambda \in \mathbb{Z}^d} \inf_{\omega \in \mathbb{R}^{\mathbb{Z}^d}} \lambda_1^{\beta,J}(\Lambda,\omega) \approx \inf_{\Lambda \in \mathbb{Z}^d} \inf_{\omega \in \mathbb{R}^{\mathbb{Z}^d}} \sigma^{\beta,J}(\Lambda,\omega) \approx \exp\left[-\beta^2/4 - c\log\beta\right] - 4dJ,$$

其中 $c \in [1,2]$ 为常数. 这里的主阶 $-\beta^2/4$ 是精确的.

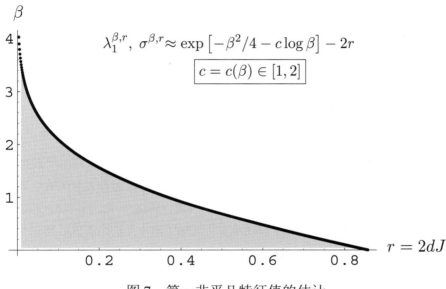

图 7　第一非平凡特征值的估计

以上这些工作展示了我们在研究无穷维模型中逐步开发出的一批研究"无穷维数学"的重要工具: 主特征值估计、对数 Sobolev 不等式、耦合方法和对偶技术等, 同时展示了概率论与统计物理、调和分析、泛函分析、谱理论、计算数学等诸多数学分支的交叉渗透. 我们从统计物理的典型课题出发, 赤手空拳, 不懈探索, 为寻求数学工具, 访问了多个数学学科分支; 反过来我们也为这些学科分支作出了意想不到的贡献. 我们的实践再一次显示出数学的整体性, 显示出学科交叉渗透的威力.

参考文献

[1] 陈木法 (1997). 随机系统的数学问题. http://math0.bnu.edu.cn/~chenmf(其中 ~是键盘左上角的 ~).

[2] Chen, M.F. (2004). *From Markov Chains to Nonequilibrium Particle Systems*. World Scientific, Singapore. 1992/2004. Part IV.

[3] Chen, M.F. (2005). *Eigenvalues, Inequalities and Ergodic Theory*. Springer, London. Chapter 9 是反应扩散过程的综述.

[4] Chen, M.F. (2008). *Spectral gap and logarithmic Sobolev constant for continuous spin systems*. Acta Math. Sin. New Ser. 24(5): 705–736.

[5] Chen, M.F. (2010) *Speed of stability for birth–death processes*. Front. Math. China. 5(3): 379–515.

[6] Chen, M.F. (2015). *Practical criterion for uniqueness of Q-processes*. Chin. J. Appl. Prob. Stat. 31(2): 213–224.

[7] Chen, M.F. (2016a). *Unified speed estimation of various stabilities*. Chin. J. Appl. Probab. Statis. 32(1): 1–22.

[8] Chen, M.F. (2016b). *Efficient initials for computing the maximal eigenpair* 11(6): 1379–1418.

致谢: 本文根据以下 8 次讲座整理而成: 北京大学"数学及其应用"教育部重点实验室 2010 年会 (2010 年 12 月), 吉林大学 (2016 年 6 月), 北京师大第八届优秀大学生数学暑期夏令营 (2016 年 7 月), 四川大学 (2016 年 11 月), 山东大学 (威海) (2016 年 12 月), 台湾政治大学 (2017 年 3 月), 台湾中正大学 (2017 年 4 月) 和江苏师大 (2017 年 4 月). 作者衷心感谢文兰、张平文、王德辉、韩月才、李勇、许孝精、吕克宁、彭联刚、李娟、陈隆奇、黄郁芬和谢颖超等教授的热情款待和他们单位的资助, 同时感谢国家自然科学基金 (No. 11131003, 11626245), 教育部 973 项目和江苏高校优势学科建设工程项目的资助.

第五部分

纪念文章

关于 Roland L. Dobrushin 生平和研究工作的注记

摘要: Roland L. Dobrushin 的一生及其研究工作对概率论、信息论和数学物理的若干领域具有深远的影响. 本文包括他的生平、对他的主要成就的回顾.

注: 本文两部分均原载于《数学译林》1997, 第 4 期, 第322–327 页.

§12.1   校者补记

在笔者访问俄罗斯科学院信息传输问题研究所 Dobrushin 实验室期间 (1997 年 6 月 5 日至 7 月 4 日), 几乎天天都与 R. L. Dobrushin 生前的同事们谈论他的非凡业绩、他的开拓思想和他的高尚人格. 这促使笔者产生一种强烈的愿望: 以某种方式表达对他的敬慕与怀念. 这里节译出一篇纪念文章中有关 Dobrushin 生平和主要业绩部分, 希望读者能从他的传奇经历中获得有益的启示.

趁此机会, 写下一些追忆.

1.   "他没有告诉任何人他得了重病"

在他去世后的第三天 (1995 年 11 月 15 日), 我们就获悉这一难以置信的消息. 然而, 在五个月之前的新加坡国际会议上, 在开始报告的前几分钟, 他还跟笔者讲了几句笑话: "我刚刚听了一个报告, 演讲人在引用一个结果时说' 这是一个老 Dobrushin 定理'. 这样, 在这个世界上有两个 Dobrushin: 一个老的, 但我还年轻."事实上, 我还一直盼望着当年 10 月在纽约召开的" 面向 2000 年的概率论专题国际研讨会"上与他见面 (我曾有幸与他同为特邀报告人). 就在他去世的两周之前 (1995 年 10 月 30 日), 他还签署了经他提议的与我方合作研究项目的预定书. 因此, 对这突如其来的消息, 我们极为震惊. 事后才从他的朋友们那里了解到, 他从未把他得病的消息告诉任何人.

2.   Dobrushin 说: "我的目标是重新建立统计力学的数学基础"

我想, 在 34 年前, 这样的工作能否算作数学是会有疑问的, 更不用说是"好数学"了. 如同 R.A. Minlos 多次跟我讲过的: "开始的时候, 只有一个数学结果是已知的, 即自由能的存在性."可见, 开拓出这一研究方向需要多么大的远见卓识; 要在一片荒原上开垦出一块绿洲, 其艰难困苦是不难想象. 现在, 以 Dobrushin 为主要奠基人之一的

《随机场》与《交互作用粒子系统》, 在数学物理和概率论中的重要地位已经是无可置疑的了. 例如, 1997 年荣获 Wolf 奖的 Ya. G. Sinai, 乃是 30 多年来 Dobrushin 学派的四名领袖之一, 他"对统计力学中严格数学方法"的基本贡献被列为他获奖的主要成就中的首位. 实际上, Dobrushin 学派正是现代数学与物理重新汇合和交融的大潮流的开路先锋之一.

3. "讨论班"与"议会"

Dobrushin 等的莫斯科大学讨论班, 开始于 1963 年. 其领袖除上述三人 (Dobrushin, Minlos, Sinai) 之外, 还有 V.A. Malyshev. 我于 1988 年 12 月首次在该讨论班上报告, 留下了深刻印象, 至今不能忘却. 当我讲完第一段后, Dobrushin 出乎意料地站起来翻译. 开始时我对于需要翻译惊讶不已, 随后发现他在翻译的同时组织讨论. 于是我只好临时压缩报告的内容, 砍掉一半. 但我原来所设想的一个半小时的报告也还是持续了整整两个半小时 (因为参加讨论班的人来自莫斯科的不同单位, 讨论班从下午 4 时开始). 事后, 我跟 Dobrushin 说对他的讨论班上的"争吵"印象很深. 他说: "主要想法是希望在讨论班上大家都真正把报告听懂, 把思想弄清楚", 接着说: "许多外国人来参加我们的讨论班都有这种印象. 意大利人说, 我们的讨论班像意大利的议会; 而他们的讨论班则像我们的最高苏维埃会议. 当然, 现在我们的最高苏维埃会议也在变了." (那是 1988 年年底) 不幸的是, 这个讨论班于 1994 年基本停止了. 使我感到极为荣幸的是, 他们在此次访问中还专门为我组织了一次莫斯科大学讨论班 (由 Sinai 主持).

4. 黑板上的小圆

早已听说, 许多莫斯科数学家喜欢到森林中去散步. 此次访问中, 由 Minlos (66 岁) 和 Pechersky 两位教授带我们到莫斯科原始森林散步了 4 个小时. 当我陶醉于优美大自然的时候, 猛地想起 Dobrushin 在南开数学所的演讲 (发表于 LNM 1567), 他不时地在讲台上来回踱步, 犹如在森林中散步一般悠闲. 有一次整整两个小时的演讲, 他完全沉浸于想象之中, 以至于在整个黑板上, 仅仅留下一个小圆. 那是我至今为止所见到的最奇特的一次报告. 须知不用黑板作数学报告远非易事. 自然想到, 我们是否可以给数学留下一点"艺术之美"的小小空间? 如同我们也需要一点点空闲去享受美好大自然. 曾不止一次地听说过, 一些光辉的科学思想, 曾萌发于莫斯科森林中的漫步. 从这个意义上讲, 莫斯科科学家是幸福的, 他们 (曾) 远离各种急功近利的噪音, 而拥有这么一大片天然的乐园.

5.　Dobrushin 与我国概率论

Dobrushin 曾多次自豪地说: "我的第一位学生是中国人."是的, 早在 1950 年代末, 我国的王梓坤、胡国定教授都从他那里获得许多教益 (特别是马氏过程和信息论). 他对笔者专著英文版的出版鼎力推荐并曾计划翻译成俄文. 在获得出国自由之后, 他所到访的第二个国家就是我国. 直至去世之前, 他依然在努力争取与我们建立合作研究项目. 他对于改革开放后中国所获得的巨大变化极为振奋, 以至于在他访问回国后不久, 便在他所在的研究所举行了一次访华报告. 记得 1988 年 (9 月初至 11 月初) 他访问我国的时候, 由于他所见所闻全都是好的一面, 我不时给他讲我们尚存在的许多问题. 他对于我国的改革开放是如此之钟情, 以至于有一天他突然问我: "你是不是不太赞成改革开放?"我只好进行一番严肃认真的解释.

本文作者之一, R.A. Minlos, 早以 Minlos 定理著称于世, 他现任 Dobrushin 实验室主任, 是 Dobrushin 生前最好的朋友. 因为文中的素材都是他们亲身经历过的, 既可靠又亲切. 从中还可领悟到 Dobrushin 的一些科学哲学观, 想必也是难寻的. 若要更深入地了解他的独特学术思想, 建议读者去查阅因限于篇幅而不能译出的原文第三部分.

(陈木法 1997年7月9日)

§12.2　译文

1.　前言

1995 年秋,从俄罗斯传来一则消息: 66 岁的 Dobrushin 于 11 月 12 日因癌症去世, 数学界为之震惊. 他正处于创造力的巅峰, 他的很多文章已经发表或正准备发表. 现在无法知道还有多少其他的工作正在孕育中. 我们希望他的同事和学生至少能够重建他的某些想法. 1995 年他所进行的广泛旅行也表明了他在生命最后阶段的活力, 那时他已病得很厉害了. 在他参加的会议中有数学物理会议 (Aragats, 亚美尼亚, 1995 年 5 月)、随机过程及其应用的第 23 届伯努利会议 (新加坡, 1995 年 6 月) 及"概率和物理"会议 (Renkum, 荷兰, 1995 年 8 月). 他还计划 1995 年秋季去维也纳薛定谔研究所进行合作研究.

难以估计他的去世给数学界 (尤其是俄罗斯数学界) 带来的损失. Dobrushin 对现代数学的巨大贡献并不只局限于他的出版物, 他是一个能够放射出数学的特殊光辉的人. 他研究小组中的每个人, 即便在创造数学新结果上只有最微小的天赋, 也会很快融入活跃的引人入胜的研究工作之中. 这种研究目标总是极其明确 (这对新成员是重要的), 并且通向最高水平. 对很多数学家来说, 他们与 Dobrushin 开始研究的课题成为了他们以后多年甚至是几十年富有成效的研究工作的主题. 他的想法和观点, 如同水中的波浪, 渗透了 (并继续渗透于) 整个数学界, 虽然这些想法和观点不总被认为是由他首创的. 然而, 这些波浪的源头已和我们永别了.

世界各地举行了或正在筹备举行许多纪念 Dobrushin 的活动, 如莫斯科数学会会议 (1996 年 4 月), 维也纳薛定谔研究所会议 (1996 年 9 月 16–20 日) 以及 INRIA (凡尔赛-Rocquancourt, 1996 年 10 月 21–25 日), 已发表了他的讣告和生平文章; 许多杂志将出版纪念他的专刊. 本文试图描述他在研究工作中的一些贡献; 我们尽力使本文能够为大多数读者所理解, 同时保持一定水平的数学严格性. 我们特别注意他主要想法的起源以及他其后的分析方法. 我们相信这些也许是迄今为止尚未被文献仔细讨论过的重要问题. 我们给出了一个他的简要的生平, 其中只侧重于他生活中的几个方面. Dobrushin 对整个俄罗斯及世界研究界具有重大影响. 我们的评论不可避免地是片面的、有选择的; 在一篇文章的篇幅内分析他对研究现状的深远影响是不可能的.

我们还给出了 Dobrushin 所发表的工作的完整清单. 由于 Dobrushin 的文章首先是以俄文发表, 并被正式译为英文的, 我们给出的是俄文的出版年份.

其他作者由俄文翻译的文章, 参考文献中列出的是它们的英译稿. 一般地, 对于俄文文章, 作者名及杂志名、期刊名、卷名是由俄文音译的, 而文章题目给出的是英译名. 对于同一俄文名, 可能有其他译法, 对此我们向读者致歉.

涉及 Dobrushin 是合作人的文章, 我们只给出他的名字 (对此我们向他众多的合作者道歉), 这仅是依据惯例. 但应当指出的是, 至少依我们的经验, 他一直是小组中不言而喻的领导者, 他的想法几乎总是很有效的, 而且他对最后结果的描述令人惊奇地正确.

2. 生平事迹

Dobrushin 具有德国、犹太及俄罗斯血统, 1929 年 7 月 20 日出生于列宁格勒 (现在的圣彼得堡). 当他还是个孩子的时候, 父母就去世了, 他是由莫斯科的亲戚抚养长大的. 在学校他数学方面的能力就很出众, 但不知他在学校中的兴趣爱好是否只局限于数学. 然而, 事实上, 他成功地参加了数学奥林匹克竞赛, 那是一个面向有天赋学生的流行的竞赛, 竞赛中孩子们需要解决经特别挑选和准备的问题 (在俄文数学术语中"奥林匹克问题"一词指的就是这些竞赛中特殊风格的问题). 在解决一个奥林匹克问题的过程中, 还发生了一个小插曲. Dobrushin 不得不用他当时还不知道的一条直线分割一个平面的公理. 结果他在答案中写到: 我不知道直线是什么, 这令我很困惑, 这个陈述被评卷人注意到了.

1947 年高中毕业后, Dobrushin 向莫斯科大学 (MSU) 物理系 (Fiz-Fak) 提出入学申请. 然而, 他没能通过入学考试, 这显然不是由于他这些学科的能力或知识的不足导致的. 那个时期, 官方宣传中反犹主义日益增长. 苏维埃当权者对于允许犹太人进入这个系特别敏感, 因为许多未来的核科学家是在这里培养出来的.

然而, 他能得到进入 MSU 数学力学系 (Mekh-Mat) 的许可. 从一开始他就积极参加了一个由 Dynkin 组织的学生讨论班. 在这里, 他对概率论产生了浓厚的兴趣, 并掌握了一种特殊的概率思考方式, 这种方式常使这个领域中的大科学家显露出来. 1952 年毕业后, Dobrushin 获准成为研究生, 导师是 Kolmogorov. 在获得这一资格时, 他又一次因为与研究无关的原因而遇到很大困难. 众所周知, Kolmogorov 不得不运用其全部影响力使他得到准许. 大致同一时期毕业于 MSU 的许多优秀数学家, 都没能得到研究生资格.

1955 年 Dobrushin 完成了副博士论文"马尔可夫链的一个局部极限定理", 并通过了答辩. 于是, 他在 Mekh-Mat 概率教研组得到了一个职位. 1956 年他获得了莫斯科数学会青年数学家奖, 这是一个标示了许多未来苏联数学名家的赫赫有名的奖项 (虽然奖金不高). Dobrushin 在他的论文中改进了包括 Markov、Bernstein 和 Linnik 在内的前辈们的一系列定理.

1950 年代, 由于 Shannon 的工作, 信息论出现并迅速发展起来. Dobrushin 也对这一领域产生了兴趣. 我们只能猜测是什么使他转移到这个方向上来. 这个决定可能受到 Kolmogorov 的影响, Kolmogorov 劝告年青数学家去探索概率论的新领域. 但是可以猜想, Dobrushin 是被 Shannon 发现的长信息译码中误差概率惊人的"临界点"现象吸引了. Dobrushin 研究了这一现象发生的一般条件; 与以前一样, 他发现了所谓信息稳定性的概念, 它对 Shannon 定理的正确性是必要的. 研究这些问题时, 他花了大量时间普及信息论的思想和方法 (他总是孜孜不倦地进行新思想的普及工作). 他编辑了《苏联数学评论》的信息论章节, 并在不久后成立的苏联(现在为俄罗斯)科学院信息传输问题研究所 (IPIT) 中组织了讨论班. 他组织这个讨论班一直到他最后的日子, 并且极其认真负责. 1962 年他整理了从 Shannon 理论得出的结果, 并就此进行了博士答辩, 在苏联科学院的莫斯科应用数学研究所获得了他的博士学位, 当时苏联空间计划的数学部分由那里承担.

尽管直到 1970 年代后期, 虽然有些间断, Dobrushin 还继续发表信息论方面的文章, 但在 1960 年代初期, 他就觉得这个方向已经开始枯竭. 据他的同事和朋友说, 对"经典"概率论的许多领域他也有类似的感觉. 由于认识到经典方向的研究工作具有丰富的结果和传统, 但它的主流是为建立一个统一理论这一重要目的服务的, 他得到结论: 将注意力集中于传统方法在某种程度上降低了发展全新领域的速度. 他在这个问题上想了很多, 并向他的同事们说出了他对这种情形的不满. 在他与本文作者之一 (R. A. M) 的经常性谈话中就直接涉及统计力学的基本问题, 尤其是相变问题. 一般说来, 他的目的是找出物理和概率论的共同领域 (回想一下他曾试图进入 MSU 的 Fiz-Fak).

下面介绍了自 1955 年后到 1960 年代, 由于当年苏联在政治上的动荡, Dobrushin 所受到的不公平待遇. 因为主要内容并非学术, 故此处略去.

1967 年初, 他离开了 Mekh-Mat, 并接受了由信息传输问题研究所(IPIT) 提供的一个职位. 他在 IPIT 建立了一个实验室, 并且作为它的领导者一直工作到去世. 实验室的主要研究方向起初是信息及编码理论. 后来他加上了复杂随机系统理论, 这一方向包含了他对统计力学和排队网络理论产生的兴趣 (见后). 他还在莫斯科物理与技术学院 (Fiz-Tekh) 兼课, 1967—1992 年他在那里担任教授. 他积极参与编辑了 *Problems of Information Transmission*, 该杂志在他的领导下成为了一本著名的备受重视的杂志. 必须提到的是, IPIT 的领导层在给他这样一个杰出地位上表现出极大的勇气······

作为实验室的领导, Dobrushin 在吸收有天赋的年青数学工作者并指导他们对广泛问题进行研究方面显露出超凡的能力. 他所营造的气氛极其有利于进行深入的研究, 并且鼓励同事间的相互关心和友谊. 尽管实验室规模比较小(十人左右), 但它在数学的一些领域上获得了杰出成就. 其中一个成员获得了Fields 奖章, 另一个成员获得了欧洲数学家联盟奖, 还有一个则获得了杰出的 IEEE 奖项. 一般地, Dobrushin 的出现总是能营造出一种好的气氛—— 对学习和创造新成果的欲望以及帮助他人、同甘共苦的愿望.

从 1960 年代中期开始, Dobrushin 进入了他研究生涯的黄金时代. 1963 年, 在不中断信息论方面工作的同时, 他和 Minlos 一起在 MSU 开设了一个讨论班, 主要目的是将统计力学引入概率论中. 随后的那年, Sinai 加入了进来, Berezin 和 Schwartz 加入了一个短暂的时期, 而后 Malyshev 也加入进来了. 这个统计物理学讨论班成为了一个广泛讨论新领域中各种问题的论坛, 并很快获得了国际声誉. 用于描述统计力学现象的大量基本的概率论概念和框架在这里诞生. 1965—1970 年间 Dobrushin 的主要成就是规范和 Gibbs 随机场的概念. 他认识到统计物理学所关心的最重要的现象之一——相变, 是用给定规范下 Gibbs 场的非唯一性描述的. 然后, 他对 Ising 模型及其二维和更高维修正中相变的存在性给出了一个简短而漂亮的证明, 并进而研究这些模型中纯相集的结构. 我们认为, 这些文章之所以重要不仅因为它们为现代平衡统计物理学奠定了基础, 并解决了许多难题, 而且(也许是主要)因为它们包含或导致了许多未解决的问题, 我们坚信这些问题必将在未来激起研究的波涛. 可以看出, 他以后的许多工作不可避免地变得更具技术性, 因而更不易被广大读者所理解.

Dobrushin 在 1968—1975 年的结果立刻闻名于世, 并吸引了世界各地众多的新研究者. 有无数次会议、研讨会和互访活动来长期细致地研究他的理论. 然而, 尽管被邀请所淹没, 作者本人却不能踏出铁幕一步. 比利时、荷兰、卢森堡、法国、德国、意大利、日本、斯堪的纳维亚国家、瑞士、英国以及美国的大批科学家来到俄罗斯和苏维埃加盟共和国拜访 Dobrushin.

工作在一个专门从事信息传输各个方面问题研究的研究所里, Dobrushin 自然继续保持着对这个领域的兴趣. 到 1970 年代中期, 他的注意力主要集中于排队网络理论中的问题. 在这里, 研究的对象是按一定规则处理任务流 (根据情况可能是信息、呼叫、程序等等) 的服务器全体. 问题在于要估计处理任务的延时、损失概率、不过载条件等. Dobrushin 用与统计物理中对象的类比来研究这些问题. 他在这个领域中的影响远远超出了他所发表的文章, 而且可以在他的追随者的大量文章中看到这一点.

到 1988 年苏联进入改革后期, Dobrushin 获准可以无限制地旅行. 随着政治制度的变迁, 他还被准许回到莫斯科大学, 从 1991 年到他去世, 他在 Mekh-Mat 概率论教研室担任兼职教授. 那时候, 在数学和理论物理的许多领域里, 苏联的研究特点大都发生了戏剧性的变化. 从西方来的访问学者人数减少, 而从苏联出去访问的反向潮流则更为强烈了. 出国旅行的次数及其滞留的期限被很多人当成是有声望的标志, 并在这上面进行竞争. 日益恶化的经济和社会状况迫使几乎所有领域中占领导地位的、杰出的专家暂时或永久地移居国外. 著名的莫斯科讨论班度过了一个艰难时期, 它们中的许多都停了. 统计物理讨论班的情形是: 它断断续续地持续到 1994 年, 然后就终止了.

在这种情况下, Dobrushin 是依然保持热情的少数人中的一个. 他是一个天生的极度乐观者. 虽然 1994 年他接受了一个在维也纳的薛定谔研究所每年工作达六个月的邀请, 但是尽管有大量的工作邀请, 他从未在西方寻求过一个永久的职位. 他到处旅行, 但总是乐于返回莫斯科. 他热爱这个城市, 热爱这个国家, 无论它被称作什么, 也不管是哪个政治力量当权. 在 1960 年代抗议时期之后, 他不再直接卷入任何政治活动, 但依旧对俄罗斯及国外的政治极其感兴趣. 他是许多期刊及一般性和政治性杂志的忠实读者 (比如在苏联时代, 他定期阅读西方左翼党派和团体印刷的马克思主义杂志, 这些杂志是他冒着一定风险, 设法从外国朋友和同行们那里获得的, 他把这些杂志保存在他的房间里). 他显然对政治力量的势力分布有很好的洞察力. 他对政治事件的预言总是惊人的准确.

Dobrushin 的"不可旅行者"身份始终伴随着他在国内的学术生涯. 苏联数学部, 即以后的俄罗斯科学院都没选他作院士或通讯院士; 在选举中他的候选人资格甚至没

有被认真讨论过 (准确地讲, 他从未寻求过选举). 尽管他很有名气, 很有声望, 但他像同时代的许多杰出数学家一样, 仍被苏联数学官员视为局外人; 这种情况一部分是由于反犹主义, 还有一部分则是由于不同学术派别间的内部竞争. Dobrushin 的反官方态度丝毫无助于使他自己受到苏联学术权威的喜爱. 1990 年 3 月, 正是围绕苏维埃体制的总体未来以及学术界的特定角色问题进行政治争论的高潮时期, Dobrushin 在苏联科学院大会上作的讲演又一次证明了他对改革的坚定信念, 这个讲话受到包括年青学者在内的大部分听众的热烈欢迎, 但遭到保守院士们的怀疑.

1982 年 Dobrushin 被选为波士顿的美国艺术与科学院的名誉院士. 苏联科学院的高级官员敦促他拒绝这一荣誉 (这是超级大国对抗最后时期的顶峰). 但 Dobrushin 拒绝听从他们的"劝告". 1993 年, 他被选为美国国家科学院的外籍院士, 1995 年成为欧洲科学院院士.

Dobrushin 是 *Communication in Mathematical Physics, Journal of Statistical Physics, Theory of Probability and Its Applications* 和 *Selecta Mathematics Sovietica* 的编委和顾问. 他还用俄文和英文编辑了许多卷俄罗斯作者的研究文章.

从1991 年起, Dobrushin 增加了 IPIT 实验室的人员, 并大大地扩展了它的研究领域. 它现在被称为 Dobrushin 数学实验室, 从事信息和编码理论、排队网络理论、数学物理及表示论等多方面的研究.

(周文闰译, 陈木法校)

注: 原题: Remarks on the Life and Research of Roland L. Dobrushin. 详见笔者主页的《科普作品》专栏. 前一部分(校者补记)后来被译成俄文和英文分别在俄罗斯和美国发表. 后一部分译自: Journal of Applied Mathematics and Stochastic Analysis, Vol. 9, No. 4, 1996, pp. 337–372.

典型群・随机过程・数学教育

《严士健文集》——序言

本文由如下几部分构成:

§13.1 科研工作的四个阶段

§13.2 教材建设和人才培养

§13.3 高尚风范

注: 本文的大部分发表于《应用概率统计》2004, 第 20 卷第 2 期, 第 222–224 页. 原标题是"把毕生献给我国的数学事业—— 祝贺严士健教授七十五华诞". 今略作补充.

说明

作为严士健教授的学生, 我们非常荣幸能为严老师的这本论文选集写几句话. 浏览一下选集中的作品, 不禁回想起严老师带领我们顽强拼搏的艰难岁月, 再一次感受到严老师为栽培我们所付出的长期的辛勤劳动和巨大心血. 乘此机会, 衷心感谢严老师的培养之恩.

严士健老师 1929 年 4 月 1 日出生于湖北麻城. 1952 年毕业于北平师大(今北京师大)并留校任教, 分别于 1961 年和 1978 年晋升为副教授和教授, 并被评为首批博士生导师. 从 1982 年起, 先后担任北京师大数学系系主任, 数学与数学教育研究所所长, 中国概率统计学会理事长和中国数学会副理事长, 国务院学位委员会第一、二、三届数学评议组成员, 国家教委普通高校理科数学及力学教学指导委员会副主任等职位. 他在数论、代数、概率论和数学教育几方面的科研和教学工作中都作出了重要贡献, 曾获首届国家级教学优秀成果奖、曾宪梓教育基金会 1993 年高等师范院校教师奖一等奖、北京市劳动模范等多项奖励.

以下分三部分来介绍严士健老师的主要业绩: §13.1 科研工作的四个阶段; §13.2 教材建设和人才培养; §13.3 高尚风范.

§13.1   科研工作的四个阶段

严老师的科学研究工作大体上可以分成四个阶段, 每一个阶段都有相对独立的研究主题. 这本选集就依照这四个阶段的时间顺序编排的. 严老师的这些论文涉及广泛的论题: 从数学研究的前沿课题, 到研究生培养, 再到大、中、小学的数学教育; 既包含了长期积累的宝贵经验, 也反映出他艰难探索的历程.

1.　典型群 (代数)

1953—1959 年, 严士健老师师从华罗庚先生, 从事环上典型群的研究工作, 使用矩阵方法在国际上最早解决环上线性群和辛群的自同构问题, 并使用自己的方法解决了模群的定义关系问题 [2~4, 6~8] (本文所引论文均为严先生文集中同一编号的文章), 得到华先生的高度赞赏, 也得到美国 O.T. O'Meara, J. Pomfert, B. R. McDonald 教授的高度评价. 如西方最早系统研究环上典型群的 O'Meara 教授 1978 年访问中国作演讲时, 多次提到"严教授用他的方法最早研究了环上的线性群", 并说"看来环上辛群的研究也是严教授最先开始的". 1970 年代, 在美国和苏联出版的有关环上典型群的文集中, 都把他的论文作为中国学派的代表作. 严老师的方法后来被上述美国学者和我国的王仰贤、张海权教授等所深入和发展.

这段经历使他形成了挑战难题的勇气. 他主张在研读文献的同时, 时时注意提出自己的问题并加以解决; 而在面临难题的时候, 要沉得住气, 步步为营, 争取突破.

2.　平稳过程 (概率论)

这个阶段大致为 1958—1965 年. 严老师服从国家发展的需要, 在 1958 年作了一次大改行. 他根据国家科学发展规划提出的概率论与数理统计在国民经济建设中的重要地位, 多方征求数学界前辈的意见, 决定在北京师大创建概率统计教研室, 并立志要带起一支学术队伍. 他从零做起, 耐心细致地克服了思想上、认识上、学术上等方面的困难, 完全依靠自己的力量, 培养了一批青年教师和学生, 同时也逐步形成了一套好学风 [30]. 这期间最突出的研究成果是他与刘秀芳教授在 1963 年解决了连续参数平稳随机扰动的回归系数估计问题 [12], 受到中科院应用数学所学者的多次称赞. 直到 1995 年出版的文集 *Statistics and its Application in China*(陈希孺主编) 依然有所反映, 此项工作后来被王隽骧教授所继续.

一方面, 以国家需要为己任, 放弃自己所熟悉的领域, 这需要艰难的牺牲精神; 另一方面, 闯进一个陌生的领域, 这需要非凡的胆略和气质. 然而, 严老师获得了成功.

3.　无穷质点马氏过程 (概率论)

1977 年, 当科学的春天到来的时候, 严老师重新回到了他所心爱的数学王国. 应当说, 1977 年的概率论, 与 1965 年相比, 已是面目全非. 挑战是严峻的. 面对新形势, 他又一次迎难而上, 做出了科研方向的大调整. 他既不拿起以前熟悉的课题继续做, 也不跟着当时国内比较认同的方向来工作, 而是根据"文化大革命"后期自己与校内物理、化学、天文各系教师学习物理基本问题的理解, 再经过一年多的调研, 在国内率先选择了与统计物理交叉的新学科分支——无穷质点马尔可夫过程 (亦称交互作用粒子系统) 作为主攻方向. 他对非平衡统计物理中非线性 Master 方程 (平均场) 和多元 Master 方程 (有限维反应扩散模型) 提出了明确的概率模型, 特别是从非平衡统计物理中引进一批数学模型, 导致了后来称之为无穷维反应扩散过程这一大类新的马氏过程以及平均场模型的研究工作. 这不仅仅是我们研究集体多年的研究主题, 同时也吸引了美国、意大利、日本、德国、加拿大等国学者投入此方向的研究. 还应指出, 这类无穷维数学模型的研究, 开发出了新的数学工具, 如今已对其他数学分支产生重要影响. 由此不难看出二十多年前他所做出的选择的战略意义. 毫无疑问, 严老师的这一决策, 影响了我们许多人的命运. 这是他对于我国概率论发展的一项历史性的贡献. 严老师还根据国际概率论发展的趋势, 提倡和支持引进一些新的概率论研究方向, 如渗流、随机分形及流体动力学极限等.

在 1970 年代末, 数学与物理的重新汇合交融才刚刚起步. 许多人觉得我们是在做物理而远离了数学. 也许, 人们现在对于学科交叉已经习以为常, 但当年认识到这一点绝非易事, 投身其中更是一种冒险. 记得有一位前辈曾经说过:" 数学家与物理学家合作很难. 数学家听物理学家的报告会觉得是胡闹, 没有一步是严格的. 物理学家听数学家的报告会觉得这有什么可讲的, 我们早就知道了."由此可以看出, 严老师当时的选择是多么的不易、多么富有远见.

我们研究无穷质点马氏过程的第一项基本结果是给出了一大类无穷质点马氏过程可逆或满足"细致平衡"条件的简明的判准 [16]. 如上所述, 我们研究集体多年的研究主题是无穷维反应扩散过程. 这些模型最早导源于北京师大数、理、化、天文等系的联合"量子力学讨论班" [14, 15]. 然而, 即使是这种较简单的有限维情形, 其数学上的解答也困扰我们达五年之久, 最终在文 [24] 中得以解决. 对于随后的诸多发展, 特别是无穷维情形, 可见综合报告 [26].

无穷粒子系统研究受到数学界的重视和国家自然科学基金委员会的支持, 作为"七五"期间数学重大项目"现代数学中若干基本问题的研究"的子课题" 粒子系统与随机分析"的主要内容之一. 1990 年, 为使数学在 21 世纪率先赶上世界先进水平, 国家设立了"数学天元基金". "粒子系统与随机场"成为天元基金首批重点项目之一. 严老师是这两个项目的负责人. 最近以这个集体为主, 被基金委评为"创新研究群体", 被教育部第二次评为重点学科. 这个集体在世界上也有一定影响, 被国际上两个主要数学评论杂志誉为" 马尔可夫过程的中国学派".

4. 数学教育研究

从 1990 年代开始, 严老师在数学会教育工作委员会和国家教委高校数学及力学教学指导委员会副主任的岗位上, 开始研究我国的数学教育. 众所周知, 数学教育是影响我国几亿人、影响国家未来的大工程, 责任重大. 另一方面, 数学教育的改革也是一个容易失足的领域. 然而, 严老师义无反顾地、全身心地投入这一宏大的工程. 在大量调查研究的基础上, 结合新时期的形势和国家需求, 批判地吸收国外的经验, 提出了一系列重要观点. 例如:

(1) 应该从现代数学及其应用的学科发展以及它们对现代社会的作用的高度出发, 来研究我国的数学教育问题.

(2) 应该让全社会了解数学在我国现代化事业中的作用, 要帮助广大群众和学生树立数学意识.

(3) 在中小学以及大学的非数学专业的数学教育中, 在注意数学的基本训练的基础上, 应该强调数学的应用, 特别是培养应用意识和创造意识.

(4) 在数学教材和教学中, 要讲来龙去脉, 讲思想. 除了培养学生的逻辑思维之外, 还应强调培养学生的数学思维习惯, 使他们在以后有可能将这种思维方法运用于生产、管理和工作.

(5) 应该在我们民族的文化传统之中, 吸收和融入数学意识与数学思维.

他就这些观点发表了一系列文章和讲演 (特别是 [35, 36, 56]), 并做了大量的组织工作. 在他主持的天元基金数学教育项目中支持了"理科非数学专业高等数学内容教育改革"项目: 支持了大、中学数学建模研讨班, 培训了一批教师; 长期支持和指导以中青年数学教育工作者为主体的"大众数学的理论与实践"研究, 为我国中小学数学教育改革培养了一批骨干力量; 1998 年以来, 积极向《义务教育数学课程标准 (实验稿)》的研制提建议, 主持《高中数学课程标准 (实验稿)》的研制, 和大家讨论形成了一些新视角.

§13.2 教材建设和人才培养

1. 教材

严老师多年担任本科和研究生的基础课教学工作. 在此基础上完成了多部教材. 其中影响最大的有两部. 一是 1950 年代初与闵嗣鹤先生合写的《初等数论》, 此书是长期为高校所采用的教材, 分别于 1982 年、2003 年出版了第二、三版, 至今累计印数达 30 多万册. 此书还在中国台湾出版. 另一部是与王隽骧和刘秀芳合著的《概率论基础》, 也是被本科高年级和研究生广泛采用的基础课教材, 即将出版第二版, 已印刷了 3 万余册.

2.   人才培养

在 1950 年代初, 严老师辅导了张禾瑞先生的第一届代数研究班的几乎全部课程, 帮助学员们掌握抽象代数的基本学习方法. 这些学员几乎全部都成了解放后 (即 1949 年后) 新建的师范院校的代数骨干教师. 到目前为止, 经严老师亲手培养的本校和外校教师共有 12 人, 他单独或与人合作已培养了 19 名博士和 38 名硕士. 严老师对学生的严格要求在我系是人所共知的. 在严老师培养的学生中, 至少有 18 人被提升为教授, 9 人被评为博士生指导教师, 在海外的研究机构中获得终身职位的有 5 人. 他的两名学生唐守正教授和陈木法教授分别于 1995 年和 2003 年当选为中科院院士.

对于训练学生, 严老师有两种有效的做法 (培养研究生经验的系统总结见[20, 30]).

(1) "挂黑板": 安排学生在讨论班上报告文献, 大家挑毛病、提问题. 学生常因理解不透或未真正搞懂所报告的内容而下不了台挂在黑板前. 不论是"土打土闹"出身的、或"科班"出身的学生, 都挂过黑板. 经过这种训练之后, 素质自然不同. 这是继承华老 (即华罗庚老先生) 的好办法.

(2) "多爬几个坡": 初入道的人, 做出一点成果, 常会自满自足. 严老师常说学位论文有下限, 但无上限. 要求每位学生要多爬几个坡, 才不至于浅尝辄止, 才能练出真功夫.

(3) "重用年轻人": 1980 年举行的首次全国农林高校数学教学研讨会, 邀请严老师作学术报告. 严老师却推荐当时在读研究生唐守正去作这个报告, 并建议他讲随机过程在生物学中的应用. 在准备这个报告的过程中, 唐守正了解到随机过程在生物学研究中的大量应用, 使他打下了博士毕业后科学研究的基础. "随风潜入夜, 润物细无声", 严老师就是这样激发学生的特长 (唐守正本科毕业于北京林学院), 不动声色地引导学生的前进方向. 早在 1978 年, 当陈木法还是研究生的时候, 严老师就开始让他协助指导研究生论文. 这就迫使他把握学科的发展动向, 逐步磨练了科研选题的能力, 为日后他本人及研究群体的发展奠定了坚实的基础. 严老师培育起来的严肃学风、科学态度, 学术讨论上师生的自由平等, 事业上的团队精神, 已经成为我们研究群体的传统和宝贵财富, 也成为数学学院良好学术氛围的一个重要组成部分.

在培养人才方面, 还应谈到一大批不注册的学生. 他十分关注全国师范教育、高等学校的师资提高和科学研究工作. 在兄弟院校有关教师和领导的支持下, 1979—1985 年他倡导举办了 13 次师范院校全国性的讲习班, 他亲自讲授培训课程 5 次, 向400 多位教师系统讲授了《概率论基础》和《随机过程》. 这对于提高我国高等师范院校概率统计教师的理论水平起了重要的作用, 为他们开展科学研究、搞好教学打下了良好的基础, 深受兄弟院校的好评. 这期间, 在教委科技司的支持下, 他还与王梓坤教授发起全国高校概率论讨论班并亲自主持 3 次, 另组织了 3 次随机场与粒子系统讨论会, 影响深远. 此外, 他组织编写了 *Probability Theory and its Application in China* 一书, 向国际上宣传我国概率界所取得的成就.

§13.3　高尚风范

严士健以"生活中知足常乐, 交流间与人为善, 工作上鞠躬尽瘁"作为自己为人处世的基本原则, 表现出高度的社会责任感和敬业精神, 他在为人为学两方面的高尚品格赢得了广泛的赞誉.

自 1982 年起, 在二十多年的漫长岁月里, 他担任了概率界和数学界大量繁重的社会工作, 付出了艰辛的努力和大量的心血. 他始终顾全大局, 坚持五湖四海, 坚持公正的科学立场, 坚持提携年青一代. 现在处于第一线的许多同志, 都曾得到过他的关怀和支持. 所有这一切, 都是有口皆碑的, 也充分体现了他强烈的社会责任感、强烈的爱国心.

2004 年恰好是严士健老师的七十五华诞. 乘此机会, 衷心祝愿我们的导师健康长寿!

最后, 我们感谢李仲来教授为这套选集所做的大量编选工作. 感谢北京师大出版社为出版这套选集所作出的贡献.

(陈木法, 刘秀芳, 唐守正. 2004 年 7 月 16 日)

《数学通报》七十周年华诞感言

注: 刊于《数学通报》2006, 第 45 卷第 11 期, 第 9 页.

五十多年前《数学通报》在我的母校福建省惠安第一中学就已经是一份非常流行的杂志, 在学校图书室里, 常常是难求一阅且被翻阅得"满脸皱纹". 1960 年代初读高中时, 经常身无分文的我竟然不可思议地订了一份《数学通报》. 要知道作为一个乡下穷孩子, 要克服困难支付这一"高额"费用, 绝非易事, 这已经足以表明我对《数学通报》的执著了. 当时我特别喜欢其中的"学习园地"和"问题征解"栏目, 从中学到了不少东西. 事实上, 这是我整个学生时代所订购的唯一一份杂志. 时至今日, 它也依然是我每期必读的少数刊物之一.

在我研究生毕业留校工作以后, 《数学通报》编辑部曾几次跟我约稿, 于是我也成为该刊的一名作者, 自 1991 年起, 共发表了 4~5 篇文章. 写得比较成功的大概只有一篇: "迈好科学研究的第一步" (2002 年第 12 期, 也可在我的主页 http://math0.bnu.edu.cn/~chenmf/ 中下载), 海内外的多个网站转载过, 许多同仁、特别是为数众多的研究生也都看过. 这篇文章谈的都是切身体会而且不太专业, 因而较易流行. 其余的文章都属数学通俗读物, 我自以为够通俗的, 但有朋友告诉我还是不太好懂. 可见要写好科普作品, 我依然缺乏足够的训练. 由此联想到《数学通报》的难以计数的作者们, 是他们的艰辛努力, 打造出了这片蓝天.

作为中国数学会与北京师大数学学院的主办刊物, 《数学通报》肩负着极其光荣而又非常艰巨的数学教育与普及任务, 对于提高我国中等数学教育的水准, 甚至对于我国未来几代人的素质都会产生重要影响, 需要各界朋友的关怀、支持和帮助. 《数学通报》作为我们学院的一个窗口, 我和我的同事们对于办好该刊都负有义不容辞的责任. 衷心希望该刊能够继承优秀的传统, 创造出更加辉煌的业绩.

2006 年 9 月 16 日

在纪念张禾瑞先生诞辰一百周年座谈会上的发言

注: 写于2011 年 12 月 23 日.

可以这么说, 张先生是看着我长大的. 我上大学时, 19 岁, 他是系主任. 经过 "文化大革命", 我回来念研究生, 他也是系主任. 从 19 岁到约 40 岁, 我在张先生眼下长大. 早年与张先生接触很少, 读研究生以后有些接触. 在座很多人都想不到, 我研究生答辩, 那是 1980 年; 后来博士学位答辩, 那是 1983 年; 两次答辩委员会都有张先生. 后来李仲来还告诉我, 连我的申请答辩表格都是张先生亲自填写的.

我记得还有一件事情, 在我成长中有很大的作用. 我去美国访问进修的时候, 在花了 8 个月做了一个难题 (猜想) 之后, 我就考虑是否暂时不要再写文章, 好好学点东西; 但我自己拿不定主意, 写信向严士健老师请示. 严老师回信说, 张先生认为你也不缺一两篇文章, 好好学些本事回来才是最重要的. 张先生表态支持我的想法, 后来对我们研究方向的发展影响很大. 因为在那里所学的新方向, 消化了好几年, 后来很多研究方向, 都是从这个地方过来的.

虽然与张先生直接接触不多, 但他对我们影响很大. 比如说大家都讲到近世代数, 我的近世代数学的就是张先生的《近世代数基础》. 之后我的晚辈, 像北京大学的陈大岳, 现在也是教授, 他说他的近世代数也是学张先生这本《近世代数基础》. 所以我们对张先生的《近世代数基础》是佩服得五体投地. 怎么能写出这样的东西来? 说它卖了 90 多万本, 我们不会觉得奇怪, 这本书是非常普及. 刚才郝(柄新)先生讲到, 从很小角度看, 从文字上来讲, 他都是开拓性的. 用白话文写的数学教材, 这在张先生《近世代数基础》的序言里头写了这句话的, 他觉得他这本书是用白话文讲数学的一个尝试. 这本书有两个突出特点: 一个是深入浅出, 另一个是材料的精选. 我觉得做到这个很难, 除了要在教学上下功夫之外, 还有一个方面, 是跟自己的学术生涯, 跟学术水准有很大的关系. 特别是你选材能选得那么好, 不是光下功夫, 就能得到的. 作为一个补充, 说一下张先生的博士学位论文, 我做了一点功课, 查了一下张先生的论文. 2004 年, 在一套李代数的两卷本[35] 里头, 第一卷就引了张先生的论文. 里头还有一些评论,

---

[35] Strade, H., Simple Lie Algebras over Fields of Positive Characteristic (I), 1st ed. (2004), 2nd ed. (2017), De Gruyter Expositions in Math. Vol. 38

要知道那是 1941 年的论文. 在这个两卷本里头, 不仅引用了, 而且讲了张先生的这个工作. 在百度"张禾瑞"的词条中, 可查到多位国外专家对张先生这一先驱性成果的极高评价. 所以我想讲, 首先是他有很深的功底, 他才能如此深入浅出, 精选材料. 这些题材到最后还是不朽的. 时代变化这么快, 但是题材还是一直留下来了, 说明很深的功底才能有这么深的远见. 可能张先生写的《近世代数基础》是抽象代数方面的一本最适合自学的教本, 所以我印象非常深. 对张先生, 我们是感激不尽的.

现在我们学院, 刚才保继光院长讲了, 面临了新的情况, 跟以前非常的不一样. 所以我想到了一点, 在过去的几十年里头, 北京师大有一个头衔, 就是全国师范院校的排头兵. 办好北京师大对国家很要紧, 作为北京师大人也觉得很光荣, 有责任; 这个排头兵不是谁随便能当上的. 能当上的, 张先生对代数的贡献最能说明问题, 全国师范院校的代数队伍有那么多人都是来自北京师大张先生的门徒, 所以张先生是当之无愧的. 新的时代, 人家也不讲我们排头兵了, 但是我们还是需要做点事情, 发扬张先生的光荣.

2011 年 12 月 23 日

摘要： 本文是为北京师大数学学院百年院庆所写的一篇纪念文章，共分两部分. 第一部分概述本人从 1965 年考入北京师大到 1980 年 (中间有 6 年到贵阳工作) 研究生毕业于该校的求学经历；第二部分是将先前所写的"感谢老师"一文收入作为本文的附录. 其中介绍了笔者从小学、中学、大学、研究生到海外求学过程中所得到的无法忘却的许多老师的帮助和教诲.

注： 本文载于李仲来主编《北京师大数学学科创建百年纪念文集》2015，北京师大出版社，第 106–111 页.

2015 年, 是我们数学学院的百年院庆, 恰好也是我入学北京师大 50 周年. 想到此, 简直不敢相信时间会过得这么飞快, 同时也为没能为母校做多少事情而深感愧疚. 50 年的沧桑, 经历了太多, 有讲不完的故事, 却不知从何处谈起. 首先, 我常常怀念过去几十年里辛勤培养我的老师们和给予我许多帮助的朋友及同事们. 我曾以"感谢老师"为题, 写过一篇文章 (2003 年), 尚未发表过, 放在这里作为附录. 虽然文中包含了小学、中学部分, 不完全切题, 但若砍掉这一部分, 文章就会完全变样, 故予保留以示完整. 这里, 我想通过两件事 (本科跳级和研究生提前一年半毕业), 讲述当年在学院里所受到的关爱和精心培养.

1965 年秋季, 是我上大学的第一个学期. 当时的两门主课是数学分析与空间解析几何. 因为这两门课我在中学都自学过, 所以很轻松, 想自己再多学点东西. 困难在于不知该学什么. 数学这门学科有一特点就是若你没学过, 不懂就完全不懂. 我在中学自学大学基础课, 就是因为老师的一句话, 你该学学微积分了, 这比你看许多小册子要重要很多. 于是, 我就去借书买书, 苦学了几年. 现在有这么多好老师在身旁, 我自然渴望得到老师的开导. 于是, 有一天见到我们年级辅导员蒋人璧老师的时候, 我就壮着胆子跟蒋老师讲了这一想法. 蒋老师很快跟系领导反映, 没过几天, 系秘书刘秀芳老师就找到我了解情况, 并让我讲述数学分析中的一条基本定理—— 区间套定理(算是学业考查). 据说当时系里很快做了研究, 并上报当年北京师大教务长张刚老师, 经她批准之后, 通知我下一学期到数二(一)班, 师从严士健老师. 到了新班之后, 一个突出的感觉是新班的水准确实高出一大截. 应当说, 这是我人生的一个重要节点, 从此开始了人生的一个新的轨道. 严老师让我自学胡迪鹤老师翻译的 W. Feller 的名著《概率论及其应用》(上册).

可惜好日子不长, 等我差不多学完此书的时候, "文化大革命"开始了, 严老师成了"资产阶级反动学术权威", 而我则成了"修正主义黑苗子". 我们甚至失去了交谈的"自由". 记得 1970 年前后, 我们一起到北京郊区房山县(今房山区)参加"东方红炼油厂"建厂劳动, 我们在同一组当架子工, 紧挨着睡地铺 3 个月, 却几乎没有交谈. 仅有一两次四周无人的时候, 我偷偷请教过一些小问题. 1972 年春, 我被分配到贵阳师院附中工作, 我获得了精神的解放, 有了学数学和做数学的"自由". 我利用业余时间, 发疯似地到处找工厂推广华罗庚先生所倡导的优选法, 因为自学了十多年的数学, 迫切地希望能够亲手应用于生产实际. 经过一段时间的积累之后, 开始探讨其中的数学理论问题, 这时候才深深地体会到自己的理论基础不够. 于是, 在 1972 年年底, 我写信向严老师求救, 请他继续给予指导. 严老师不顾当时政治上尚未"解放" (即还属被批判的"学术权威"), 跑了好多旧书店, 为我买了十多本名著 (旧书), 包括

M. Loève 的 *Probability Theory*,

E. B. Dynkin 的 *Markov Processes* (volumes I, II),

A. Wald 的 *Selected Papers in Statistics and Probability*

等. 同时建议我认真精读第 1 本书, 那是当年美国加州大学伯克利分校(Berkeley) 概率统计的研究生教材. 我回信说希望在一年之内读完此书. 他回信说, 你在业余条件下, 3 年能学完就不错了 (现在我们在大学高年级或研究生课讲一学期), 可见当年我多么幼稚. 同时, 他还给我一本当年严老师、王隽骧、刘秀芳编写的《概率论基础》(油印稿). 此讲义对我帮助很大, 因为便于自学. Loève 的书我差不多整整学了 3 年.

1978 年科学的春天到来之时, 我又回到严老师身边, 成为"文化大革命"后首批研究生之一. 我们一起学习概率论的新发展方向: C. Preston 的 *Random Fields* 并译成中文出版; 也苦学了 T. M. Liggett 的综述报告: "The stochastic evolution of infinite systems of interacting particles". 1979 年我和侯振挺老师在长沙一起学外语时, 完成了"马尔可夫过程与场论"一文. 随后我们北京师大的团体将这一工具应用于无穷维系统, 得出系统细致平衡的简要的充要条件. 记得 1986 年我在德国海德堡(Heidelberg) 大学演讲时, 邀请我访问并主持演讲的教授竟然能够背出我们的充要条件, 让我十分震惊. 我的报告也成为他的学生的研究选题. 总之, 经过 1 年多的奋斗, 我们从无到有, 获得了可喜的第 1 批成果.

大约在 1979 年年底, 湖南的杨向群老师主动跟严先生建议让我提前毕业, 以利于进一步的发展. 随后, 严老师向系领导报告, 得到当年系主任张禾瑞老师的全力支持. 经过逐级批准, 我于 1980 年 3 月答辩, 提前一年半毕业. 虽然是挂一漏万, 也许已经可以看出严老师, 院里的许多老师和领导对于我的无微不至的关怀、培养和爱护. 这体现出学院以学生为本的精神和既严谨又灵活的学术传统. 经过严老师、系里和学校的努力, 1981 年年底, 我被派往美国进修、访问, 开启了新的征程.

附录: 感谢老师

此附录后来已收入本文集的最后一文"陈木法的自学之旅", 故此处省略.

第六部分

访谈与小传

访谈录

注: 本文的详细摘要(英文)发表于美国数学学会的《美国数学会记事》Notices of the American Mathematical Society, 2017, 第 64 卷第 6 期, 第 616–619 页. 这是从英文全文译出的简体中文版, 发表于《数学文化》2017, 第 8 卷第 3 期, 第 32–47 页. 文中的许多图片是译者收集补充的. 繁体中文版由姜义浩博士译出, 发表于《数学传播》2017, 第 41 卷第 4 期, 第 40–49 页.

摘要: 2016 年 5 月 9–11 日, 作为特邀演讲者之一, 陈木法教授应邀参加在犹他大学举办的"概率论前沿会议". 陈木法是中国最杰出、最有影响力的在世概率论学者之一. 他是中国科学院院士、第三世界科学院院士以及美国数学会会士. 他和他的学生王凤雨一起, 为 Ricci 曲率有正下界的流形上拉普拉斯算子的特征值的依赖于曲率下界、流形维数和直径的精确估计发展了有力的概率方法. 2005 年他在施普林格出版社出版专著《特征值、不等式和遍历理论》, 是他在这个深刻又有挑战性的数学领域所作卓越贡献的有力说明. 陈木法教授主要在中国生活、工作, 偶尔出国游历讲学. 他此次行程为我们更多了解他个人以及他过去五十年来在概率论领域研究的专业历程提供了机会. 下面是两位会议组织者对他的访谈.

主持人简介:

1) **Davar Khoshnevisan**

犹他大学数学教授 (http://www.math.utah.edu/~davar/ (如同前面说过, 主页中的 ~ 均指键盘左上角的 ~)). Khoshnevisan 教授是研究多参数随机过程方面的专家, 出版了名著 *Multiparameter Processes* (Springer, 2002). 近年主要研究随机偏微分方程, 有著作 *Analysis of Stochastic Partial Differential Equations*.

2) **Edward C. Waymire**

俄勒冈州立大学数学教授 (http://www.math.oregonstate.edu/~waymire/). Waymire 教授主要从事概率论和随机过程及其应用研究, 合作出版了名著 *A Basic Course in Probability Theory* (Springer, 2007); *Stochastic Processes with Applications* (SIAM, 2009). 他曾担任 *Annals of Applied Probability* (2006—2010) 和 *Bernoulli* (1994—2006) 的主编, 并于 2013 年至 2015 年担任国际上最主要统计概率学会 *Bernoulli Society for Mathematical Statistics and Probability* 的理事长.

图 1 陈木法 (左) 在接受 Khoshnevisan (中) 和 Waymire (右) 的采访

图 2 2006 年中国科学院陈木法院士官方照

DK/EW: 你是在中国农村还是在城市里长大?

陈: 我出生于中国南方的一个小村庄, 我离开家乡去北京上大学前, 全村只有 16 户人家, 大约 80 来人. 在那之前我从没见过火车, 也从没坐过汽车; 我们那里只有自行车, 那真的是个小地方.

DK/EW: 你读的学校怎么样?

陈: 我读的是县里最好的中学之一: 惠安第一中学. 我特别幸运, 在我读中学时, 一些特别好的老师来到了我的学校教书, 其中一位来自厦门大学, 另一位来自清华大学, 两人都是助教. 清华大学是中国的顶尖大学. 这两位老师对我影响都特别大. 因为我小学的算术成绩不好, 刚进中学时我想要提高我的数学能力. 我开始自学数学, 但实际上我不知道怎么学数学, 所以我只是找习题, 每天练习解题.

DK/EW: 当时你多少岁?

陈: 14 岁. 那之后我读了一些由中国著名数学家写的科普小册子, 内容有如 π、排列组合、图论等. 我用了一两年时间来读这些小册子. 后来从清华大学来的老师告诉我说: "这样不行, 你不能只读这些小册子, 你应该去学学微积分." 所以我就开始自学微积分了. 我在中学花了几年时间学习微积分和代数学. 我很幸运能遇到这样的老师. 所以就算是现在, 每当我回顾往事, 我仍然惊讶于我在中学时期, 以及在贵州省的六年间竟能做那么多事情. 在后一段时间内, 我做了许多工作: 学了 Loève 的书《概率论》, 访问了五十多家工厂来推广数学优选法, 教了中学, 翻译了两本书, 写了数篇研究论文. 六年里我做了这么多事情.

图 3   1990 年, 陈木法在人民大会堂举行的
霍英东教育基金会成立五周年庆祝会上发言

DK/EW: 你自学 Loève 的书吗?

陈: 是的, 当然, 我自学这本书. Loève 的书是我的老师严士健老师推荐给我的, 我当时对概率论这个大领域了解不多, 不知道选什么书. 我的老师是一个概率论学者, 在那之前的六七年前, 他就曾建议我去读威廉·费勒 (Willian Feller) 的《概率论及其应用》第一卷的前半部分. 那时 (1966 年) 我刚从大学一年级跳级到二年级, 严老师是我的指导老师. 我花了 3 个月来读这本书. 1972 年我去贵州后发现自己需要更多训练, 所以我又写信向老师寻求帮助. 在某种意义上那是非常奇怪的情况, 你们可能无法理解. 从 1966 年春天开始跟着严老师起, 我们之间有很多交流. 但是在几个月后, "文化大革命"就开始了, 我们失去了"自由", 我和严老师数年无法公开交谈.

DK/EW: 这时你多少岁?

陈: 我想是 20 岁. 三年后 (1969 年), 我们去一个工地参加建厂时, 和其他 40 多名师生住在同一间房. 全部睡地铺, 我的老师就睡在我身边, 即使是这样, 我们也不得交谈. 我们没有交谈的"自由".

DK/EW: 你是说你们不能谈论数学?

陈: 我们什么都不能谈. 只有在特殊的情况下, 比如当四下无人的时候, 我们可以互相说话. 当我到贵州之后, 我想加强训练, 提高能力. 所以我写信给他, 寻求指导. 我不知道他花了多少时间, 去旧书店买了 15 本书给我, 大概花了 2 美元. 那时几乎所有的科学家都不被允许做学术工作, 所以他们会把自己的书贱卖给书店, 因此所有的旧书都很便宜. 这些书中就有一本是 Loève 这本书的第三版. 我花了两年半时间来读这本书. 有段时间我每天只能自学半页, 但是那是特别好的训练. 有了这样的经历后, 一些资深的概率论学者对我说, 我已经做好做概率论研究的准备了.

DK/EW: 你知道伯克利的陈省身吗?

陈: 当然. 有一天陈先生给侯振挺老师的信中, 附了一封信给我, 建议我去伯克利跟随 Jack Kiefer 学习. Kiefer 是优选学 (这是华罗庚先生命名的, 英文名称为 Optimization Theory) 中直接寻优法 (华先生称之为优选法) 的创始人之一. 陈先生建议我去和 Kiefer 学习优选学. 但是, 在那段时期, 我正在概率论的道路上顺利前行, 所以我不想改变方向了 (笑). 没准我说得太多了 (更开心地笑). 实际上, 我确实花了些时间在优选学上, 写了四篇相关文章.

DK/EW: 你对优选学的兴趣和你在工厂里的工作是否有联系?

陈: 是的. 从中学到大学, 我一直在自学数学. 我离开北京去贵州的两个月前, 我去听了中国顶尖数学家华罗庚的演讲. 华罗庚在当时的环境下, 很难做学术研究, 所以他到工厂里作报告教工人们优选法. 我的一位同学告知我去听华罗庚的演讲. 他是非常著名的数学家, 我很幸运能听他的演讲. 我受到了很大的震动. 他举了很多很好的例子来说明如何用这种数学方法来改善生产条件(如配方配比)并取得显著结果等等. 所以当我被分配到贵州, 也许第二天吧, 我就急切地去找对优选法感兴趣的工厂. 要知道在那个时代学校停课多年, 教师不能搞业务、做学问, 有些老师就花时间学习如何制作家具. 工人们告诉我说他们需要数学, 因此需要我的帮助. 我通常步行来回, 后来, 因为需求多了, 他们会开车来接我, 一天工作结束后再开车把我送回家. 这在那个年代是一个很感人的故事. 人们需要数学, 这就是我坚持做数学的原因. 然而那时的社会完全不鼓励科学研究, 那真的非常可怕. 我想, 这或许对你们来说很难想象吧.

DK/EW: 那么你人生的下一个阶段是怎样的呢?

陈: 我读完 Loève 的书之后, 很幸运地看见了侯振挺老师的一篇新文章. 侯振挺教授是一位概率论学者, 他在离贵州不远的湖南工作. 1974 年, 侯老师发表了连续时间马氏链 Q 过程的唯一性准则, 特别是非保守情形. 保守情形是 W. Feller 和 G. E. H. Reuter 在 1957 年独立解决的. 但对包括非保守情形的更一般情形 (即有"杀死 (killing)"情形), 唯一性的证明就更难了, 直到 1974 年才被侯老师解决. 1975 年, 我联系到了侯老师, 开始学习马氏链. 一年后我得到机会去访问他. 我在湖南的省会长沙呆了两个月, 非常有趣. 每天我们研读钟开莱先生关于马氏链的书, 不过不是在室内. 我们是去外边的山上. 因为当时不那么"自由", 我们每天多少有点神秘地在山上研读钟开莱先生的书. 我把这本书翻译了大约一半.

图 4   1993 年, 参加维尔纽斯第 6 届概率论与数理统计国际研讨会的
亚洲代表. 左起: 陈木法, M. Fukushima, Louis Y. Chen (陈晓云)

DK/EW: 钟开莱先生是在那个时期访问中国的吗?

陈: 他在 1977 年前后来到中国. "文化大革命"结束后, 人们正寻求新的研究方向, 他给了我们非常重要的建议. 一天他在北京的中国科学院做演讲, 我的导师严士健教授参加了, 钟开莱先生介绍了俄罗斯 Dobrushin 学派的新研究方向, 叫做"随机场". 我在 1978 年从贵州回到北京, 开始了近一个学期的对随机场理论的学习. 后来我们看到了 Tom Liggett 的几篇文章, 了解到 Spitzer 学派 (我们这么称呼的) 正在研究粒子系统. 因为我们在做时间连续马氏链的研究, 所以粒子系统和我们的联系更紧密. 那是最开始的一步, 从那时开始我终于有了能让自己全身心投入数学研究中所需要的条件.

图 5 Thomas Liggett　　图 6 Frank Spitzer　　图 7 Roland Lvovich Dobrushin

DK/EW: Frank Spitzer 学派的人去过中国吗?

陈: 来过, 我们之间有深厚的友谊.

DK/EW: R. L. Dobrushin 学派也是这样吗?

陈: 当然, 1988 年, Dobrushin 到我们那里访问交流了 45 天, 我也访问了他和他的团队. 我现在有很多俄语书.

DK/EW: 你也读俄语书?

陈: 是的, 但是现在读得不多了. 我还记得我去莫斯科那年冬天下了很大的雪. Dobrushin 花了半天时间陪我去商店买了很多书. 最后他带我去一家餐厅, 他很自豪地说那是莫斯科第一家私营餐厅. 我们还有一个由两国国家基金委员会共同资助的研究项目, 团队的成员曾为此互访了两三年.

DK/EW: 你第一次去访问 Dobrushin 是 1970 年代吗?

陈: 实际上, 是数年后, 准确地说, 是在 1988 年年末. 我 1978 年才刚刚回到母校北京师大读研究生. 关于 Spitzer 的团队, 1984 年, Spitzer 到我们那里访问了 45 天. 在那期间他身体不太好. 该怎么说呢, 或许是我们让他讲太多课了. 他开玩笑地说"我现在变成一个讲课机器了." 我现在对这件事仍感到十分抱歉, 我们只是想向他多学点东西.

图 8　Harry Reuter

DK/EW: 你提到了 G.E.H. Reuter. 你也见过他吗?

陈: 是的, 我在剑桥见过他. 我参加了 1987 年 4 月在剑桥举办的概率论国际会议. 他对马氏链理论作出了巨大的贡献, 所以我非常尊敬他. 我问他, 也问一位了不起的数学家 David Kendall, 如何做研究. 我向每一个学有所成的人请教问题, 因为, 你们知道, 我靠自学. 所以我每见一个资深的人都会寻求建议, 我也寻求你们的建议. 当我问 Reuter 怎么做研究的时候, 他说他的导师 Littlewood (他与 Hardy 和 Polya 合著了《不等式》) 告诉他, 在做研究之前什么都不要看. 我总觉得没听够他的指点, 但是我记住了他的建议.

DK/EW: 看起来您吸取了很多经验, 并将它们用在你的工作中. 甚至在你今天的演讲中, 我们也能看到, 从优选法开始一直到马氏链、量子场论、相互作用粒子系统和随机场理论.

陈： 是的. 这是因为我没在大学受过好的教育. 某种意义上这使我有更多的自由四处问问题. 举个例子, 我从没学过计算数学 (计算机). 我以前没听说过今天我在这里所讲的算法. 我现在关注它的唯一原因是我想知道计算机在计算最大特征对子的时候为什么如此快速. 所以我想要理解它们的算法. 因此我开始尝试, 我的首次实践是基于我在概率论理论上的研究, 其结果让我非常激动. 这促使我关注矩阵特征对子的数值计算. 我进入计算机领域也就很自然了.

DK/EW： 中国是否有"大数据"概念的出现? 在统计学里, 在我们这里, "大数据"是个大事件.

图 9　2007 年北京师大概率论国家创新研究群体在北京主办第 5 届
马氏过程及相关问题国际研讨会, 前排居中者为 M. Fukushima

陈： 幸运的是, 我很自豪我今天的演讲里也谈到了"大数据" (PageRank). 有时候我觉得"大数据"这个词太过时髦了. 应当说, 其内蕴和外延都不太清楚, 富有挑战性. 我相信降维的思想是有用的. 我们在这方面确实有一些经验. 首先, 当我们研究指数遍历速率时, 我们利用好的耦合与好的距离来将高维降低至一维. 其次, 我们研究的相互作用粒子系统是无穷维数学, 但我们只用几个参数 (温度的倒数、相互作用率、格点的维数). 从这种意义上讲, 我们是在低维情形. 我们可以将这个问题进一步降至一维. 文章《连续自旋系统的谱隙与对数 Sobolev 不等式》

中描述了一个特别的例子. 在这里, 人们可以看到如何用一维的结果描述无穷维模型中精确的收敛速度的主阶. 当然, 维数的降低依赖于具体模型. 我们暂时还没有降维的通用技巧. 正如之前提到的, 在 1970 年代, 我在五十多个工厂里和工人们一起做优选法试验, 所以我们至少处理了五十多个项目. 你们可以想象, 每一个项目都有多个变量, 因而都是高维问题. 对每一个项目, 我和工人讨论降维. 这很依赖于工人们的经验. 幸运的是, 我们发现每一次到最后只要考虑一维就足够了. 更幸运的是, 通过最佳搜寻, 对每一个项目, 我们需要的实验不超过五次.

图 10   2002 年, 陈木法受邀在北京国际数学家大会作 45 分钟报告
(左起: 王凤雨, 方诗赞, Bernard Schmitt, 陈木法, 毛永华, 张余辉;
方诗赞和 Schmitt 为来自法国的访问学者, 其他为陈木法的同事)

DK/EW: 你的故事非常有趣. 你是否带过很多研究生呢?

陈: 多年前是这样. 当我回到大学读研究生的时候, 发现我已经提前完成了大部分研究生需要做的工作, 因为我已经研习过 Loève 的书了. 很快, 尽管不是正式的, 我开始负责帮我的导师指导其他研究生. 后来很多年我都在做这件事. 有几年我每周用两个下午参加讨论班, 讨论四个研究方向, 我最多时指导着 11 个访问学者、博士生和硕士生. 那确实是很重的负担. 但我现在年纪大了, 不再带那么多学生. 目前我只有两个博士生和两个硕士生. 我的研究团队很幸运, 我们叫概率论创新研究群体, 是国家自然科学基金委资助的数学方面的一个创新群体, 被连续资助了九年, 一直到 2010 年. 我想你们会容许我说我的团队在我们国家是比较有实力的.

DK/EW: 在中国现在就业机会好吗?

陈: 是的, 至少到目前为止还是. 这不仅是对概率论方向的毕业生而言. 对统计学专业的毕业生, 大部分去工业领域工作, 小部分在大学里工作. 现在, 大学需要很多的学生——很多概率论和统计学专业的研究生. 我们还没能培养足够多的学生 (笑).

图 11 2009 年, 陈木法在北京钓鱼台国宾馆出席何梁何利基金会颁奖会

DK/EW: 能在这样的地方真不错 (笑). 这是健康的标志.

DK/EW: 在你自己的数学工作中, 有没有什么对你来说最特殊的让你非常高兴的事?

陈: 当然有. 我给你们说两个例子. 第一个例子是我们对无穷维数学的研究. 我们从局部的、有限维数学开始, 我们手上有许多来自非平衡统计力学的模型, 至少 16 种. 首先, 我们需要证明局部过程的唯一性; 物理学家们对这不感兴趣 (笑). 接下来, 比如, 对于高维带跳马氏链, 怎样证明唯一性呢? 唯一已知的理论是我们要解一个齐次方程, 当这个方程只有平凡有界解 (即零解) 时, 这个过程就是唯一的. 在高维情况, 这个方程有无穷多个变量. 我不知道怎么去解这样一个方程. 我在这个问题上花了五年时间, 最终发现了一个强有力的充分条件, 它覆盖了所有我知道的例子与模型, 所以它应该是足够了. 但是, 在数学上, 我们想知道这个条件与必要条件有多大差别. 所以我又证明了相反的一边, 即这个条件在所有可计算的情况下是必要的. 更一般的情况我就不知道了. 那是 1983 年, 我刚从美国回到中国. 所以这个故事发生在 30 多年前. 就在几个月前, 我惊喜地发现, 荷兰的一位研究员证明了我的充分条件对于一大类马氏链都是必要的. 现在我的充分条件对马氏链已变成充要条件了. 这个故事还没结束, 因为我的条件对抽象状态空间也是充分的, 但目前为止, 只对离散状态空间是必要的. 虽然如此, 问题也不大, 因为充分条件往往比必要条件更为重要, 因为充分条件更为实用. 我最近, 就是几个月前, 刚刚发表了一篇文章, 题目是《Q 过程唯一性的实用判准》. 我在这篇文章里讲了这个故事, 也讲了如何对高维马氏链应用我的准则. 一言以蔽之, 就是"用距离". 这是一个非常好的结果 (笑). 这是第一个例子.

第二个例子来自于我对第一非平凡特征值的研究. 我在 1991 年发表了第一篇相关文章. 那时, 人们只能对两三个例子精确地计算马氏链生成元的主特征值. 这个结论基于刚刚提到的文章的主要定理: 生灭过程遍历速率 (在概率论里我们主要用于描述指数稳定性) 实际上就是生成元的第一非平凡特征值. 如果你们看一下这篇文章, 再和我今天讲的做一下比较, 你们就明白我们从那时开始已经走过了多远. 在我的主页有四卷文集, 记录了 25 年来我们的漫长征程. 另外, 考虑几何情形, 此前我或许在这里做过一个关于黎曼几何的报告. 我和我以前的学生王凤雨 (现在他相当有名了), 发现了在黎曼流形上拉普拉斯算子的第一非平凡特征值的一个新的变分公式. 这是很令人激动的, 因为人们在此类问题上努力了多年, 而我们的公式包括了大多数已知结果. 你们知道曾获得菲尔兹奖的几何学家丘成桐吗? 他的一个成就就是特征值的估计. 我们的公式幸运地涵盖并且改进了很多已有的结果.

DK/EW: 你是怎样开始对那个问题感兴趣的? 你当时在读丘成桐的书吗?

陈: 是的. 一开始, 我想用第一非平凡特征值来描述相变过程. 我从 Tom Liggett 那里学到了这个想法, 也从 Richard Holley 和 Daniel Stroock 那里受到了启发. 我忘了说, 我和他们在多年间有过很多接触.

DK/EW: Holley 和 Stroock 也去过中国吗?

陈: Holley 好像还没有去过, 但 Stroock 去过多次. Stroock 是我在美国访问时的导师. 从他那里, 我学到了 Malliavin 分析、大偏差和很多其他东西. 他访问过中国许多次. 我还安排过 Tom Liggett, Richard Durrett 和 Frank Spitzer 访问中国. 1988—1989 年, 南开大学陈省身研究所举行"概率统计年" (特别年). 在那段时间, 他们之中有两人在中国. 所以, 我们在与美国概率论学者的交流中收获很大. 或许你们该记下这句话 (笑).

图 12　Richard Holley　　图 13　Richard Durrett　　图 14　Daniel Stroock

DK/EW: 这会被记录下来的, 我希望. 我们也会记住它 (更多笑)!

DK/EW: 特别地, 在那个时期, 你懂几何吗? 你是否必须学几何?

陈: 因为陈省身先生的缘故, 当时几何在中国很流行. 所以我学了几何理论中的基础要点. 一个几何学家曾到我所在的学校开了一个短期课程. 我去听了他的课, 那是我第一次学了一些几何. 第二次是当我来这里 (美国) 访问 Stroock 的时候. 他也讲了一些几何方面的课. 这些都发生在 1980 年代初期. 在那之后, 我有选择性地学习几何. 我的主要问题是解决相变问题. 一开始我只有有限的工具, 我不知道往哪里走. 所以我转向其他数学分支. 我去学习丘成桐写的一本黎曼几何的书的第三章. 那一章着重讲了第一特征值, 我想从那里借用一些工具. 幸运的是, 我们从完全相反的方向, 用概率技巧重新得到了这些结果. 有一些几何学家在这个问题上不能接受我们的方法和结果 (注意你写下的东西, 笑), 因为他们觉得他们知道所有的事实而我们的方法没有改进这些结果. 所以我们遇到一个数学挑战. 后来我花了三年来做进一步研究. 我一直在想还有什么可以改进, 哪里可以进一步. 但我们不知道往哪里走. 这个难题一直困扰着我们, 直到有一天我意识到我们可以找一个好方法来模拟特征函数. 事实证明这很重要. 这是我迄今为止对特征值问题的最初贡献. 在我们找到特征函数的模拟方法后, 故事就结束了 (笑). 由于长时间不能解决这个问题, 我感到疲惫, 有时甚至想把我已有的结果先发表. 但我不理会这种心情, 出去抽烟. 在那时我常抽烟, 这会让我平静下来. 有一天, 意料之外地, 当我抽完烟, 突然一个新想法来了. 注意, 这决不代表我鼓励抽烟. 实际上我已经戒烟很多年了 (笑).

图 15　1982 年陈木法在美国科罗拉多州博尔德落基山滑雪 (D. W. Stroock 摄)

在那段时期, 我的学生王凤雨在英国. 他回来后, 我用十分钟左右的时间把这想法告诉他. 有时人们称之为耦合与距离方法, 我们需要理解如何选择距离. 换言之, 我们需要理解如何模拟特征函数, 这就是关键所在. 当所有事情都做完后, 一切都变得很自然. 我曾对我的学生讲, 我现在不用再做研究了, 因为得到这样一个结果太不寻常了, 我太兴奋了 (笑)! 我的一个同事 (他写了一本关于半鞅的书) 知道我的故事后也非常激动, 以至于他告诉我, 在随后他的演讲中, 他常常忍不住要讲耦合方法 (笑).

DK/EW: 你有对学习几何感兴趣的概率论学生吗?

陈: 当然. 我进入几何领域的原因之一是在英国有些专家, 例如 Wifrid Kendall 在研究同样的课题, 他将耦合方法应用到了许多情形. 而且后来, 我发现美国

Michael Cranston 也在研究同样的问题. 我意识到我们应该做得更好(能走得更远), 因为我对这个数学工具玩得很熟. 所以我让我的学生开始研究这个课题. 你们知道, 从梯度估计过渡到特征值不等式不难. 但是你们知道, 很多时候, 我不完全满意我的研究范围. 这是因为, 在我的一生中, 我主要研究了两个方向. 一个是相互作用粒子系统, 尤其是反应扩散过程. 另一个是各种稳定性的收敛速度、特征值的界等等. 我多次想要离开这个领域, 但都没能逃掉 (笑).

图 16　陈木法在北京大学演讲

DK/EW: 吸引力太强了, 这是可理解的 (笑). 似乎可以公平地说, 无论如何, 优选法总是在背后发挥作用.

陈: 确实如此. 例如, 当我们研究特征值的估计的时候, 我们需要理解什么样的耦合是最优的. 我花了六年时间才真正理解. 这个问题和概率测度上的各种距离都有关. 把我们的耦合理论, 与统计学里的"copulas", 以及偏微分方程 (PDE)领域中的最优运输 (optimal transport) 相比较, 看看它们的相似与不同, 或许是有趣的.

DK/EW: 你认为中国概率论在不远的将来的发展会怎样?

陈: 我认为概率论在中国正在迅速发展; 我看不到有什么问题. 我们现在有很多人比以前更关注科学. 例如, 在 1970 年代人们更关心吃饱的问题. 现在中国的生活有了很大改善. 虽然还有一些小问题, 但近年来也有很大的进步. 例如, 十年前, 北京大多数都骑自行车. 现在大多数家庭有私家车……真的有很大的变化.

DK/EW: 你觉得科学的其他领域也都如此吗? 你是否认为中国科学的未来是健康的?

陈: 我觉得是, 一切都在改进, 它理应变得更好.

 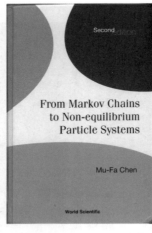 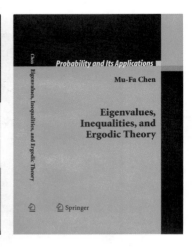

图 17
《随机场》
(1982)
(北京师大出版社)

图 18
《从马尔科夫链到
非平衡粒子系统》(2004)
(世界科学出版社)

图 19
《特征值、不等式
和遍历理论》(2005)
(施普林格出版社)

DK/EW: 你是否有出更多书的计划, 或者类似的项目?

陈: 我想如果我要写书, 我确实可以就我今天所讲的内容写一本书. 但我还是觉得有些累了, 我在 1991 年写了第一本书, 1992 年出版. 我花了整整一年在这本书上, 有十个跟我上课的学生帮我校对. 第二版是 2004 年写的, 后来出版商让我写第三版, 我拒绝了 (笑)……写书是一件很累的工作.

DK/EW: 这取决于你有多少时间. 如果没有时间压力之类的问题, 写一本书还是值得的.

陈: 是的, 或许过几年, 等我退休之后.

DK/EW: 你自己排版自己的文章吗?

陈: 我几乎所有的东西都是自己排版的. 我曾是中国一个推广 TEX, Mathematica, Maple 和 MatLab 等新数学工具的工作小组的负责人. 不幸的是, MatLab 不肯把软件低价卖给我们让大学使用. Mathematica 还好, 他们对每所大学每年只要 1000 美元. Maple 很友好. 实际上, 我是中国最早使用 TeX 的人之一. 多年前有些人是从我这里得到 TeX 软件. 多年间, 在我们数学系, 我们有一间专门的房间用于 TeX 的排版. 你们也是自己排版吗?

DK/EW: 是, 现在这是必须要做的.

陈: 现在每一个数学家都非常感谢 D. E. Knuth 的 TeX 系统. 这对我有特别的意义, 因为在过去很多年里, 我曾不得不手抄所有东西. 我因为手抄了几本英语书, 所以书写很好. 我们在 1966— 1976 年无法买书或借书. 例如, 有一天我在北京图书馆预约了四本书. 我们当地自己的图书馆把这些书给我, 并让我一个月就还. 一个月读完这些书是不可能的, 所以我决定手抄一本. 书的作者是 K. T. Parthasarathy, 书名是《度量空间上的概率测度》, 一本非常好的书. 我决定用十天抄完这本书 (笑). 十天里, 我每天抄 30 页. 这就是我擅长书写的原因 (笑).

DK/EW: 我听说你还把很多数学书翻译成了中文.

陈: 是的. 但是大部分我们没有出版. 我们只是油印了那些笔记, 在同事中传阅. 我现在手上还有一些副本.

DK/EW: 数量很大吗?

陈: 当然了. 这是从 1972 年到 1976 年. 在接下来的几年里, 大约 1978 年, 甚至 1980 年代初, 我们仍然经常手抄文章. 复印机或许是在 1980 年代末才流行起来的.

DK/EW: 工作量确实很大.

陈: 是, 但是他让我成为了一个好书写员(笑).

DK/EW: 你看起来有很好的语言能力. 这是从小就培养的吗?

陈: 真谈不上好能力, 但下过苦功. 我应该告诉你们我是自学的英语. 我经历了很困难的时期. 在中学和大学的前两年我只学俄语. 那个年代, 对整个中国而言, 外语就是俄语. 在一个老师的建议下我开始学习英语. 我曾问我的老师, 搞数学不懂英语行不行, 这位老师是位急性子, 他立即答道: "根本不行" (笑). 我只能偷偷自学英语. 一开始我借了一本英文数学书, 一个单词、一个单词地查字典. 因为我不知道怎么发音, 只好一个字母、一个字母地背. 当我记了两三百个单词的时候, 再这样继续下去变得非常困难. 所以我再去问同一个老师, 学英语是否可以不讲英语. 他又立刻答道: "那不可能" (笑). 不懂发音就根本记不住.

所以我借了一本自学英语的书. 那本书教我如何用汉字发音念英语, 所以每天我都用汉字拼音读英语. 多年后, 我在中学教书时, 每天我都读 Loève 的英文书. 学校里一个英语老师很惊讶, 因为除了我之外, 周围没有人用英语学科学. 她让我给她读一段, 我读完之后, 她说她一个词都没听懂 (笑). 几年后, 我作为研究生进入大学, 将英语作为一门外语正规地学习. 有一节课, 因为老师看了我的作业……我跟你们说过我书写很好……老师认为我可能英语很好. 所以她问了我一个问题. 问题是"What's your name?" ("你叫什么名字"). 我听不懂问题是什么 (笑). 所以原谅我: 在我的报告中, 我的英语不是很好.

DK/EW: 在你的报告中吗? 你的英语很不错.

陈: 谢谢. 有了一些经历后就很不同了. 例如, 我在美国待了 15 个月, 还在英国待了一年. 在那之后, 我的英语有很大提升, 不过还是很有限的.

DK/EW: 你曾在美国的哪里待过?

陈: 科罗拉多州. 我觉得我在美国旅行不够多. 这是我第三次到犹他州, 所以很感谢你们.

DK/EW: 我们应该感谢你. 我们很希望你能来访问我们更多次.

陈: 谢谢.

欧阳顺湘 杨尊明 译

陈木法的自学之旅

注: 作为访谈的补充, 本文是李宣北教授在作者两篇文章的基础上、花费近两个月时间整理出来的. 原载于《数学传播》2017, 第 41 卷第 4 期, 第 50–59 页.

在陈木法教授的访谈中,"自学"的经历让人印象深刻,很可惜受限于访谈,不能尽闻其详. 在得知陈教授本人曾有文章记述这些经历,本刊征得陈教授同意,将他的"小传"以及"感谢老师"两文中相关的部分汇整,与读者分享. 在通信中,一向对教育念兹在兹的陈教授,希望读者能从本文确实获益,特别强调:"文中所涉及的学习、研究的方法,理解不难,难的在于实践. 只有通过实践,才能体会方法的要领;也只有通过实践,才能真正获益. 这还不够,还需要反复省视,才能逐步成熟,真正成为属于自己的本领." 诚哉斯言,读者切莫等闲视之.

　　陈教授是在一个根本不可能成才的环境中闯出独特的人生和事业之路,其中蕴涵着无数的艰难困苦. 设身处地,要是我们身处这种境地,又当如何? 期许大家从本文汲取前进的精神力量,不管身处何处,心中都要葆有积极向上、追求理想的热情.

——编辑室谨识

谁都有亲朋师友,谁都是从童年走上人生的征途. 是老师的培养和教诲,学友的鼓励和帮助,亲人的牺牲和奉献,造就了我的人生道路. 深藏于我心中的无限感激之情,无法用语言表达. 因此,我常常想念老师、同学、学生、朋友和亲人,在获得荣誉的时候,这种思念尤其强烈. 岁月如箭,世事沧桑,在如烟的往事中,录下亲师们教诲的片段,与大家分享这些珍贵的教导. 虽然是挂一漏万,也希望能够从一个侧面,为那些渴望进取的年轻人提供点滴帮助.

童年

我出身于福建省惠安县的一个小村庄 (1965 年我离开时,全村只有 16 户人家、80 多人口). 父亲陈等金和母亲林瑾共养活 6 名子女: 我有 2 位姐姐、1 位弟弟和 2 位妹妹. 除大姐跟随姐夫在外地,均在家务农;除我弟弟小学毕业之外,都没有上过学. 我父亲除了务农之外,还从事一些手工业劳动,可算是位民间艺人,他的手艺在乡间颇有名气,母亲则在田间操劳一生,但有福气,2010 年仙逝时已达到 98 岁高龄.

父亲对我有很大的影响, 他的教育让我至今不能忘怀. 其一 "人活着要靠勤劳". 他说当年祖父管教他很严, 早上起床之后, 就不准屁股沾凳子, 要一直干活. 我从 6 岁开始下地干活, 样样农活都干过. 每年暑假, 因为日晒, 胳膊和肩膀都要脱层皮. 父亲教育的第二条是 "人活着要有志气". 父亲从来不跟别人吵架, 他说如果被人瞧不起, 吵架有何用? 要自己争气, 自己做出个样子. 父亲非常崇敬文化人. 他经常会给我们讲乡间的某某人很有学问, 他又遇到了一位很有学问的人, 某某人写的字很美 (因为他并不识字, 我至今不明白他是如何欣赏的). 他说一个人的书法, 如同穿衣一样, 是一种形象. 因此我很小就开始留意书法. 相对于父亲的平和, 母亲则要严厉得多. 她信奉另一种教育孩子的方法 "既要给饭吃、也要打棍子". 她不会讲许多道理, 记得上大学前, 母亲只给我交代一句话: "到了大城市, 可别当花花公子."

我 7 岁开始上锦水小学. 学校离家 3 华里 (即 1.5 公里), 每天得走 12 华里. 遇到刮风下雨天, 就更辛苦. 后来老师让我凡遇这种天气, 带米请校工友加到一起做, 跟老师们搭午餐. 因为我离校最远, 大概是唯一享有这种待遇的学生. 那时候教师在我们乡间是非常受尊敬的, 他们对学生也格外疼爱. 记得有一次晚上我出去做工, 第二天上历史课时就打瞌睡. 许桂生校长问清原因之后, 一句责备的话都没有, 反而叫我趴在桌子上睡一会, 快下课时再叫醒我.

从 "3 分" 开始

1959 年, 我从福建省惠安县锦水小学被保送到惠安第一中学, 作为保送生, 当然各门功课的成绩都是 4、5 分 (5 分制), 唯独算术的成绩是 3 分, 即 "及格", 自己脸上无光, 心里也非常惭愧. 离校那天, 教我算术的张清忠老师嘱咐说: "到了中学, 数学是门非常重要的主课, 你可得努力呀!" 上了中学之后,[36] 我尽力寻找所能找到的习题 (当时并不多), 天天苦练. 经过两年的奋斗, 有了根本的转变, 渐渐地有了信心, 逐步地迷上了数学, 最后走上了研究数学的人生之路. 这一切的起因就是那个 "3 分", 人的一生中不可能都是坦途, 失败是成功之母, 挫折之后的奋起是打开命运大门的钥匙.

学会自学

刚上初中的时候, 我还是个十三四岁的小孩, 哪里懂得该如何读书. 幸运的是, 在我读初中二年级的时候, 张耀辉老师交给我一把 "金钥匙" —— 自学. 那是一次课外讲座, 张老师着重讲述了培养自学能力的重要性. 他介绍了我国著名数学家华罗庚先生自

---

[36] "感谢老师" 文中此处还有一句: 我一刻也不敢忘记张老师的嘱咐, 努力打翻身仗.

学成才的动人故事: 从初中文凭, 到清华大学算学系(即现在的数学系)助理、教员, 直接晋升为西南联大的教授, 直到成为当代著名数学家的传奇经历. 这是我第一次听到关于华先生的故事, 在以后的岁月里, 华先生关于自学、治学的哲学和方法, 成了我学习和研究工作的最重要的指南. 他的一些名言, 例如 "聪明在于勤奋, 天才在于积累", 成了我一生的座右铭.

另一方面, 张老师也介绍了他自己自学的心得体会. 由于长期的艰苦努力, 他当时已是我县最优秀的数学教师. 张老师的讲座, 升起了我在知识海洋里漫长旅途的自学的征帆. 开始是自学初三和高中的数学课本, 接着自学华罗庚先生等前辈编著的《数学小丛书》, 再往后自学微积分. 高考结束后的那个暑假, 我竟然读起苏联的《概率论教程》, 后来才知道那是大学三年级的课程, 现在想起来那时真是不知天高地厚.

我觉得自学能力是人生的第一重要素质, 这点在离开学校之后表现得尤其突出. 学校只教基础知识, 到工作岗位之后, 为适应专业或进一步的知识更新, 全靠自学. 缺乏这种能力的人, 从学校毕业也就 "彻底" 毕业了. 因此, 我把及早培养自学能力看得很重, 以至于当我第 1 次教高中 (1972 年) 时, 竟然用一半的时间让学生自学, 即将两节数学课的第 1 节用于学生自己看书, 第 2 节由我提问检查并作重点讲解. 刚开始时学生的不适应是可想而知的, 他们甚至到校领导处告状. 起步阶段, 进度较慢, 但到毕业的时候, 这个班的学生所学的内容比其他班级多得多.

"状元榜"

我的初三上学期期中数学试卷, 被班主任陈生良老师张贴在教室的走廊上, 标题是 "状元榜". 从那时起, 我就有了学好数学的自信心. 陈老师也是一位自学成才的优秀数学教师, 他曾给予我们这些喜欢拼搏的人格外的厚爱.

我是幸运者, 在学习数学的道路上刚刚起步时, 就曾多次得到老师的 "重用", 老师的信任和逐步建立起来的自信心, 奠定了我人生事业的基石, 为我最终走上以研究数学为终身职业起了催化剂的作用. 上高中时, 余亚奇老师曾两次让我帮他改考卷, 一次是本班的, 另一次是高年级的补考卷. 这样一件似乎很普通的事, 它在一个少年的成长中所起的作用却是非常重要的, 除了自信心的增强外, 从中我也领悟到考试分数并非根本. 一道题目的通常解法与巧妙解答之间, 在功力上有极大的差别, 尽管得分是一样的, 但每个人的解题途径是水平高低的分界线.

在高中阶段, 我差不多成了数学老师的 "助教". 平时常替同学们解答疑难, 考试前有时还登上讲台为同学们作总复习. 谢谢当年同学们的信任, 使我有机会得到很多锻炼和收获, 因为能教会别人, 自己理解的深度也不一样了.

图 1   陈木法中学毕业照, 惠安第一中学, 1965

1978 年, 我回到北京师大读研究生时, 我的导师严士健教授一直 "重用"我协助他指导研究生. 此后多年的经历, 使我在科研选题及训练等方面得到极大的锻炼, 同时也大大开阔了眼界.

得到老师如此厚爱的人, 如果还无所作为, 那么只能怪自己了. 从我的经历可以说明: 对青少年适当的鼓励, 有可能使他信心倍增、超水平发挥; 反之, 如果总是挨批, 就会使人灰心丧志, 怎能有所作为? 像我这种出身贫寒的人, 如果没有老师的鼓励, 自己又缺乏信心, 那还能完成什么事业?

坚持记日记

在中学阶段, 课程那么重, 怎么可能自学很多东西呢? 一个十几岁的孩子, 哪能有那么强的自制力? 我的老师告诉我一个办法: 任何情况下都坚持记日记, 让日记来约束和管理自己. 因此我给自己制订了严密的学习计划, 差不多连每一小时都预先计划好. 这样, 如果一天疯玩过去, 到晚上写日记时便会有万分的自责并产生新的决心. 处于那个年龄, 最常见的毛病就是坐不住, 朝令夕改, 不能坚持. 其实, 每个运动员都想拿冠军, 但有哪位冠军不是经过严密的训练而成功的呢?

日记是我的监督者和忠实的记录者, 它绘制了我的人生轨迹. 自然地, 我们常常会问自己, 你想为自己的人生画出何种图案? 每当翻看往日的日记, 心里总有说不出的亲切感, 也激励自己继续拼搏.

　　日记是我的好朋友. 记得读高二时, 我曾被 "撤职" (那之前我是班长) 一年, 但对其原因却毫不知晓. 在那个年代, 这是一种被列入另类、无法抬头的处分. 面对这种沉重的心理压力, 我唯有每天在日记中诉说心中的痛苦和鼓励自己不懈地努力. 直到学年结束, 才知道是无中生有的莫名其妙的原因, 并得以平反. 这样, 我早在十七八岁的时候, 就经历了一次 "冤假错案". 幸运的是: 虽然经历了心情压抑的一年, 但没有丝毫的松懈, 这里也有日记的一份功劳. 这是一次宝贵的经历, 使我后来当身处困境 (例如 "文化大革命" 初期因 "跳级" 受到 "只专不红" 的批判等) 时, 仍能坦然面对.

短暂的大学生活

1965 年, 我考入北京师大数学系 (现改名为数学科学学院), 终于实现了自己学数学的愿望. 入学时, 第一次乘汽车, 第一次见到火车, 第一次乘火车、乘轮船. 这些对于我来说, 如同是到了另一个世界. 当时的心情非常激动, 也暗下决心要学好本领, 以报效祖国.

　　第一个学期的两门主课是数学分析与空间解析几何. 因为这两门课我在中学都自学过, 所以很轻松, 想自己再多学点东西. 困难在于不知该学什么? 数学这门学科有一个特点就是若没学过, 不懂就完全不懂. 我在中学自学大学基础课, 就是因为老师一句话, 你该学学微积分了, 这比你看许多小册子要重要很多. 于是, 我就去借书买书, 苦学了几年. 现在有这么多好老师在身旁, 我自然渴望得到老师的开导. 于是, 有一天见到我们年级辅导员蒋人璧老师的时候, 我就壮着胆子跟蒋老师讲了这一想法. 蒋老师很快跟系领导反映, 没过几天, 系秘书刘秀芳老师就找到我了解情况, 并让我讲述数学分析中的一条基本定理——区间套定理 (算是学业考查). 据说当时系里很快做了研究, 并上报当年北京师大教务长张刚老师, 经她批准之后, 通知我下学期到数二 (一) 班, 师从严士健老师. 这是我人生的一个重要节点, 从此我就开始了人生的新轨道. 严老师让我自学胡迪鹤老师翻译的 W. Feller 的名著 《概率论及其应用》(上册). 大约经过三个月的努力, 我读完全书并完成书中的全部习题. 哪会想到我大学的学习就此结束了. 因为接着是 "文化大革命" 风暴, 严老师成了 "资产阶级反动学术权威", 而我成了 "修正主义黑苗子", 我们甚至失去了交谈的 "自由".

　　记得 1970 年前后, 我们一起到北京郊区房山县(今房山区)参加 "东方红炼油厂" 建厂劳动, 我们在同组当架子工, 紧挨着睡地铺 3 个月, 却几乎没有交谈. 仅有一两次四周无人的时候, 我偷偷请教过一些小问题. 仔细算来, 除去一个月军训, 近两个月京密引水渠的劳动, 我总共只读了七个月大学.

两个 "根本不行"

当年, 也许是处于 "文化大革命" 年代, 我曾经天真地以为外语不太重要. 为此, 请教我系懂得多门外语的朱鼎勋教授: "搞数学不懂英语行不行?"(我原来是学俄语的), 朱先生是个急性子, 他立即答道: "根本不行." 从那时起, 我就开始自学英语, 开始阅读英文书籍, 并且从未间断.

我自学英语的第 1 步是: 找一本英文数学书硬读, 一个单词、一个单词地查字典. 但很快发现不懂语法就想读书的路是行不通的.

第 2 步: 借一本英语语法书 (因为买不到也没有钱买), 把全书抄一遍, 这样基本语法也就了解得差不多了. 接下来是记单词, 因为我不会发音, 只好一个字母、一个字母地背, 背得很辛苦, 而且背到两百多个单词时, 已经觉得非常困难了. 当时, 我认为如同在老家时, 虽然不讲普通话, 但是会认字, 写作并不困难, 因此学英语也一样不用去学读音.

带着这一疑问, 我又去请教朱先生: "学英语不会发音行不行?" 朱先生的回答还是很干脆: "根本不行." 麻烦在于, 我当时自学英语是 "地下活动", 不能让别人知道, 更无法向别人请教发音. 于是, 我找来一本英语自学辅导书, 里面用汉语拼音注解英文的读音. 我每天用拼音读英文, 大约经历了七八年的时间. 大概在 1974 年, 曾经有位中学英语老师看我每天都在啃英文书, 出于好奇, 想考考我, 让我读一段英文给她听, 结果她竟然一点也没有听懂. 后来经过艰苦的努力, 我终于闯过了学习英语的种种难关.[37]

朱先生已经仙逝多年, 他永远也不会知道, 他的两次指点 (共两句话), 使我受益终生.

推广优选法

1972 年, 在我毕业证分配前不久, 我到北京棉纺厂听华罗庚先生给工人们所作的优选法科普演讲[38], 这是我第一次听华先生的报告. 华先生以通俗易懂的方式介绍优选法, 以大量生动的实例展示了优选法的广泛应用. 这次报告在思想上给我极大的震撼, 虽然自己学数学多年, 但依然无法想象数学能够如此直接地应用于生产实际, 产生如此巨大的效益, 真想马上试一试. 事实上, 此次报告直接影响了我的人生道路.

---

[37]"感谢老师" 原文中此处还有: 我相信, 现在没有人在学英语时会走我这样的弯路. 那是时代所造成的悲剧. 然而, 我也相信在一个人的成长过程中, 会有更多的弯路. 问题是你如何去面对, 如何去战胜困难, 如何从常人觉得无望的地方闯出来.

[38]参见《数学传播》2017, 第 41 卷第 3 期, 第 13–25 页; 也见本文集中的文 6.

　　1972 年 5 月, 我被分配到贵阳师范学院 (今贵州师大) 附中教书, 主要担任高中数学课. 前面已提到, 我曾花费一年的时间培养学生的自学能力, 对所取得的成效比较满意.

　　到贵州之后, 我急切地希望能够到厂矿去亲手试验优选法. 我第一次到贵州, 那里的人我一个也不认识, 开头一步就很难. 我到贵州省科委情报室去查资料, 并通过那里的同志了解贵阳市内是否有单位对优选法感兴趣. 没过多久, 就跟贵州省汽车大修厂电镀车间的师傅联系上. 我利用课余时间或周末, 或走路或乘公共汽车, 到该厂做试验 (离我所在的中学约 7 公里). 在该厂的第一个试验项目差不多进行了三个月, 因为成效显著, 很快就推广开来. 因为就我一个业余爱好者, 看我忙不过来, 有时候可能的话师傅就开车来接我, 有时看我在洗被子就赶快帮着洗, 令我十分感动. 有一回省计委请我作报告, 来了一位领导, 坐在后面一直听完我一个多钟头的报告. 报告结束之后主持人才告诉我这位领导就是贵州省主管工业的贾庭三书记. 第二天我在贵州锁厂做试验时, 突然见到贾书记带另一位领导来参观. 参观之后, 贾书记跟我介绍说, 这位是省工业厅厅长, 你给他讲 15 分钟优选法.

　　推广优选法的经历, 是对我灵魂的一次洗礼. 那时候还处于 "文化大革命" 当中, 还在宣传 "读书有害论", 宣传 "社来社去 (即从公社来上大学又回到公社去), 拆了读书做官的阶梯". 实践教育我, 我们的国家需要科学, 人民需要科学. 同时也让我感觉到做学问并不完全是自己个人的事, 多少超脱了自我, 增添了求进取的勇气. 两年之后, 即 1974 年秋, 经贵阳师院数学系王聂秋、尚学礼等老师的努力, 我被调到该院数学系工作, 自此以后, 算是有了做数学的基本环境和条件. 在贵州的 6 年间, 我跑过 50 多个厂矿, 作过近百次报告, 但从未拿过一分报酬, 却常常要自掏腰包付路费等必要开销. 相反地, 有一次我妈妈动大手术, 我只寄去 7 元 5 角; 那期间有整整 10 年, 我都没有能力去看望双亲, 真是不孝.

　　在搞应用时, 自然会提出许多数学问题. 例如华先生在推广优选法时, 很长时间没有公布他关于 "0.618 法" 的最优性证明. 之后我国几位数学家, 都曾寻求过证明. 北京师大王世强老师, 就给出了一种数学证明. 王先生也参加过北京市的优选法推广工作, 并且给过我许多的教诲和指导. 当我着手研究问题的时候, 很快发现自己的理论基础和训练的不足, 因而渴望进一步的提高.

　　于是, 在 1972 年年底, 我写信向严老师求救, 请他继续给予指导. 严老师不顾当时政治上尚未 "解放", 跑了好多旧书店, 为我买了十多本名著 (旧书). 包括 M. Loève 的 *Probability Theory*, E. B. Dynkin 的 *Markov Processes* (volumes I, II), A. Wald 的 *Selected Papers in Statistics and Probability* 等. 同时建议我认真精读第 1 本书, 那是当年美国加州大学 Berkeley 分校概率统计的研究生教材. 我在信中说希望在一年之内读完此书.

他回信说, 你在业余条件下, 三年能学完就不错了 (现在我们在大学高年级或研究生课讲一学期), 可见当年我多么幼稚. 果真我费了近三年的苦读, 包括练习, 作了近 11 本笔记. 这还归功于由他和王隽骧、刘秀芳编写的一本当时尚未出版的《概率论基础》(油印稿) 讲义作参考, 此讲义便于自学, 对我帮助很大. 因为不再担心戴黑帽子, 心灵上获得解放, 在那些年里, 我发疯似地读书.

我的两位研究导师

1976 年, 长沙铁道学院 (今已并入中南大学) 的侯振挺老师的著名定理刚发表不久, 而我在完成了基础课之后, 正准备进入研究专题, 我有幸读到侯振挺老师的这篇重要论文. 后来经中科院越民义老师的介绍, 侯老师收我为徒. 一年之后, 学校同意我去长沙出差, 使我有机会当面向侯老师请教马尔可夫链, 他不仅热情地接待了我, 还给了我终生难忘的教诲. 侯老师逐页辅导我研读钟开莱先生的名著. 我们的研讨不是在教室里、黑板前, 而是在树林里. 就在那时, 我学到了终身受益的一个本领: "不是趴着读书, 而是站着读书." 即要跳出书本, 抓住直觉. 我想, 真正的学问都是做出来的, 而不是读出来的. 侯老师以其特有的直觉和创新精神, 成为我永远学习的楷模. 我曾根据研读的心得, 整理过三份讲义和译稿, 在国内流行多年.

图 2   2015 年 6 月"马尔可夫过程和随机模型" (暨庆祝侯振挺八十寿辰) 会议期间
陈木法与侯振挺 (右)

    1978 年科学的春天到来的时候, 我又回到严老师身边, 成为 "文化大革命" 后首批研究生中的一员, 各方面都得到他无微不至的照顾. 那时学校还处于科研刚刚恢复的阶段, 严老师根据他参加北京师大量子力学跨系讨论班的体会和钟开莱先生在京的一次报告, 结合我之前和侯老师研究马尔可夫链的背景, 建议以无穷质点马尔可夫过程 (亦称交互作用粒子系统) 作为我们的主攻方向.

    这是严老师所做出的富有战略意义的一项选择, 三十年来, 这逐渐成为了概率论研究的主流方向之一. 在创业阶段, 一切从零开始, 自然是相当艰难的. 好在那时还没有那么多功利主义, 又处于科学的春天, 大家心很齐, 有劲往一处使, 所以天天都能见到我们集体在进步. 我们一起学习概率论的新发展方向, 分头准备, 在讨论班上报告一本新书: C. Preston 的 *Random Fields*, 并译成中文出版; 也苦学了 T. M. Liggett 的综述报告"The stochastic evolution of infinite systems of interacting particles". 后者及我们最初的研究成果, 就构成了严老师的《无穷质点马氏过程引论》(北京师大出版社, 1990). 我们最初的突破点是将 1979 年我和侯振挺老师在长沙一起学外语时, 完成的《马尔可夫过程与场论》的想法引入无穷维情形, 由此得出了一大类交互作用粒子系统的可逆性 (即物理中的细致平衡) 的十分简洁的判准. 另一方面, 我继续马尔可夫链的研究工作, 完成了有限流出情形的构造. 最后, 我以这两方面的研究成果作为毕业论文, 通过论文答辩, 于 1980 年 3 月 (提前一年半) 研究生毕业. 那时学位制度尚未建立, 我的硕士学位是 1982 年才授予的.

图 3   2010 年 1 月, 北京师大数学学院春节团拜会期间, 陈木法 (右一) 与
严士健、郝炳新、王梓坤、吴品三 (左起) 合影 (马京然提供)

1981 年 12 月, 受国家公派一年, 之后由对方资助延长三个月, 我赴美国进修访问, 师从 D. W. Stroock 教授 (1995 年当选为美国科学院院士). 在那里我解决了他们所提出的一个难题. 然而, 我的大部分时间都是用来跟他学习国际上的新发展. 如同当时的系主任张禾瑞老师所指示的: 你不必再写文章, 而要多学点东西回来. 事实证明, 这一年多的进修对于我本人和我们群体的发展都产生了很大的影响.

我于 1983 年 3 月回国, 经过考试和论文答辩, 于 1983 年 11 月被授予博士学位, 成为北京师大的第一位自己培养的博士、也是我国的首批博士学位获得者之一. 博士论文的指导教师就是严老师和侯老师.

我从 20 岁认识严老师开始, 从本科、准研究生、研究生、硕士到博士[39], 是严老师一路把我带大, 逐步把我引入科学的殿堂. 当我处于逆境时, 他教育我要丢掉个人的得失, 把国家的需要放在首位; 当我取得一点成绩的时候, 他不准我翘尾巴; 需要上本科课的时候, 他说他来承担, 让我全力带研究生搞科研; 当有人要我出来搞行政的时候, 他说年轻同志正处于上升时期, 千万别分散他们的精力. 可以说, 凡是能为我做的每一件事, 他都做了. 我成长和进步的点点滴滴, 都是他心血的结晶. 对我来说, 今生能遇上这样的好老师, 真是我的幸福.

自 1978 年起, 他开始倡导概率论与统计物理的一个交叉研究方向, 该方向也成为我几十年研究工作的主线. 也许, 人们现在对于学科交叉已经习以为常, 但当年认识到这一点绝非易事, 投身其中更是一种冒险. 记得有位前辈曾经说过: " 数学家与物理学家合作很难. 数学家听物理学家的报告会觉得是胡闹, 没有一步是严格的. 物理学家听数学家的报告会觉得这有什么可讲的, 我们早就知道了."由此可以看出, 严先生当时的选择是多么的不易、多么富有远见. 事实上, 这个选择影响了我们许多人的一生. 从数论、代数, 到概率统计再到数学教育, 每一步都是急国家之所需, 严先生在自己的学术生涯中, 多次成功地实现了大跳跃.

"学" 与 "问"

数学家最主要的工作方式是讨论班. 在我所参加过的众多讨论班中, 印象最深、受教育最大的是 "莫斯科大学的统计力学讨论班". 我曾有幸两次在该讨论班上演讲 (1990, 1997), 分别由俄罗斯著名数学家 R.L. Dobrushin 和 Ya.G. Sinai (均为美国科学院院士) 主持. 记得在第 1 次演讲时, 才刚刚讲了一段, Dobrushin 就站起来 "翻译", 接着是长

---

[39]**说明**: 1978 年首次招研究生 (3 年制), 当时还无学位一说. 本人于 1980 年春提前一年半毕业. 我国的学位制度建立于 1982 年, 我当年被授予硕士学位, 但正在美国访问. 1983 年春回国之后, 经考试和论文答辩并报经教育部批准, 才于当年被授予博士学位.

时间的争论. 参加者来自莫斯科的不同院、校和研究所. 一开始我因听不懂俄语, 感到很吃惊, 还担心是不是自己讲错了什么, 直到争论停下来向我问问题时才明白他们是在进行讨论. 如此循环往复, 共两个演讲, 从下午 4 点多钟开始, 一直持续到晚上 8 点多钟. 在莫斯科大学的鼎盛时期, 每个星期五下午, 有近 50 个这样的数学讨论班. 讨论班结束后, 我跟 Dobrushin 说: "我对你们讨论班上的 '争吵' 印象很深."他笑着说: "意大利学者也这么说. 他们说我们的讨论班很像他们的议会, 争吵不休; 而他们的讨论班像我们的最高苏维埃会议, 非常安静."他接着说: "我们只是希望在讨论班上, 把问题真正搞懂."其实, 正是这种讨论班, 萌发出创新思想, 凝聚成集体的智慧, 造就了科学的进步和新人.

从那时起, 我才真正领悟到 "学问"两个字的深刻含义, 既要 "学", 又要 "问", 两者均不可缺. 人的嘴巴, 是交流思想、"讨"学问的重要工具. 也许, 从中学阶段开始, 就可以提倡并鼓励学生在课堂上提问. 一堂课, 若有三五次提问, 就会跟完全没有提问的 "一潭死水"完全不同.

牢记前辈教诲

有些前辈, 只见过一面, 但所留下来的一句话却可能使学生刻骨铭心、终身受益和难以忘怀. 1985 年, 美国国家科学院院士 F. Spitzer 教授来访时, 曾鼓励我说: "来自贫穷的国家也可能成为好数学家, 印度的 S.R.S. Varadhan 教授就是一个榜样."Varadhan 教授是当代概率论的领袖之一. 他曾跟我说过, 他的许多学问是到了 Courant 研究所之后, "硬去听讨论班"学到的.

因为是 "土打土闹"出身, 所以我特别用心向许多前辈请教过研究数学的经验. 1987 年春, 我在英国剑桥大学请教过 G.E.H. Reuter 教授 (他是现代马尔可夫链理论的奠基人之一), 他说: "我的导师 (J.E.) Littlewood 强调: ' 在做研究工作之前不要读任何东西',"在稍加停顿之后又说: "我时常感到自己没能很好地听他的劝告." 我想, Reuter 教授的这一教诲是要强迫自己独立思考, 走自己的路. 只有如此, 才能取得人们现在常说的原创性成果.

我们常常关心哪个研究方向最重要、有前途. 记得 1985 年, 我曾请教过我访美期间的导师 D.W. Stroock 教授. 他先回答说: "在台湾, 他们也问我同样的问题" (当时他刚从台湾来北京), 然后说: "哪个方向你能够把它发展起来, 它就会变成重要的方向." 这样的回答完全出乎我的意料, 细想之后才发现它是那么的深刻.

我曾长期从事概率论与统计物理的一个交叉方向的研究工作, 也深深地为自己缺乏物理基础而烦恼. 为此, 1989 年冬, 我曾在莫斯科请教过该学科的奠基人之一

R.L. Dobrushin 教授, 问他如何学习物理. 他的回答是: "我并不需要懂得许多物理知识, 因为我的目标是重新建立统计物理的数学基础." 他的好友、著名数学家 R. A. Minlos 也多次跟我说过: "当初, 我们开始工作的时候, 仅有一条定理是已知的, 即自由能的存在定理." 面对这些回答, 除了惊叹他们的研究魄力之外, 是不是还有很多发人深思的东西呢?

当我处于 "山重水复疑无路" 的研究绝境时, 是这些教导给我力量和信心, 使我能够坚持在黑暗中摸索, 终于进入了 "柳暗花明又一村" 的奇境.

活着不可无食, 进步不可无师. 每个人求学的历程, 同时也是求师的历程. 顺利也好, 艰难也罢, 对于所有教育、帮助过自己的老师, 我始终怀着深深的敬意和谢意, 努力汲取他们的人生经验, 牢记他们的谆谆教诲. 当然在这里无法提及其中的许多恩人, 心中有着深深的歉意, 祈求他们的谅解.

图 4　陈木法全家福, 前为陈的外孙女 Audrey Su, 后排左起分别为陈的女儿
陈嵘嵘、夫人罗丹和女婿苏韶宇